Nematology Research in China Vol.10

中国线虫学研究

（第十卷）

彭德良 等 主编

中国农业科学技术出版社

图书在版编目（CIP）数据

中国线虫学研究. 第十卷 / 彭德良等主编. -- 北京：中国农业科学技术出版社，2024.7. -- ISBN 978-7-5116-6941-4

Ⅰ.Q959.17-53

中国国家版本馆 CIP 数据核字第 2024J2V265 号

责任编辑　姚　欢
责任校对　王　彦
责任印制　姜义伟　王思文

出 版 者	中国农业科学技术出版社
	北京市中关村南大街 12 号　　邮编：100081
电　　话	（010）82106631（编辑室）　　（010）82109702（发行部）
	（010）82109709（读者服务部）
网　　址	https://castp.caas.cn
经 销 者	各地新华书店
印 刷 者	北京建宏印刷有限公司
开　　本	185 mm×260 mm　1/16
印　　张	12.25　　彩插　16 面
字　　数	300 千字
版　　次	2024 年 7 月第 1 版　2024 年 7 月第 1 次印刷
定　　价	80.00 元

━━◀ 版权所有·翻印必究 ▶━━

《中国线虫学研究（第十卷）》
编委会

主　编　彭德良　段玉玺　陈书龙　戚仁德　简　恒　廖金铃

副主编　彭　焕　郑经武　李红梅　黄文坤　文艳华

编　委　（按姓氏笔画排序）

丁　中	王　伟	王会芳	王家军	文艳华	甘秀海
龙海波	叶宇平	成飞雪	朱晓峰	向梅春	刘　倩
刘　慧	刘国坤	李红梅	李克梅	李英梅	李惠霞
肖炎农	吴海燕	汪来发	陈书龙	陈立杰	茆振川
卓　侃	郑经武	赵洪海	胡先奇	段玉玺	莫明和
顾建锋	高丙利	郭晓黎	席先梅	姬红丽	黄文坤
戚仁德	崔江宽	崔汝强	彭　焕	彭德良	葛建军
韩少杰	韩日畴	谢　辉	简　恒	廖金铃	魏利辉

前　言

植物寄生线虫是侵染并引起农作物病害的重要病原物之一。随着全球对粮食可持续生产和食品安全的需求日益增加，农业面临的最大挑战之一是植物寄生线虫及其引起的农作物线虫病害。目前，植物线虫病害已经成为我国农作物的第二大类病害。面对农业生产中的作物线虫病害发生危害日益猖獗的现实，我国植物线虫科技工作者坚持深入生产实际，从生产中发现线虫病害问题和解决问题，在植物线虫的基础研究和防控技术的研发两个方面均取得很大的进步，研究深度和广度得到极大的提升，发表了许多高水平的论文，受到国内外同行的重视和关注，在植物线虫致病分子机制、检测鉴定、早期诊断、生物防治、抗性种质资源挖掘与利用、可持续综合治理技术与策略等方面取得长足进步。特别是"十四五"国家重点研发计划项目"作物重大线虫病灾变规律和可持续防控技术研究"的资助，对发展我国植物线虫学科和人才队伍建设具有重要推动作用。

《中国线虫学研究（第十卷）》共收集了108篇研究论文、摘要简报和综述，内容涉及农林重要植物线虫发生分布、诊断鉴定、检测监测、生物学、致病分子生物学、生物防治、化学防治、综合治理等植物线虫学研究的各个方面，反映了一年来我国植物线虫学工作者在相关领域基础理论、应用基础以及线虫病害综合治理方面的最新研究成果。

本书出版得到了"十四五"国家重点研发计划项目"作物重大线虫病灾变规律和可持续防控技术研究"（2023YFD1400400）的资助，同时得到了中国农业科学院植物保护研究所、植物病虫害综合治理全国重点实验室、安徽省农业科学院植物保护与农产品质量安全研究所、安徽农业大学植物保护学院、广东佛山市盈辉作物科学有限公司、拜耳作物科学（中国）有限公司、广东真格生物科技有限公司、先正达（中国）投资有限公司、安徽远景作物保护有限公司等单位的资助与支持，中国农业科学技术出版社对本书的出版给予了大力帮助。在此，我们一并表示衷心的感谢！

在编辑文稿时，本着文责自负的原则，按照论文规范性要求进行收录整理，对个别文句进行了修订。由于时间仓促，疏漏和不足之处在所难免，敬请作者和读者批评指正。

编　者
2024 年 7 月 11 日

目 录

作物重大线虫病灾变机制研究 ………………………………………………… 彭德良（1）
孢囊线虫与寄主相互作用研究进展 ……………………………………………… 孙珑珂等（26）
大豆孢囊线虫抗性种质资源筛选及全基因组关联分析 ……………………………… 王雪晴等（35）
Study of the Metabolites of *Harposporium helicoides* YMF1745：An Endoparasitic
    Nematophagous Fungus …………………………………………………… Dai Zebao 等（44）
Exploring the Nematicidal Mechanisms and Control Efficiencies of Oxalic Acid
    Producing *Aspergillus tubingensis* WF01 Against Root-knot Nematodes ……… Yang Zhongyan 等（45）
Research on Fungistatic Mechanism of Benzaldehyde Against Nematophagous
    Fungus *Arthrobotrys oligospora* Reveals Method for Increasing the Resistance of this
    Fungus to Soil Fungistasis ………………………………………………… Tan Lixue 等（46）
Large-scale Protein Interactome Analyses Reveal Lineage-specific Genes Driving
    Plant-parasitic Nematode Adaptive Innovations ………………………… Huang Guoqiang 等（47）
Control Effect of Tillered-onion Companion Cropping on Soybean Cyst Nematodes ……… Xie Yifan 等（48）
Cytochrome b Gene Reveal Diversity from *Globodera pallida* Colombian
    Populations ……………………………………………… Lizzete Dayana Romero Moya 等（50）
Screening Novel Effectors of *Heterodera schachtii* that Can Suppress Plant Immune Response …… Yao Ke 等（51）
Toxic Effects of Extracts from Four Plant and Animal Sources on *Meloidogyne incognita* …… Qi Xiaowen 等（52）
Exploring the Transcription Regulation of Pathogenic Gene Mediated by H3K9me3 and
    H3K27me3 in *Meloidogyne incognita* ……………………………………… Lu Chaojun 等（54）
A Single-pot Visual RPA-CRSPR（Cas12a）Biosensing Platform for Rapid and Sensitive
    Detection of *Aphelenchoides besseyi*, the Causal Agent of the Green Stem and Foliar
    Fetention Syndrome in Soybean ……………………………………… Neveen Atta Elhamouly 等（56）
Activity of the Extract Obtained from *Eutrema wasabi* Root Against *Meloidogyne
    enterolobii* and Chemical Composition Analysis ……………………………… Dou Xiaoli 等（58）
No Pairwise Interactions of *GmSNAP18*, *GmSHMT08* and *AtPR1* with Suppressed *AtPR1*
    Expression Enhance the Susceptibility of Arabidopsis to Beet Cyst Nematode ……… Zhang Liuping 等（60）
The Plant *WOX* and *AGL* Genes are Involved in the Formation and Development of Root-knot
    Nematodes Induced Giant Cells ……………………………………………… Lai Yuqing 等（62）
不同药剂对马铃薯腐烂茎线虫的室内毒力测定 ………………………………… 白松林等（63）
Identification of *Pratylenchus coffeae* as A Causal Agent of Root Rot Disease in *Sorghum
    bicolor* in China ……………………………………………………… Qin Ling 等（65）
马铃薯主栽品种及育种资源对马铃薯金线虫的抗性鉴定 ………………………… 江 如等（66）
四川省马铃薯主栽品种 *H1* 抗性基因筛选 ……………………………………… 于 清等（67）
象耳豆根结线虫 RNAi 致死基因筛选和 dsRNA 田间应用技术研发 ………………… 赵雨璇等（68）
四川省部分地方马铃薯品种对金线虫抗性分析 ………………………………… 马中泽等（69）
寄主根系分泌物对马铃薯金线虫滞育的刺激作用机制 …………………………… 吴文翠等（71）
全新大豆孢囊线虫水平转移基因 *HGT1* 进化解析及其在线虫致病性作用机制的研究 …… 刘倩男等（72）
转录因子 OsNF-YC12 调控水稻抗拟禾本科根结线虫的分子机制 ………………… 陈 董等（73）
PHYB-PIF4 信号通路介导辣椒抗南方根结线虫分子机制初探 …………………… 谢可盈等（74）

1

禾谷孢囊线虫效应蛋白 Ha34609 调控取食位点形成的机制研究 …………………… 坚晋卓等 (76)
光信号转录因子 *GmSTFs* 调控大豆孢囊线虫侵染发育机理研究 ………………… 吴波鸿等 (77)
硫氧还蛋白调控植物免疫和病原寄生研究 ……………………………………………… 于家荣等 (79)
水稻根结线虫感病相关基因克隆及功能研究 …………………………………………… 于敬文等 (80)
菲利普孢囊线虫效应子 HfVAP 的功能分析及与寄主的互作机制研究 ……………… 张瀛东等 (81)
基于 CRISPR/Cas9 技术的抗根结线虫拟南芥 *AtDMR6* 突变体的创建 ……………… 曹雨晴等 (82)
在拟禾本科根结线虫侵染前期水稻根系蔗糖的纵向供给受到差异调控 ……………… 杨利洁等 (83)
福建省山药重要病原线虫种类形态与分子鉴定 ………………………………………… 潘 静等 (85)
不同甘薯品种对南方根结线虫的抗性 …………………………………………………… 李秀花等 (86)
甘肃省红芪孢囊线虫病病原鉴定 ………………………………………………………… 邢晓芳等 (88)
广西石蒜源生物碱对南方根结线虫的防治作用 ………………………………………… 刘峥嵘等 (90)
拟禾本科根结线虫种群密度与旱稻产量损失的关系 …………………………………… 肖卿艳等 (91)
长春地区大豆孢囊线虫种群发生动态规律初探 ………………………………………… 陈伟鸿等 (92)
玉米孢囊线虫 LAMP 检测技术开发 …………………………………………………… 李荣超等 (94)
马尾松根际细菌 DP2-30 的鉴定及其防治松材线虫病机理研究 ……………………… 叶雯华等 (95)
产黄青霉（*Penicillium chrysogenum*）Snef1216 诱导大豆抗孢囊线虫研究 ………… 李元杰等 (96)
桔绿木霉 Snef1910 生产杀线虫活性物质 TAA 代谢调控研究 ………………………… 朱启义等 (98)
一株对马铃薯腐烂茎线虫具强致病力的掘氏梅里霉菌株 ……………………………… 高 波等 (100)
一株巨大普里斯特氏菌对拟禾本科根结线虫防治研究 ………………………………… 叶 姗等 (102)
枯草芽孢杆菌 ZWZ-19 对腐烂茎线虫的熏杀效果和酶活影响 ………………………… 杨 帆等 (103)
坚粘孢亚隔指孢中毒力因子 *DHXT1* 功能的研究 ……………………………………… 文兴福等 (104)
解淀粉芽孢杆菌 Sneb709 生物膜形成能力相关基因的鉴定 …………………………… 李思瑶等 (105)
解有机磷细菌的分离及对根结线虫的抑制作用 ………………………………………… 覃丽萍等 (107)
桔绿木霉 Snef1910 抗南方根结线虫转录组分析 ……………………………………… 赵 迪等 (108)
施加生物炭对小麦菲利普孢囊线虫病的防治研究 ……………………………………… 许相奎等 (110)
丙硫唑对根结线虫的室内毒力测定 ……………………………………………………… 赵津田等 (112)
柑橘园常见草本植物浸提液对柑橘半穿刺线虫的致死作用研究 ……………………… 彭永毅等 (113)
水稻干尖线虫室内活性测定与药剂浸种试验 …………………………………………… 毛 佳等 (114)
山桃仁杀线虫活性成分的分离纯化及鉴定 ……………………………………………… 左 婷等 (119)
不同山药样本的植物寄生线虫种类鉴定 ………………………………………………… 战 炜等 (121)
根系分泌物对线虫孵化的刺激作用及应用 ……………………………………………… 余曦玥等 (122)
兼治水稻干尖线虫病与恶苗病的药剂配方的筛选 ……………………………………… 迟元凯等 (123)
土壤性质和温度对甜菜孢囊线虫侵染和发育的影响以及抗性甜菜品种的筛选 ……… 张梦涵等 (124)
细辛根浸液对设施番茄根围土壤线虫群体多样性影响 ………………………………… 赵芷骄等 (125)
4 种物质对蔬菜根结线虫病防治效果的初步研究 ……………………………………… 刘春国等 (126)
外源脯氨酸对南方根结线虫胁迫下灯盏花生理生化的影响 …………………………… 游 湖等 (128)
2 种栽培模式下的柑橘根际微生物与线虫群落结构差异 ……………………………… 樊敬辉等 (130)
8 种常见菌菇对南方根结线虫的室内毒力 ……………………………………………… 王家哲等 (131)
淡紫紫孢菌在水肥一体化中对番茄根结线虫病的生防潜力研究 ……………………… 匡 超等 (132)
5,8-二氯吡啶并 [3,2-*d*] 哒嗪的杀线虫活性 …………………………………………… 蔡庆峰等 (133)
海南水稻孢囊线虫鉴定及其孵化特性研究 ……………………………………………… 孙燕芳等 (134)
海藻糖-6-磷酸合成酶与海藻糖-6-磷酸磷酸酶介导的海藻糖积累在南方根结线虫
和象耳豆根结线虫响应低温中发挥重要作用 ………………………………………… 潘 嵩等 (135)

目 录

Cis-3-Indoleacrylic Acid: A Novel Nematicidal Compound from *Streptomyces youssoufiensis*
  YMF3.862 as V-ATPase Inhibitor on *Meloidogyne incognita* ………… Chen Min 等（137）
柠檬醛对南方根结线虫的转录组学研究 ………………………………………… 王 丽等（138）
陕西省西甜瓜根结线虫的发生现状、种类鉴定及对田间主栽品种的侵染能力研究 ……… 魏佩瑶等（139）
陕西省豨莶草根结线虫病病原鉴定 ………………………………………… 杨艺炜等（140）
温度对象耳豆根结线虫和南方根结线虫存活和繁殖的影响 ……………………… 裴月令等（141）
象耳豆根结线虫效应蛋白 MeCUPE 在线虫寄生中的作用 ……………………… 单小玲等（142）
象耳豆根结线虫效应子 401CC 的功能研究 ………………………………………… 张笑寒等（143）
一氧化氮稳态调控大豆孢囊线虫抗性的机制研究 ………………………………… 邓苗苗等（144）
水稻抗拟禾本科根结线虫种质资源的发掘和抗病相关位点的鉴定 ………………… 包竹君等（145）
水稻烯酰-辅酶 A 异构酶基因 *OsECI* 克隆与功能验证 ……………………… 艾婧瑜等（146）
转录因子 *OsWRKY53* 调控水稻抗拟禾本科根结线虫机制解析 ……………… 刘焱琨等（147）
真核延伸因子 *OsEF1D2* 在调控水稻抗尖细潜根线虫的功能研究 ……………… 曾 荣等（148）
转录因子 *OsMADS1* 影响水稻抗潜根线虫的机制研究 ……………………… 李京玲等（149）
效应子 AbPFN3 促进水稻干尖线虫对水稻的寄生 ………………………………… 黄 欣等（150）
嘧啶类化合物对南方根结线虫的杀线虫活性测试 ………………………………… 杜婷婷等（151）
吡啶并哒嗪类化合物的杀线虫活性研究 …………………………………………… 蔡庆峰等（152）
哒嗪类化合物对南方根结线虫的杀线虫活性 ……………………………………… 陆思彧等（153）
吡唑并嘧啶类化合物的杀线虫活性 ………………………………………………… 张 延等（154）
含酰胺片段的新型 1,2,4-噁二唑衍生物的设计、合成及杀线虫活性 …………… 欧玉勤等（155）
作物间作模式下马铃薯孢囊线虫病防治的化感作用 ……………………………… 张 琪等（156）
98%棉隆微粒剂土壤熏蒸防控马铃薯金线虫（*Globodera rostochiensis*）的效果 ……… 彭德良等（157）
棉隆熏蒸防控马铃薯金线虫田间操作方法 ………………………………………… 宋家雄等（159）
棉隆熏蒸和噻唑膦穴施对马铃薯孢囊线虫的防控效果及对马铃薯产量的影响 …… 易 军等（161）
昭通市马铃薯金线虫发生情况 ……………………………………………………… 李永青等（162）
昭通市马铃薯金线虫防控对策 ……………………………………………………… 李永青等（163）
新疆蔬菜根结线虫的发生分布与遗传多样性分析 ………………………………… 周军辉等（165）
对香豆酸：从甘蔗渣中提取的潜在的绿色根结线虫驱避剂 ……………………… 张 義等（167）
大豆 m6A RNA 甲基化对大豆孢囊线虫抗性的调控机制 ………………………… 秦瑞峰等（168）
莓实假单胞菌鞭毛蛋白多肽激发番茄抗南方根结线虫转录组分析 ……………… 王 帅等（169）
松材线虫 *Bxy-mix-1* 基因的表达特性与生物学功能研究 ……………………… 刘文义等（171）
不同寄主来源贝西滑刃线虫侵染规律及群体遗传研究 …………………………… 杨行行等（172）
CL11340 效应子在拟禾本科根结线虫致病性及其与水稻互作中的分子机制研究 … 蔡译枭等（173）
生物有机肥对番茄根结线虫病调控及土壤改良的效果 …………………………… 东 晔等（174）
同时检测两种侵染水稻的孢囊线虫技术 …………………………………………… 刘福祥等（175）
云木香内生细菌分离及抑制北方根结线虫菌株筛选 ……………………………… 李云霞等（176）
粗茎秦艽根结线虫病防治的药剂筛选 ……………………………………………… 李云霞等（177）
烟草嫁接组合对根结线虫侵染的生理生化反应 …………………………………… 李乾坤等（182）
1-辛烯-3-醇对马铃薯金线虫的毒杀效果评估 ……………………………………… 姚汉央等（183）
水稻根结线虫繁殖条件及品种抗性鉴定 …………………………………………… 黄微微等（184）
中国植物病理学会植物病原线虫专业委员会历次会议回顾 ……………………… 彭德良等（185）

中国线虫学研究（第十卷）Nematology Research in China（Vol. 10）：1-25

作物重大线虫病灾变机制研究*

彭德良**

（中国农业科学院植物保护研究所，植物病虫害综合治理全国重点实验室，北京　100193）

摘　要：本文对危害我国农作物的重大线虫病如小麦孢囊线虫病（*Heterodera avenae*，*Heterodera filipjevi*）、大豆孢囊线虫病（*Heterodera glycines*，*Heterodera sojae*）、蔬菜根结线虫病（*Meloidogyne incognita*，*Meloidogyne enterolobi*）、水稻根结线虫病（*Meloidogyne graminicola*）、马铃薯腐烂茎线虫（*Ditylenchus destructor*）、马铃薯金线虫（*Globodera rostochiensis*）等的发生分布危害进行了概述，对致病性、生活史、巨型细胞、合胞体和取食管结构和功能进行了介绍。

关键词：孢囊线虫；根结线虫；腐烂茎线虫；马铃薯金线虫

Research on the Convulsion Mechanism of Major Crop Nematode Diseases*

Peng Deliang**

(*State Key Laboratory for Biology of Plant Diseases and Insect Pests*, *Institute of Plant Protection*, *Chinese Academy of Agricultural Sciences*, *Beijing* 100193, *China*)

Abstract: This article reviewed the occurrence, damages and distribution of the major nematode diseases such as wheat cyst nematode (*Heterodera avenae*, *Heterodera filipjevi*), soybean cyst nematode (*Heterodera glycines*, *Heterodera sojae*), vegetable root knot nematode (*Meloidogyne incognita*, *Meloidogyne enterolobi*), rice root nematode (*Meloidogyne graminicola*), potato rot stem nematode (*Ditylenchus destructor*), and potato golden nematode (*Globodera rostochiensis*). The pathogenicity, life history, giant cells, syncytium, and esophageal structure and function were introduced.

Key words: Cyst nematode; Root-knot nematode; Stem rot nematode; *Globodera rostochiensis*

1　植物线虫的大小和形状

1.1　植物线虫的大小

　　线虫是一类线形两侧对称、无节、无色的低等无脊椎动物，在动物界中，种类仅次于昆虫，但数量是最多的动物，估计线虫有50多万种。它们在自然界分布很广，在高山、丘陵、峡谷、河流、湖泊、海洋、沼泽地带、沙漠、各类土壤和植物中均有分布。寄生植物，能引

---

* 基金项目：国家重点研发计划（2023YFD1400400）；政府购买服务（152307085）；中国农业科学院科技创新工程（ASTIP-02-IPP-15）

** 作者简介：彭德良，研究员，从事植物线虫和线虫病害综合治理研究，E-mail：pengdeliang@caas.cn

起植物发生病害的称为植物寄生线虫。

植物线虫大小一般为 0.35~2 mm，直径 30~50 μm。迁移性植物寄生线虫典型的体形为流线形，固定性植物寄生线虫的雌虫虫体会发生膨大变为柠檬形（lemon-shape）如孢囊线虫（*Heterodera*、*Cactodera*），梨形（pyriform）如根结线虫（*Meloidogyne*），球形（globose）如球孢囊线虫（*Globodera*），肾形（veniform）如半穿刺线虫（*Tylenchulus*）和肾形线虫（*Rotylenchulus*）。植物线虫的发育分为3个阶段，即卵、幼虫和成虫。卵通常为椭圆形或梭形，不同种类表面具有不同的纹饰或附属物，多数卵壳透明有些种类为暗色，较为坚韧。幼虫和成虫阶段至少有一个时期虫体为线形。线形的虫体头端一般平钝，尾端为鞭状、钝圆或棒状，差别较大。植物寄生线虫通常在1~2 mm，绝大多数线虫用肉眼是看不见的或几乎看不见的（图1）。

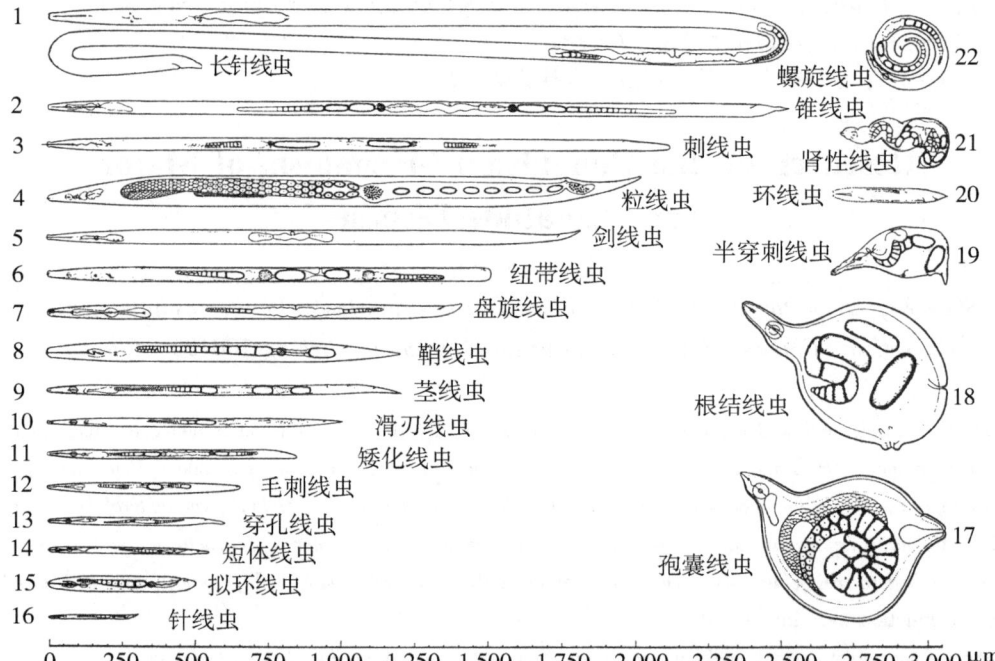

1. 长针线虫属；2. 锥线虫属；3. 刺线虫属；4. 粒线虫属；5. 剑线虫属；6. 盘旋线虫属；7. 纽带线虫属；8. 鞘线虫属；9. 茎线虫属；10. 滑刃线虫属；11. 矮化线虫属；12. 毛刺线虫属；13. 穿孔线虫属；14. 短体线虫属；15. 环线虫属；16. 针线虫属；17. 孢囊线虫属；18. 根结线虫属；19. 半穿刺线虫属；20. 轮线虫属；21. 肾状线虫属；22. 螺旋线虫属。

图1 部分重要植物寄生线虫的形态与大小（Agrios，1997）

1.2 植物线虫的形状

典型的植物线虫虫体可分为体壁和体腔两部分。体壁从外至内由角质层、下皮层和肌肉层组成，具有保持体形、保护体腔、调节呼吸、收缩运动的作用。角质层由下皮层细胞分泌，主要由胶原蛋白、不溶性蛋白质、糖蛋白和脂类等组成，在线虫的运动、抵御环境损害和生长发育中起重要作用。体壁内的假体腔充满保持膨压的体液和各种结构，这种液体如同原始血液一样，供给虫体所需的营养物质和氧气。假体腔内有消化系统、生殖系统、神经系统和排泄系统。线虫没有呼吸系统和循环系统（图2）。

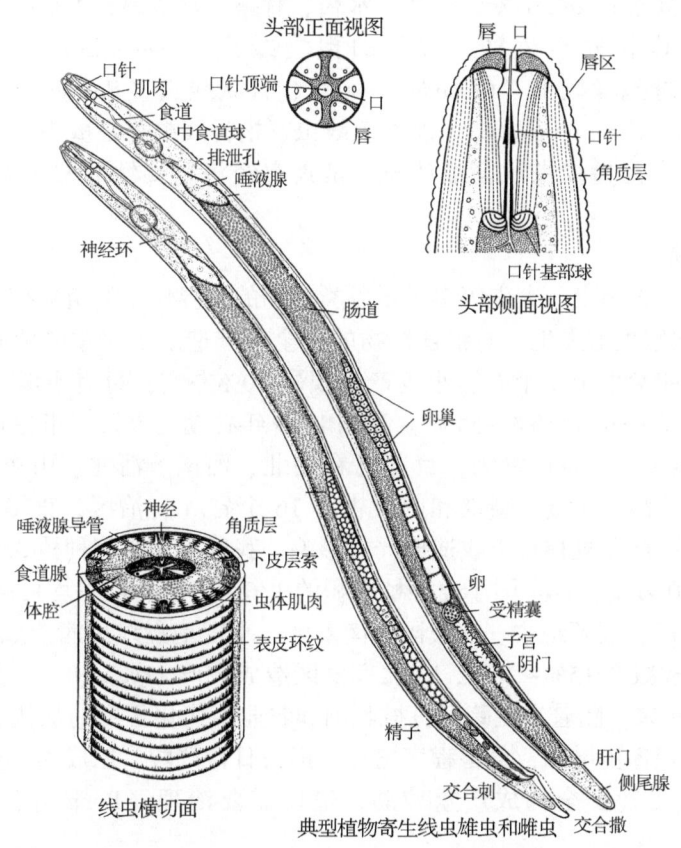

图2　典型植物寄生线虫雄虫和雌虫形态和主要特征（Agrios，1997）

2　作物重大线虫病害

植物寄生线虫是侵染并引起农作物病害的重要病原物之一，具有存活时间长、传播途径多、环境适应性强、寄主范围广、危害严重等特点，它们广泛寄生在各种植物的根、块根、块茎、鳞茎、球茎、芽、叶、枝茎和种子，严重危害粮食和经济作物，造成巨大经济损失，严重威胁全球粮食和食品安全。随着全球对粮食可持续生产和食品安全的需求日益增加，农业面临的最大挑战之一是植物寄生线虫及其引起的农作物线虫病害。植物寄生线虫几乎寄生所有农作物，造成产量损失20%以上，据估计，全球每年因植物寄生线虫造成的经济损失高达1 570亿美元（Abad等，2008），目前已报道了4 100多种植物寄生线虫（Jones等，2013），危害严重并造成重大经济损失的十大类植物寄生线虫主要包括根结线虫（*Meloidogyne*）、孢囊线虫（*Heterodera*、*Globodera*）、短体线虫（*Pratylenchus*）、香蕉穿孔线虫（*Radopholus similis*）、鳞球茎茎线虫（*Ditylenchus dipdaci*）、松材线虫（*Bursaphelenchus xylophilus*）、肾形肾状线虫（*Rotylenchulus reniformis*）、标准剑线虫（*Xiphinema index*）、异常珍珠线虫（*Nacobbus aberrans*）、水稻干尖线虫（*Aphelenchoides besseyi*），这十大类植物线虫几乎能够寄生所有和人类活动密切相关的植物，对农林业生产造成重大损失，破坏生态环境，影响食品安全和人类生存质量。

植物寄生线虫严重危及我国小麦、玉米、水稻、甘薯、马铃薯、大豆、蔬菜、花生、中草药等粮食和经济作物安全生产。常见的孢囊线虫（*Heterodera* spp.）、根结线虫（*Meloidogyne* spp.）、球孢囊线虫（*Globodera* spp.）、肾状线虫（*Rotylencyhulus reniformis*）、半穿刺线虫（*Tylenchulus semipenetrans*）、腐烂茎线虫、松材线虫等是重要的农作物植物病原线虫。尤以根结线虫和孢囊线虫危害最严重，是具有经济重要性的两类农作物重要病原线虫。

2.1 小麦孢囊线虫病

小麦孢囊线虫是危害小麦、大麦等多种禾谷类作物的世界性重要植物病原寄生线虫，目前已在全球39多个国家报道发生，对粮食作物的安全生产造成了严重的威胁。国外研究发现，每克土壤中孢囊卵量小于5个时，小麦产量损失10%左右；每克土壤中孢囊卵量大于10个时，小麦产量损失高达15.5%~55%。我国1989年在湖北省天门市岳口镇首次发现禾谷孢囊线虫（*Heterodera avenae*）以来，目前已在湖北、河南、河北、山东、安徽、江苏、陕西、山西、北京、天津、宁夏、新疆和内蒙古等16个省（自治区、直辖市）发生危害，对我国小麦的稳产、高产及夏粮食丰收造成严重影响，我国小麦常年种植3.5亿亩，孢囊线虫病发病面积达6 000万亩，占全国小麦种植面积的1/6，小麦病田平均可减产10%~20%，严重地块可减产50%以上甚至绝收。在我国河南麦区，小麦孢囊线虫病造成小麦减产18%~35%，在河北麦区造成减产15%~20%，在北京麦区造成减产11%~18%，在青海麦区造成减产10%~28%。近年来，随着小麦跨区机械收割和农业现代化程度的加快，该病的传播蔓延越来越快，发生面积逐步增加，危害程度增加，损失日益严峻，已成为小麦生产上的重要生物灾害，对我国的粮食安全构成严重威胁，迫切需要治理（Peng等，2009；彭德良，2021）。

随着全球气候变暖、耕作制度的变化以及极端高温造成土壤干旱缺水范围的逐渐扩大，小麦孢囊线虫病在全球小麦主产区快速暴发和流行。跨区联合收割作业机械的广泛使用为小麦孢囊线虫病的快速扩散蔓延提供了有利条件。然而，由于农民和基层农业技术人员对小麦孢囊线虫病害认识不足，小麦孢囊线虫病在田间的危害症状与施肥不均、植株缺素以及小麦黄矮病的症状相似，使得小麦孢囊线虫病的发生危害被长期忽视。各地区和各级部门必须高度重视小麦禾谷孢囊线虫病对我国小麦粮食安全生产造成的潜在威胁，特别是高致病性菲利普孢囊线虫向北快速扩散蔓延到我国10省市30个县市，小麦孢囊线虫病进一步发展，危害将加重，呈现暴发成灾新趋势，严重威胁我国小麦粮食安全生产，必须采取有效措施控制危害，减少损失，防止病情进一步扩大和蔓延。

2.2 大豆孢囊线虫病

大豆孢囊线虫病（soybean cyst nematodes，SCN）又叫黄萎病，俗称"火龙秧子"，是世界大豆生产上的一种毁灭性病害，危害严重，导致产量的重大损失。大豆孢囊线虫病是我国大豆生产上的首要病害，已成为我国东北和黄淮海两个大豆主产区大豆安全生产的严重威胁，同时也严重威胁了我国大豆生产安全（Peng等，2021；Lian等，2022）。危害我国大豆的孢囊线虫有大豆孢囊线虫（*Heterodera glycines*）（刘维志等，1994；彭德良等，2001）和野生豆孢囊线虫（*Heterodera sojae*）两个种。我国是大豆的发源地，有着丰富的品种资源。目前大豆孢囊线虫已在我国黑龙江、辽宁、吉林、内蒙古、山西、山东、河南、河北、安徽、北京、江苏、浙江、贵州、宁夏、甘肃、西藏等22省（自治区、直辖市）也相继发生和危害，此病目前已经成为我国东北和黄淮海两个大豆主产区大豆安全生产的严重威胁，尤以东北西部风沙、干旱、盐碱地受害最严重。我国大豆种植面积1.5亿亩，据统计，仅黑龙江、吉林、辽宁、山西、河南、安徽6省受害面积达3 000万亩，一般发病造成损失10%~20%，严重时达30%~50%，甚至在开花前后死苗造成绝产，损失60亿元，严重威胁了我国大豆生产安全。野生豆孢囊线虫目前仅仅分布在我国江西（Peng等，2016；2021）。

我国是大豆（*Glycine max* L.）的发源地，已有5 000年种植历史，品种资源极为丰富。大豆是全世界和我国重要粮油作物之一。我国是继美国、巴西和阿根廷之后世界第四大大豆生产国之一。1995年前，我国是大豆主要生产国和出口国。1995年后，我国由大豆出口国变为净进口国，目前我国是最大的大豆消费国和进口国，我国的大豆产能远远不能满足消费需求。2019年，我国大豆产量1 810万吨，而我国进口的大豆约8 851万吨，80%的大豆依赖进口。2020年我国进口的超过1亿吨。2021年我国大豆进口量为9 652万吨，同比下降3.8%。2022年我国大豆种植面积1.536亿亩，大豆产量2 028万吨，大豆进口量为9 108万吨，同比下降5.6%。2023年我国大豆种植面积1.536亿亩，大豆产量2 028万吨，大豆进口量为9 108万吨。大豆的需求严重受制于人。大豆是重要的食用植物油和饲料蛋白来源，在农业生产中占有重要地位。随着我国居民消费结构升级，近些年大豆需求量增加较快，产需缺口也不断扩大。大豆受到社会多方面的广泛关注，2019年3月，国家启动了"大豆振兴计划"，振兴目标主要是"一扩两提"，扩大种植面积，提高单产和品质。有效防控大豆孢囊线虫的危害，减少损失，提高单产和品质是大豆振兴计划的重要环节（Peng等，2021）。

有效防治大豆孢囊线虫病，需因地制宜制定合适的防治策略。通过寄主抗性、与非寄主轮作、栽培措施、增施有机改良剂、生物防治、化学防治等防控技术综合应用。扩大筛选适合当地的抗病或耐病种质资源，加大多抗品种培育仍然是防控大豆孢囊线虫的主要措施，抗耐病品种需要合理种植，以延长抗病品种的使用年限。加强与玉米-大豆带状复合种植模式的推广和应用，以降低孢囊线虫种群数量。生物种衣剂具有成本低和环境友好等优点，是大豆孢囊线虫病较为理想防治技术，加大高效生物杀线剂种衣剂研发力度。研制既促进生长，又防治孢囊线虫，维持土壤健康的生物菌肥也是目前较有发展前景的防治技术。

2.3 蔬菜根结线虫病

我国蔬菜种植面积已超过1.65亿亩，蔬菜根结线虫常年发生面积2 000万亩，蔬菜一般减产10%~30%，每年蔬菜因根结线虫病造成的损失超过100亿元。在我国，危害蔬菜的根结线虫主要有南方根结线虫（*Meloidogyne incognita*）、象耳豆根结线虫（*M. enterolobii*）、爪哇根结线虫（*M. javanica*）、北方根结线虫（*M. hapla*）和花生根结线虫（*M. arenaria*）。象耳豆根结线虫最早在我国海南省发现报道，其后逐渐往北扩散，目前在广东、广西、福建、云南、湖南等南方地区的露地蔬菜上均发现该线虫的严重危害。此外，在我国北方温室，如辽宁大棚番茄上也发现象耳豆根结线虫。21世纪以来随着我国经济的发展，我国人民的生活水平不断提高,对果蔬的需求越来越大,象耳豆根结线虫随着果蔬品种的调运和种植业的扩展不断由南向北扩散蔓延。高致病力象耳豆根结线虫快速北扩西进,将重创我国蔬菜产业。

象耳豆根结线虫 1983 年由中国林业科学院杨宝君研究员在海南儋州象耳豆树根部首次发现,2000 年以前,一直被认为是少数种或次要种而长期受到忽视。近十多年来,象耳豆根结线虫快速向北扩散蔓延,主要随着种苗调运进行长距离传播,造成快速扩散,暴发危害。目前海南、广东、广西、云南、福建、湖南、陕西、北京和东北的温室等地发生,寄生危害竹芋、枣树、桑树、菠萝蜜、甘薯、生姜、胡萝卜、香蕉、白菜、番茄、黄栀子、油茶、工业大麻、仙草、红豆树、仙丹花、金鱼草、铁齿苋、火龙果、龙葵等作物,在海南、广东等华南地区检出率超过 60%,已经取代南方根结线虫成为蔬菜上的优势种类。目前海南象耳豆根结线虫单一检出率达到 62%,南方根结线虫单一检出率为 23%,爪哇根结检出率仅为 5.7%,象耳豆和南方根结线虫复合侵染为 8.4%。象耳豆根结线虫病近几年已成为我国南方薯区(海南、湛江等地)的最重要的病害之一,且有逐年加重的趋势,据调查,湛江甘薯生产大户每年用于防治象耳豆根结线虫病的费用高达每亩 3 000~4 000 元。

象耳豆根结线虫是一个相对喜高温的线虫种类,中国南方地区的气候环境十分适宜象耳豆根结线虫的生长发育,而且该线虫毒性比南方根结线虫等常见的根结线虫更大,并可寄生抗病品种使抗性品种丧失抗性,因此目前在海南及粤西地区该线虫已取代了原先的南方根结线虫而成为优势种群,对蔬菜造成严重的危害。在北方大棚蔬菜上也发现象耳豆根结线虫,表明该线虫可能具有在我国北方温室大棚内生存的能力,对我国北方地区的设施农业可能也会造成严重威胁。此外,在少数冷凉地区,如我国的陕西亦有发现象耳豆根结线虫,因此该线虫虽然是一个喜高温种,但不排除随着长期进化会出现相对耐低温的种群。不仅在我国热作区成为优势种群,有可能在温带地区也会成为优势种群。

象耳豆根结线虫危害重,危害阈值为每 100 g 土壤 10 条,远低于其他根结线虫的 50~200 条危害阈值,繁殖快,在 44 ℃时仍能正常繁殖;能克服 $Mi-1$、$Me3$、N 等抗线虫基因介导的抗性,可利用的抗性资源稀缺,在抗性番茄、辣椒和豇豆等蔬菜上寄生繁殖,导致抗性丧失,造成的产量损失可达到 65% 以上,象耳豆根结线虫已被国际上公认为最具危害性的植物病原线虫,欧洲和地中海植物保护组织 EPPO 将其列入了 A2 警报名录。象耳豆根结线虫有可能成为超级线虫。

2.4 水稻根结线虫病

水稻根结线虫病的病原是根结线虫属(*Meloidogyne*)线虫。我国水稻根结线虫病病原先后报道有:海南根结线虫(*M. hainanensis* Liao & Feng)、林氏根结线虫(*M. lini* Yang, Hu & Xu)、拟禾本科根结线虫(*M. graminicola* Golden & Birchfield)和南方根结线虫[*M. incognita*(Kofoid & White)Chitwood]。拟禾本科根结线虫被认为是影响水稻产量最严重的根结线虫。我国目前水稻上分布最广、危害最严重的同样是拟禾本科根结线虫。

水稻根结线虫病是水稻的重要线虫病害之一,我国最早于 2001 年在海南三亚市的葱根部分离鉴定到拟禾本科根结线虫,随后于 2003 年在海南定安发现该线虫寄生侵染水稻(胡先奇,2003)。2011 年,在我国福建北部山区发现水稻受该线虫严重危害。近几年,该线虫在我国水稻种植区发生面积逐年扩大,目前已在广东、广西、湖南、湖北、四川、江西、云南、浙江、河南、台湾等地发现其危害水稻。该线虫病一般可以引起水稻产量损失10%~20%，严重时可达40%~50%。分布最广的拟禾本科根结线虫在水田可造成17%~32%的水稻产量损失，而在旱地水稻田可引起更严重的损失，如在印度和孟加拉国等地可造成20%~80%的损失。

不同根结线虫引起的水稻根结线虫病的症状特点稍有不同。拟禾本科根结线虫在水稻的整个生育期都能感染发病，一般二龄幼虫侵入2~3 d后新根根尖开始扭曲变粗，随后膨大形成卵圆形至长卵圆形的根结，根尖处的根结常呈钩状；根结颜色由白色逐渐变为淡黄色、棕黄色、棕褐色，根结硬度逐渐变软，最后根结接近于腐烂、发黑，且外皮变薄，容易破裂。地上部分的症状没有特异表现，主要是表现黄化，失绿，似缺肥缺水状。但不同时期的症状表现仍有不同。幼苗期感染发病秧苗细弱，叶色稍淡、黄化。移栽后，返青慢、发根迟、死苗多、生长弱。分蘖期新根大量增生，病田中大量幼虫侵染和寄生新根，引起病株矮小，根系短，叶片发黄，茎秆纤细，分蘖迟缓，分蘖弱而少。抽穗期和结实期：病株矮小、叶片稍黄、出穗期短、穗数少、穗常有半包或穗节包叶，甚至不能抽穗，结实少，秕谷率高，千粒重下降，造成水稻产量损失。

2.5 马铃薯金线虫病

马铃薯金线虫（*Globodera rostochiensis*）是最重要的植物检疫性线虫，由于其危害严重性和经济重要性，全球106个国家将其将其列为检疫性有害生物，也是我国重要的进境检疫性有害生物之一。马铃薯孢囊线虫起源于北纬15.6°以南的秘鲁和玻利维亚的安第斯山脉，与马铃薯在南美洲共同进化（Evans等，1975）。随后，由于人类的作用，向欧洲及世界各地迁移扩散。目前欧洲、非洲、大洋洲、北美、南美、亚洲等全球106个国家将其列为检疫性有害生物。与我国毗邻的俄罗斯、印度、日本、马来西亚、巴基斯坦、菲律宾、斯里兰卡、塔吉克斯斯坦等均有金线虫发生和危害。

马铃薯金线虫和白线虫侵染寄主植物根系后，地上部无特殊识别症状。根系受害引起植物逆境反应，使水分和营养物质的吸收能力降低，地上部表现矮化和黄化、叶边缘发黄焦枯和其他失绿症状等症状，叶片表现凋萎症状，中午时分凋萎症状尤为明显。马铃薯早衰和侧根增生。田间病株分布不均匀，有发病中心团，随着马铃薯连续种植和农事操作，发病中心团逐年扩大，最后全田发病。田间病害诊断最主要的是进行金线虫的孢囊调查（彭德良，2021）。在马铃薯开花前后，受害植株的根部可见到白色至金黄色的球形孢囊，故称马铃薯金线虫，孢囊成熟后逐步变成深褐色（彭德良，1997）。而马铃薯白线虫根部的雌虫直至死亡仍为白色，不变黄色。马铃薯收获后，根系孢囊遗落到土壤中。

2018年我国科学家发现马铃薯金线虫已经入侵贵州省（Peng等，2023）；2019年该线虫在云南省昭通市鲁甸县和曲靖市会泽县以及四川省昭觉县和越西县发现危害，发生面积10万亩（Jiang等，2022；顾建锋等，2022）。鉴于金线虫对马铃薯的严重潜在危害，2020年11月农业农村部第351号公告首次将其列入全国农业植物检疫性有害生物名录（农业农村部办公厅，2020），2022年7月农业农村部公布的马铃薯金线虫在云南、四川和贵州3个省7个县（区）行政区发生（农业农村部办公厅，2022）。适生性风险分析表明马铃薯金线虫在我国适生区域广，云南、贵州、四川、重庆、湖南、湖北南部、山东南部、河南、安徽和江苏等地均为马铃薯金线虫中高风险区，防控难度大，目前尚无有效防治方法报道（李建中等，2009）。

中国农业科学院植物保护研究所对我国云南等地区的40多个栽培品种进行了抗性基因分子标记和鉴定，目前鉴定出7个品种含有抗马铃薯金线虫Ro1/4型的 *H1* 基因。通过2020—2022年3年的田间实际抗性试验鉴定，筛选出5个抗病性好、产量高的马铃薯品种，在昭通的试验达到每亩产量超过2.5 t的高产水平，初步认为这5个品种对马铃薯金线虫具有较高的抗病或耐病特性，可选择用于原种生产，供给国内其他发生区快速应急和常规防治使用（宋家雄等，2023；黄立强等，2024）。

土壤熏蒸杀线虫剂和非熏蒸杀线虫剂都用于防治马铃薯金线虫和白线虫。当采取检疫措施需要立即降低土壤内金线虫密度时，土壤熏蒸杀线虫剂如棉隆、威百亩、必速灭、D-D混剂等常用来防治马铃薯金线虫并在欧洲及其他一些国家获得成功。非熏蒸杀线虫剂可在播种前和作物生长期施用防治马铃薯金线虫，氨基甲酸酯类杀线虫剂被广泛用于防治马铃薯金线虫，可以土壤表面处理和再定植时应用。目前在云南昭通使用化学杀线虫剂防控马铃薯金线虫的试验中，氟吡菌酰胺悬浮剂、伊维菌素和威百亩都有非常好的应用效果，棉隆等其他药剂正在试验中（宋家雄等，2023）。

2.6 马铃薯腐烂茎线虫病

腐烂茎线虫在世界上主要分布在温带地区，目前发生在5大洲的42个国家，包括欧洲的德国、爱沙尼亚、白俄罗斯等27个国家，北美洲的美国、加拿大和墨西哥，亚洲的中国、日本、韩国、巴基斯坦、伊朗、沙特阿拉伯、哈萨克斯坦、吉尔吉斯斯坦、塔吉克斯坦和乌兹别克斯坦，大洋洲的新西兰和非洲的南非。腐烂茎线虫被53个国家列为限定性有害生物，目前被20多个国家和植物保护组织（如APPPC、EU、PPPO）列为检疫性有害生物。在澳大利亚被评估为5种最高生物安全风险植物线虫之一（中华人民共和国农业农村部公告第351号，2020）。

腐烂茎线虫被我国列为进境植物检疫性有害生物和全国农业植物检疫性有害生物。我国最早关于腐烂茎线虫在河北省张北县危害马铃薯的报道始于2006年，随后2010年在河北省张家口市察北区马铃薯大西洋的薯块分离出腐烂茎线虫。根据农业农村部统计，腐烂茎线虫（*Ditylenchus destructor*）出现在我国北京、河北、内蒙古、辽宁、吉林、黑龙江、安徽、山东、河南、陕西等10个省（自治区、直辖市），72个县（市、区、旗），近年来，腐烂茎线虫危害马铃薯在我国河北、黑龙江、山东、甘肃、内蒙古、陕西、贵州、宁夏等地有发生和记载。腐烂茎线虫在我国河南、山东、河北、安徽等省发生危害面积较大（姜培等，2020；彭德良，2021）。一般减产20%～80%，甚至绝收；马铃薯种薯的频繁调运，腐烂茎线虫呈快速蔓延趋势，严重威胁马铃薯产业的健康发展。

马铃薯受害初期，薯块表皮下产生小的白色斑点，随后斑点逐渐扩大并变成淡褐色，呈现圆形或近圆形疤斑，组织软化致中心变空。病害严重时，表皮开裂、皱缩，内部组织呈干粉状，颜色变为灰色、暗褐色至黑色，病薯块表面病斑凹陷，切开病薯块，病部组织中部有干白色物，其周围组织变褐色、变干，最外周组织变软呈水渍状，病斑由外而内常呈漏斗状斑痕，严重的薯块发病表现为糠心、裂皮。储藏期是薯块的严重发病期，导致储藏期烂窖。薯块收获后，线虫随薯块入窖，一旦入窖较早或储藏量过大，大量产生呼吸热而导致温度升高，线虫便在薯块内大量繁殖危害，并扩展到邻近块茎上，导致更多的块茎组织受到严重危害，当整个薯块全部被侵后，块茎表皮变得像纸一样薄，并开裂、皱缩，内部组织呈干粉状，颜色变为灰色、暗褐色至黑色，重量损失80%以上，并且受线虫侵染的组织易被青霉、曲霉等真菌造成二次侵染，造成更大的产量损失。

腐烂茎线虫是多食性线虫，已报道的植物寄主多达100多种，腐烂茎线虫在世界范围内主要寄主为甘薯和马铃薯，此外还有洋葱、大蒜、鸢尾、郁金香、风信子、唐菖蒲、大丽花、巢菜、甜菜、胡萝卜、欧芹、芹菜、番茄、黄瓜、红辣椒、南瓜、西葫芦、大豆、鹰嘴豆、蚕豆、花生、紫苜蓿、向日葵、大黄、烟草、甘蔗、大麦、小麦等。

3 重要植物线虫的寄生特性

植物寄生线虫利用其特有的可伸缩的口针刺穿植物细胞，从中摄取营养物质，进而与寄主建立特定的相互作用关系（Davis等，2008）。植物寄生线虫为专性活体营养寄生线虫，只能在寄主植物活的组织和细胞内或细胞外寄生，不能在人工培养基上培养。植物寄生线虫通过口针取食植物细胞内含物，对植物造成各种伤害。根据寄生方式和习性，植物寄生线虫可分为内寄生线虫（endoparasitic nematode）和外寄生线虫（ectoparasitic nematode）两大类型（Bongers and Bongers，1998）。①内寄生线虫：虫体全部进入寄主植物体内。根据线虫寄生后是否移动，又可分为定居型内寄生线虫（sedentary endoparasitic nematode）和迁移型内寄生线虫（migratory endoparasitic nematode）。定居型内寄生线虫包括根结线虫、孢囊线虫、球孢囊线虫、半穿刺线虫、肾形线虫等；迁移型内寄生线虫包括短体线虫、穿孔线虫、松材线虫、椰子红环腐线虫、起绒草茎线虫、水稻茎线虫、菊花叶芽滑刃线虫、水稻干尖线虫、小麦粒线虫等。②外寄生线虫：虫体不进入植物体内，只以口针刺破植物表皮吸取营养。包括在表面组织寄生的线虫（如毛刺线虫、针线虫、矮化线虫等）和在次表面组织寄生的线虫（如刺线虫、纽带线虫、盘旋线虫、螺旋线虫、盾线虫、长针线虫、毛刺线虫、剑线虫等）。植物线虫的寄生方式可分为内寄生和外寄生两种方式。内寄生线虫又分为固定性内寄生线虫（sedentary endoparasites）、固定性半内寄生型（sedentary semi-endoparasites）和迁移性内寄生线虫（migratory endoparasites），外寄生线虫分为固定性外寄生线虫（sedentary ectoparasites）和迁移性外寄生线虫（migratory ectoparasites）等。寄生高等植物的垫刃目线虫的寄生性演化途径是从外寄生向半内寄生与内寄生发展，高级寄生性的典型代表是定居型内寄生线虫根结线虫和孢囊线虫（图3）。

4 植物寄生生活史

植物寄生线虫的生活史一般包括卵、幼虫、成虫3个阶段，由幼虫到成虫经过5个不同的龄期，前4个龄期每期之末都要蜕皮一次。幼虫通过形成新皮蜕去老皮，蜕皮后有的老皮脱落，有的不脱落。正在蜕皮的线虫，可以根据表皮是不是紧密地贴附于头的末端，而口针前端却与蜕皮贴附的情况来辨别。

4.1 固定性内寄生线虫生活史

4.1.1 孢囊线虫

孢囊里的卵遇到合适条件开始孵化。孢囊线虫孵化出的二龄幼虫先进入土壤中并在土壤中活动，寻找寄主的根系，二龄幼虫经表皮侵入到寄主根内，它们一般都从靠近根尖处侵

1. 头刃线虫属（*Cephalenchus*）；2. 矮化线虫属（*Tylenchorhynchus*）；3. 刺线虫属（*Belonolaimus*）；4. 盘旋线虫属（*Rotylenchus*）；5. 纽带线虫属（*Hoplolaimus*）；6. 螺旋线虫属（*Helicotylenchus*）；7. 标矛线虫属（*Verutus*）；8. 肾状线虫属（*Rotylenchulus*）；9. 枪垫刃线虫属（*Acontylus*）；10. 类根结线虫属（*Meloidodera*）；11. 根结线虫属（*Meloidogyne*）；12. 孢囊线虫属（*Heterodera*）；13. 鞘线虫（*Hemicycliophora*）；14. 大刺环线虫属（*Macroposthonia*）；15. 针线虫属（*Paratylenchus*）；16. 膨胀半穿刺线虫属（*Trophotylenchulus*）；17. 半穿刺线虫（*Tylenchulus*）；18. 球线虫属（*Sphaeronema*）；19. 短体线虫（*Pratylenchus*）；20. 潜根线虫（*Hirschmanniella*）；21. 珍珠线虫（*Nacobbus*）。

图 3 根系组织上不同类型垫刃目线虫取食位点图解（Siddiqi，1986）

入，用口针刺破细胞壁在皮层内移动，引起细胞损伤，通常造成一些坏死。侵入内皮层后，刺破靠近初生木质部的原形成层细胞壁，幼虫将食道腺分泌物注射到头部周围寄主细胞中并诱导增大发育成适合取食位点，成为固定性取食。取食位点的细胞质变浓密，相邻细胞的细胞壁部分消解，原生质体融合导致形成较大的合胞体细胞（syncytium），参与合胞体形成的细胞多达 200 多个。合胞体的基本的特征是核仁增大、较大的细胞核、浓密的细胞质和明显的胞质流动。在毗邻维管组织的表面细胞壁内向生长。合胞体提供孢囊线虫发育所需的营养，合胞体内的细胞质变浓密，呈颗粒状，其细胞壁向内生长，临近的输导组织内表面增加，使得营养源源不断地从植物其他组织传递到合胞体。幼虫持续不断地从合胞体细胞获取营养，并不断增大躯体，在第四次蜕皮后雌虫迅速膨大撑破根表皮露出，但头部仍埋在根表皮内以保持固着和继续取食，雄虫变成一细长蠕虫，在第四次蜕皮后离开根在土壤中活动，寻找雌虫受精，然后死去。雌虫继续取食并开始产卵，卵通常产在虫体内，少数卵产在一个胶状物形成的卵囊或卵团（egg mass）内。在卵囊内的卵孵化发育的二龄幼虫可以再次很快侵入寄主根内，其余的卵则不孵化产出，在雌虫生命结束时，整个雌虫的躯体表皮变硬、变褐色从而成为保护壳而变成一个孢囊（cyst），保护内部的卵，靠它度过休眠期和忍受不良环境（图4）。

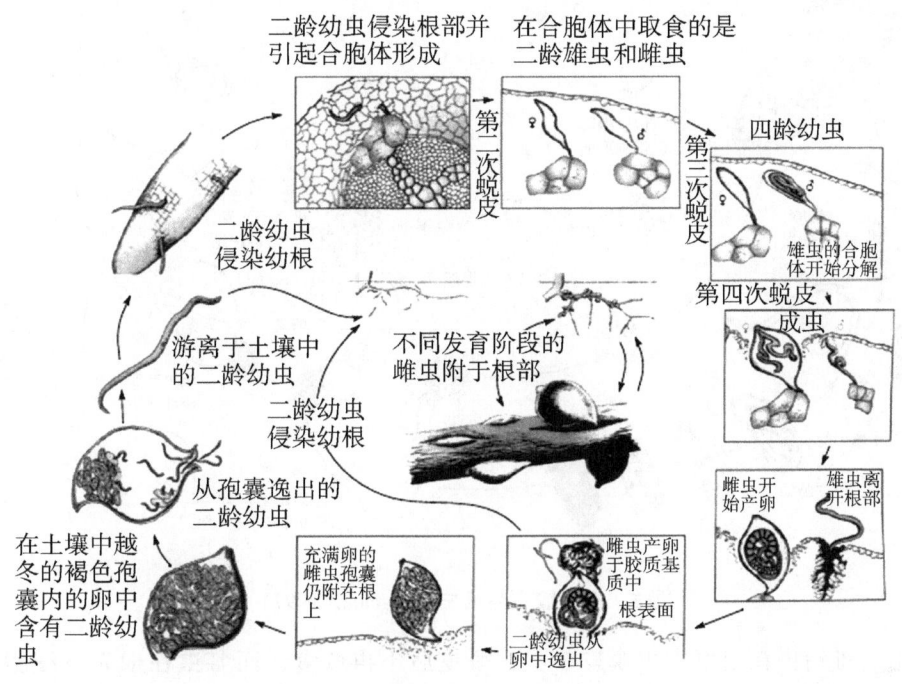

图 4　大豆孢囊线虫生活史（Agrios，1997）

4.1.2　根结线虫

在寄主根部形成非常明显的根结，造成数千种寄主作物地上部生长不良。根结线虫的卵是产在卵囊内的，刚孵化出来的二龄幼虫从寄主作物根尖端和尖端后面的伸长区侵入，幼虫通常向下移动至根尖，环绕根的顶端分生组织区域转动。然后朝上移动至根分生区中心取食，刺破表皮细胞，通过皮层进入正在分化的木质部区域，围绕取食位点头部周围的可分化的木质部细胞扩大，其内的细胞核分裂，诱导不正常的细胞生长，形成巨型细胞（giant cell）。取食位点巨型细胞的细胞核不断分裂，中央液泡消失，细胞壁向内生长，但是细胞壁不发生大面积消解。二龄幼虫继续在巨型细胞上取食，蜕皮两次变为四龄幼虫，膨大成香肠状，在第四次蜕皮之前，雄虫变为细长形，并在这次蜕皮之后离开根在土壤中活动。雌虫仍然留在根内，如果其躯体完全埋在根内，它们产出的卵就在根内的卵囊内进行孤雌生殖。但是根结线虫的雌虫阴门有时也暴露于根表皮外，这时，可以与雄虫交配，卵囊就形成在根外。有些种类的雄虫成熟后在根内与雌虫混在一起，可能在根内交配。线虫的取食刺激皮层和中柱鞘组织的细胞膨大和分裂形成根结（galling）。从根结上可以长出侧根（图5）。

4.1.3　半穿刺线虫

雌虫仅以颈部埋入寄主（如柑橘）的根内而虫体附着在根上，卵产在卵囊内，二龄幼

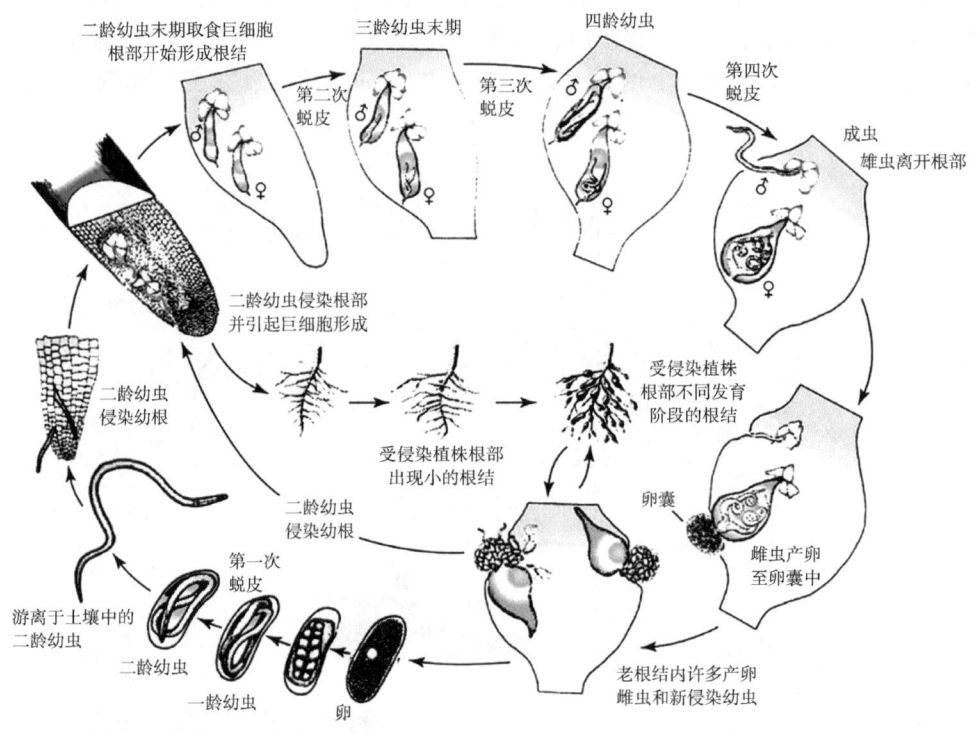

图 5　根结线虫生活史（Agrios，1997）

虫由卵孵出。雄幼虫在土壤中再蜕皮 3 次，蜕皮后不再取食，而雌虫在根表皮细胞上取食，蜕 3 次皮变为成虫。雌虫直至穿刺根之前，都保持着细长形，穿刺根后，体躯迅速膨大，生殖器官成熟，然后开始产卵。

4.2　迁移性内寄生线虫生活史

4.2.1　短体线虫（*Pratylenchus* spp.）

在植物组织内取食，并杀死细胞，然后再移动到周围的活细胞上取食。雌成虫在皮层内产卵，卵孵化成幼虫仍然在组织内取食，造成根组织的大面积死亡，根部被严重侵染的植株地上部生长很差，易萎蔫，并减产。成虫和幼虫都可以自由地进出根组织。被短体线虫危害的根部常见的症状是皮层组织坏死后形成的黑色窄长条的病斑，这种病斑是酚氧化形成的黑色素而使死细胞变褐。这些条斑为细菌、真菌和自由腐生线虫提供栖息场所。咖啡短体线虫（*Pratylenchus coffae*）对咖啡、柑橘、马尼拉麻能造成危害；穿刺短体线虫（*Pratylenchus penetrans*）在温带地区可以侵染苗圃树木、果园、烟草，也可以危害月季；胡桃短体线虫（*Pratylenchus vulnus*）可以危害每年落叶的果树、坚果树、桃树和橄榄树（图 6）。

4.2.2　穿孔线虫（*Radopholus* spp.）

在植物组织内的移动比短体线虫更频繁。可以在香蕉根的皮层组织破坏细胞形成很大的空腔"隧道"，空腔内壁变成黑色可能是由于酚氧化的原因，病斑呈褐色后大多数线虫又转移到新的细胞上。1953 年证实相似穿孔线虫（*Radopholus similis*）是美国柑橘速衰病的病原。穿孔线虫侵入到中柱和皮层内，杀死细胞，同时刺激微管束薄壁组织的细胞扩大和增生（图 7）。

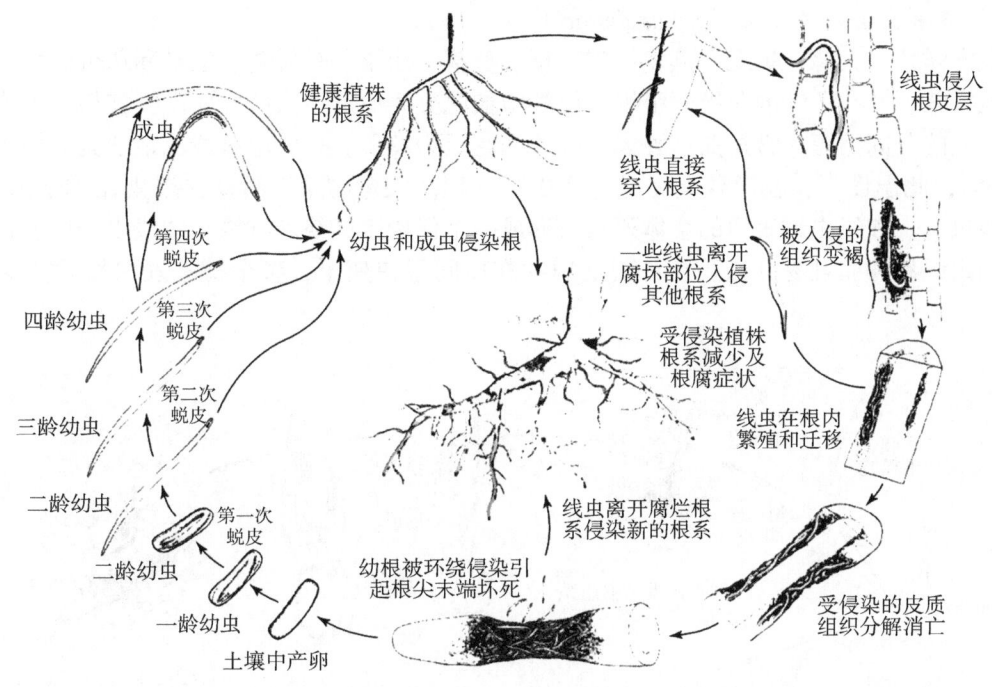

图6　短体线虫（*Pratylenchus* spp.）生活史（Agrios，1997）

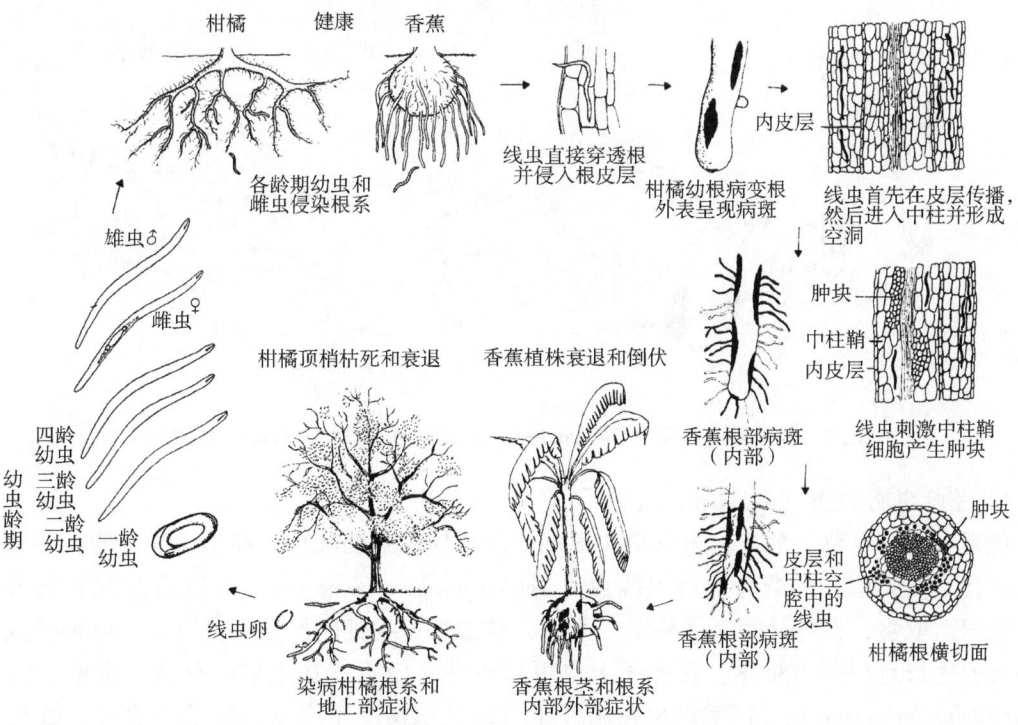

图7　穿孔线虫（*Radopholus* spp.）生活史（Agrios，1997）

4.2.3 鳞球茎茎线虫（*Ditylenchus dipsaci*）

危害洋葱、大蒜、黑麦、燕麦、三叶草、苜蓿、甜菜、马铃薯、玉米和草莓。可以大范围地危害茎、叶和子叶的非维管组织，使细胞彼此分离而形成大的空间。受害植株不能正常生长，茎的节间缩短，常扭曲，肿大，叶片和花成为畸形。三叶草茎线虫最适宜的繁殖温度是 15 ℃，此温度下，在洋葱上完成生活史需 3 周。大量的第四龄幼虫聚集在鳞茎的基部，形成线虫绒。在线虫绒表面的个体死亡，形成一个保护罩围绕着绒内部的线虫个体。在洋葱上，病组织易碎而且易分离。在苜蓿上病叶在田间很快变干，整个植株发白然后变褐（图8）。

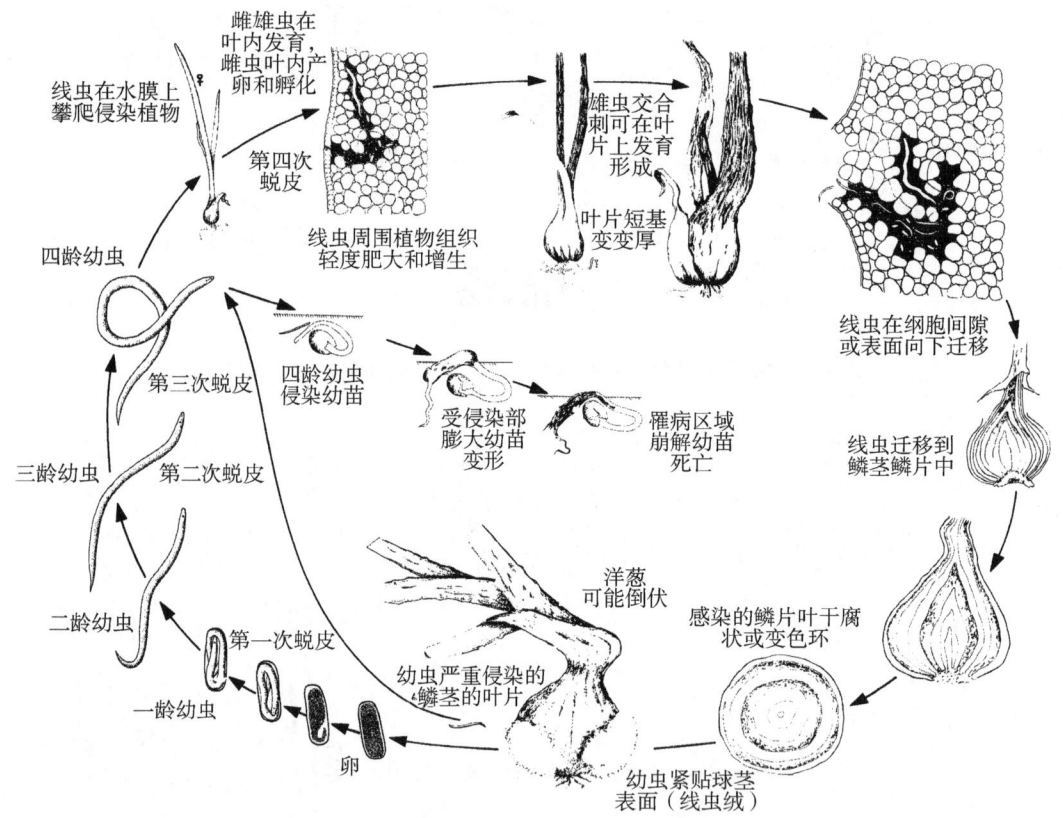

图 8　鳞球茎茎线虫（*Ditylenchus dipsaci*）生活史（Agrios, 1997）

4.2.4 芽叶滑刃线虫（*Aphelenchoides*）

危害水稻、草莓、菊花、秋海棠和很多其他植物的芽和叶片，在正在发育的叶芽和花芽表面取食。侵染菊花的菊叶芽滑刃线虫（*Aphlenchoides ritzemabosi*）可以通过气孔进入，在薄壁组织上取食，在叶脉间来回移动，取食，被破坏寄主细胞形成褐色斑块。此种线虫在盆栽菊花的生长点和芽上越冬，在种子上也可以越冬，但不能在土壤中存活。水稻干尖线虫（*Aphelenchoides besseyi*）以四龄幼虫在病种子内以失水情况下存活。种子吸水后，线虫离开病种子游向水稻幼苗的生长点，随水稻的生长而向上移动叶鞘的内侧，从组织的表面取食，也可以进入花的内部组织。雌虫在叶腋和花上产卵。线虫在颖壳内不活动。症状：水稻叶尖

2~5 cm 长叶片变为黄色至白色，然后变褐坏死，旗叶变短而扭曲，花序变短，不孕小花增多（图9）。

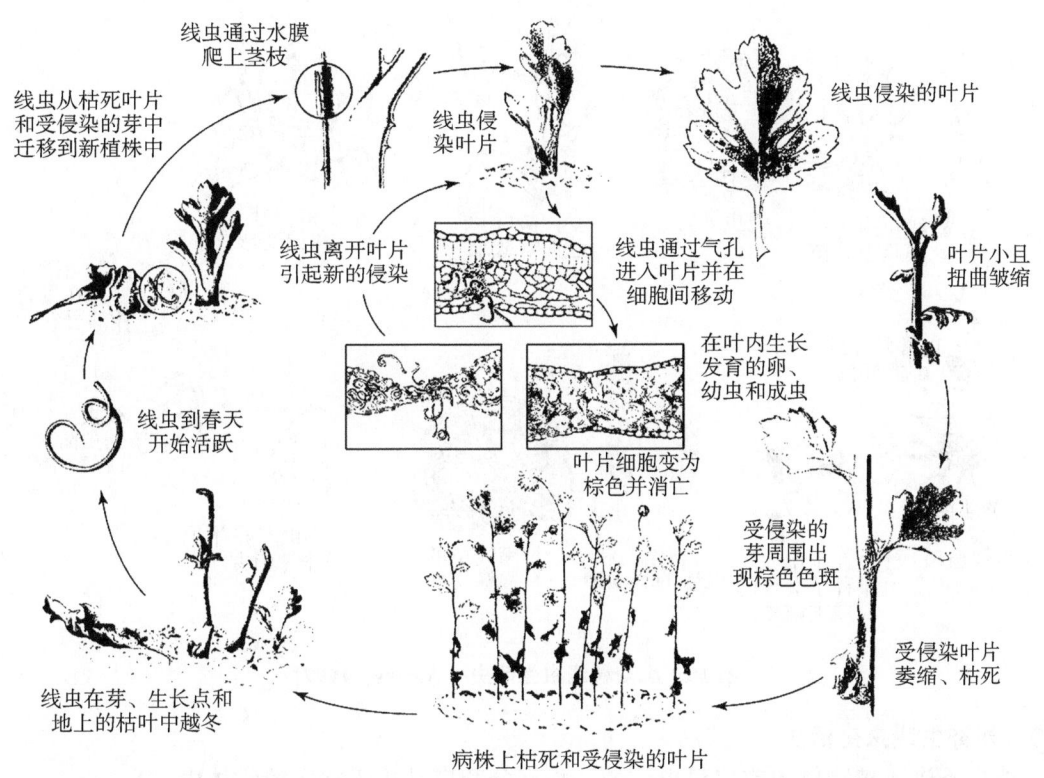

图9 菊叶芽滑刃线虫（*Aphlenchoides ritzemabosi*）生活史（Agrios，1997）

4.2.5 粒线虫（*Anguina*）

小麦粒线虫（*Anguina tritici*）：以虫瘿里的二龄幼虫越冬和越夏，虫瘿在土壤里遇水膨胀，其中的二龄幼虫爬出活动，从芽鞘侵入麦苗，先在叶鞘与幼茎间营外寄生。小麦幼穗分化后，幼虫集中到花部，侵入子房内寄生，刺激子房形成虫瘿，幼虫在子房内发育为成虫，雌雄交配，雄虫交配后死去，雌虫大量产卵，卵很快孵化为一龄幼虫，再很快变为二龄幼虫，在虫瘿内越夏或越冬。

小麦粒线虫有水时恢复活动，从虫瘿内爬出，侵入正在生长的组织，作为外寄生线虫危害正在发育的叶片。幼虫侵入到叶片和花组织内发育，进入受精的子房内发育，雄成虫和雌成虫在受侵染的子房内发育，使麦粒变成虫瘿。在虫瘿内有约40头雌虫，可以产约30 000粒卵，卵孵化成幼虫，以幼虫形式在虫瘿内越冬。虫瘿及内部的幼虫非常能抗干旱，在干燥的条件下可以存活30年。

各种线虫的生活史长短不一样，在适宜的条件下，大多数线虫从卵发育到雌虫产卵需3~4周。温度影响生活史的长短，此外，湿度和寄主生长情况也影响生活史的长短。线虫在生长季节可以发生若干代，以线虫种类、环境条件和危害方式而异，小麦粒线虫每年只发生一代，甘薯茎线虫在块根内每隔19~25 d发生一代，一代一代地延续下去，一年发生多少代无法弄清。

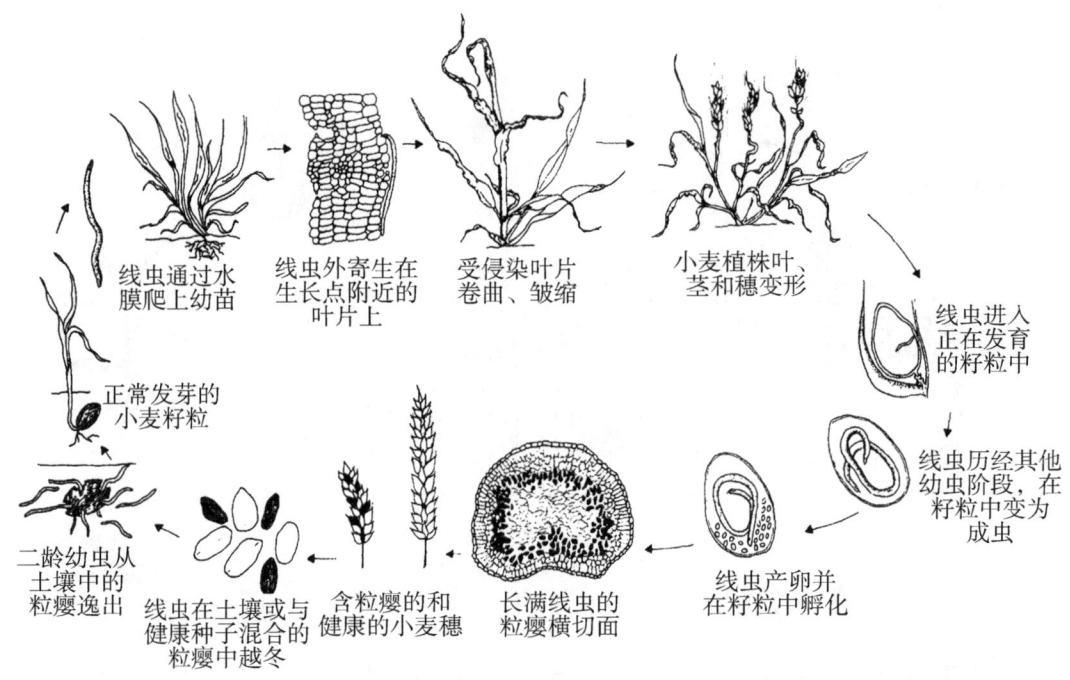

图10 小麦粒线虫生活史（Agrios，1997）

4.3 外寄生线虫生活史

线虫不进入植物体内或仅仅虫体的一小部分和口针进入寄主植物体内。

4.3.1 表面组织

如毛刺线虫（*Trichodorus*）、针线虫（*Paratylenchus*）、矮化线虫（*Tylenchorhynchus*）、垫刃线虫（*Tylenchu*s），在根表皮及根毛细胞上取食。一般来讲，这些线虫不侵入皮层内。毛刺线虫是表面取食类型中危害最大的类群，严重抑制根的生长并传带病毒。毛刺线虫在苹果根尖端大量积累，根尖端后部的区域出现坏死，根即停止生长，受侵染的根尖端由于有丝分裂受到阻碍而形成短粗根症状。

4.3.2 次表面组织

如刺线虫（*Belonolaimus*）、纽带线虫（*Hoplolaimus*）、盘旋线虫（*Rotylenchus*）、螺旋线虫（*Helicotylenchus*）、盾线虫（*Scutellonema*）、大节片环线虫（*Macroposthonia*）、长针线虫（*Longidorus*）、毛刺线虫（*Trichodorus*）、剑线虫（*Xiphinema*）、鞘线虫（*Hemicycliophora*），在靠近皮层或靠近中柱鞘的细胞上取食。它们以口针，有时以虫体前端的小部分侵入寄主体内。

刺线虫：可以杀死细胞形成长条的病斑，当细菌和真菌跟随侵入后造成组织腐烂。

纽带线虫：危害棉花、玉米、大豆、松树和其他树木、草坪、咖啡、茶和香蕉等，侵染的特点导致根部大范围的损伤，形成病斑。鞘线虫、长针线虫和剑线虫引起植物细胞扩大和增生而形成"根肿瘤"。

盘旋线虫：在黄杨木、其他灌木、树木、杂草、蔬菜上群体数量达到很高，每克土壤6头线虫便对胡萝卜有危害，每克土壤0.5头引起百合植株根腐。盘旋线虫在加利福尼亚还可以危害生菜。

毛刺线虫：在农田土壤、自然草原和森林土壤中都有分布（图11）。1951年在佛罗里达证明克里斯迪毛刺线虫（*Trichodorus christiei*）是甜菜、芹菜、甜玉米上的重要外寄生线虫。在旺盛生长的根尖端或靠近尖端的部位取食。病根根尖端停止生长，长出侧根，并依次被害。

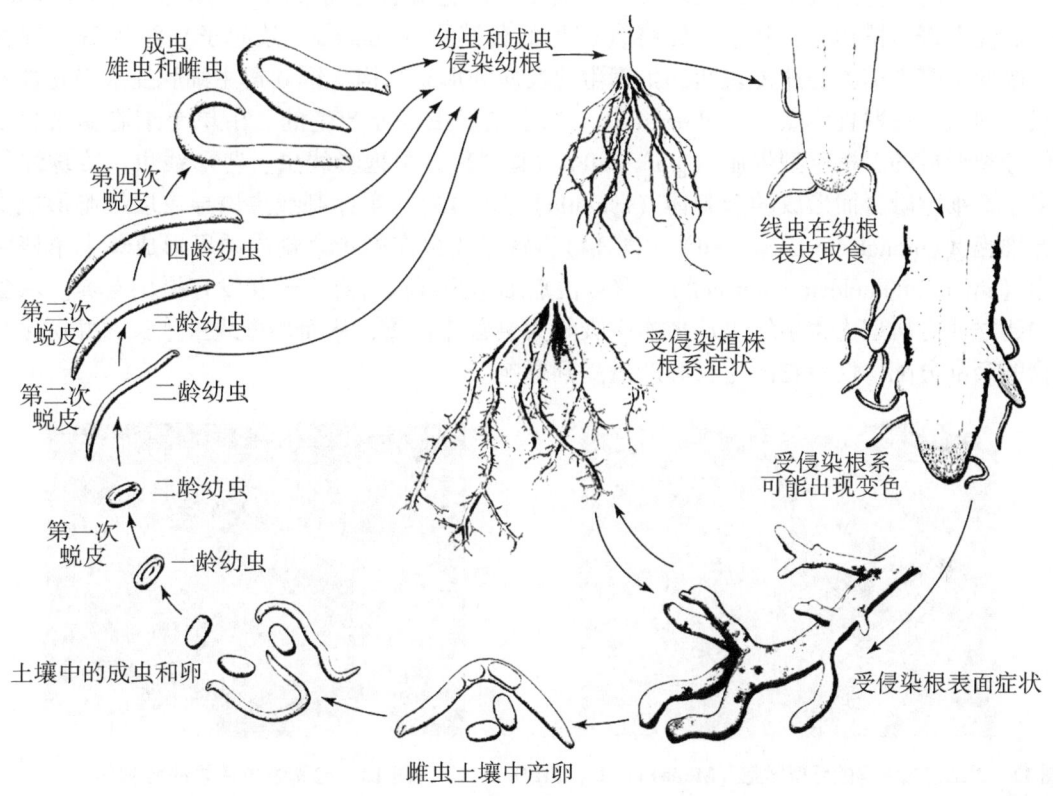

图11 微小拟毛刺线虫生活史（Agrios，1997）

剑线虫：在根的皮层组织上取食，并严重破坏根的生长，线虫取食后，根尖端膨大，最后变成褐色，被取食的表皮和皮层细胞崩解，在坏死区域下面的皮层组织中产生大而多核的细胞，一个细胞内的细胞核可以达9个，细胞质稠密，无液泡，无加厚的细胞壁。剑线虫非常适应在土壤中生活，每种线虫能忍耐长时间的饥饿，如美洲剑线虫在10℃时没有寄主的土壤中可存活49个月。美洲剑线虫可以在很多寄主植物上繁殖，包括玉米、大豆、禾谷类作物、小果树、柑橘等。标准剑线虫是世界性葡萄病原线虫，也可以侵害月季和无花果。

5 植物寄生线虫的取食结构

5.1 取食位点

植物寄生线虫利用其特有的可伸缩的口针刺穿植物细胞，从中摄取营养物质，进而与寄主建立特定的相互作用关系（Davis 等，2008）。植物寄生线虫为专性活体营养寄生线虫，只能在寄主植物活的组织和细胞内或细胞外寄生，不能在人工培养基上培养。植物寄生线虫通过口针取食植物细胞内含物，对植物造成各种伤害。

在长期的进化过程中，固定内寄生型线虫与寄主植物之间形成了高度精妙的互作关系，在它们侵染寄主植物时，利用口针将食道腺的分泌物（effector，效应子）注入寄主植物细胞，改变了寄主细胞的遗传表达、生理生化反应和形态结构，诱导寄主细胞变成专化性的植物线虫的永久性取食位点（feeding site）。如根结线虫诱导产生的、由单个细胞膨大和细胞核的分裂形成的多核巨型细胞（giant cell）（图12），由孢囊线虫、肾形线虫、珍珠线虫通过多个寄细胞融合而形成的合胞体（syncitia）（图13），半穿刺线虫诱导皮层细胞形成单核营养细胞（uninucleate nurse cell）（图14），肾形线虫在维管束鞘内诱导形成单个单核巨型细胞（single uninucleate giant cell）。取食位点细胞为线虫自身生长和发育提供营养。取食位点的建立使定居型内寄生线虫从植物中吸收大量营养物质，从而促进线虫生长，并诱导光合产物的紊乱分配，使植物的生长和产量受到影响。

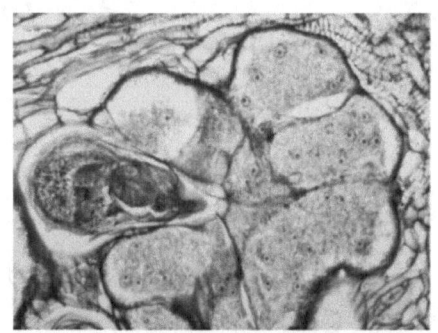
图12 根结线虫诱导的巨型细胞（Mejias et al., 2019）

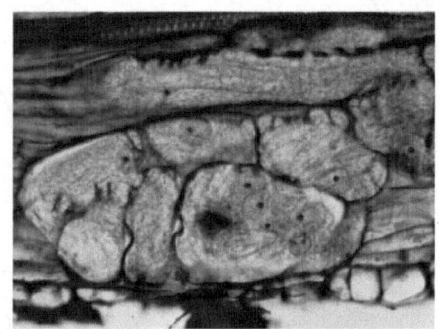
图13 孢囊线虫诱导的合胞体

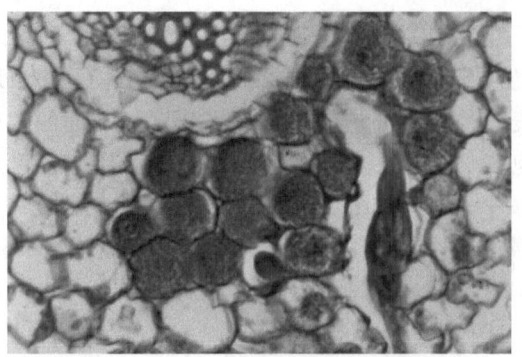
图14 半穿刺线虫诱导的营养细胞

5.2 巨型细胞

巨型细胞是根结线虫诱导出一种特殊类型的营养细胞系统。根结线虫的侵染性的二龄幼虫（J2）孵化出来后幼嫩根系的根尖和尖端后面的伸长区侵入（Wyss，1997），刺破表皮细胞，通过皮层进入到正在分化的木质部区域，建立取食位点，围绕取食位点口针周围的可分化的木质部细胞膨大，诱导变形而成为巨型细胞，在无胞质分裂的情况下，膨大的细胞通过重复的同步有丝分裂成为多核细胞，细胞核不断分裂，每个巨型细胞内一般由5~6个膨大的细胞核，中央液泡消失，大量向内生长的次生细胞，细胞壁不发生大面积消解，大量的细胞器包括高尔基体、小液泡、质体、内质网和线粒体。成熟的巨型细胞起转运细胞的作用，代谢非常活跃，巨型细胞细胞核 DNA 含量比未感染植物根尖细胞核 DNA 多 14~16 倍。在巨型细胞中细胞质中储存了线虫发育所需要获得的营养物质如富含蛋白质和脂类物质（Bird，1962）；根结线虫继续在巨型细胞上取食，膨大成香肠状，线虫取食刺激皮层和中柱鞘组织的细胞膨大和分裂，引起组织增殖，形成典型的根结（图15）。

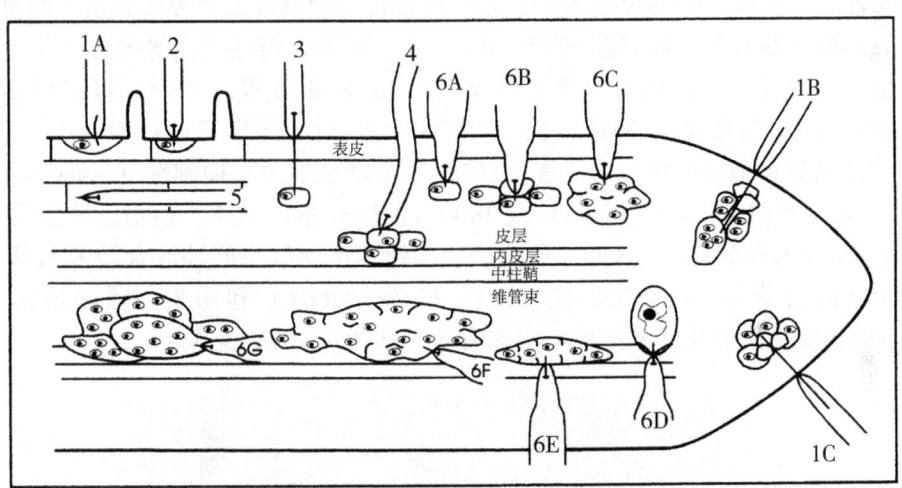

1A：毛刺线虫（*Trichodorus* spp.），1B：标准剑线虫（*Xiphinema* index），1C：长针线虫（*Longidorus elongatus*）；2：矮化线虫（*Tylenchorhynchus bubius*）；3：拟环线虫（*Criconemella xenoplax*）；4：螺旋线虫（*Helicotylenchus* spp.）；5：短体线虫（*Pratylenchus* spp.）；6A：暗色小涨点线虫（*Trophotylenchus obscurus*），6B：半穿刺线虫（*Tylenchulus semipenetrans*），6C：大宫标矛线虫（*Verutus volvingentis*），6D：犹他隐皮线虫（*Cryphodera utahensis*），6E：肾型线虫（*Rotylenchulus reniformis*），6F：孢囊线虫（*Heterodera* spp.），6G：根结线虫（*Meloidogyne* spp.）。

图 15　植物寄生线虫取食位点（Wyss，1997）

5.3 合胞体

合胞体是常见定居型内寄生孢囊线虫引起的营养细胞系统。它由几个细胞的膨胀，其原生质体在部分细胞壁溶解后融合而成，中央液泡消失，没有有丝分裂，细胞核和核仁膨大但不分裂，内质网、核糖体、质体和线粒体含量丰富，并伴随着合胞体代谢的增加。合胞体细胞壁向内生长成手指状，排列着质膜，合胞体细胞壁保持柔韧性和渗透性，柔韧性扩大取食位点和融合新细胞，渗透性促进和维持合胞体对线虫取食所需的营养素的吸收（Böckenhoff 等，1994）。从而增强了质外体（apoplast）和共质体（symplast）之间的短距离溶质输送。

所有具有重要经济性的球孢囊线虫属（*Globodera*）、孢囊线虫属（*Heterodera*）、仙人掌孢囊线虫属（*Cactodera*）和刻点孢囊线虫属（*Punctodera*）都形成合胞体（Baldwin and Bell，1985；Bleve-Zacheo 等，1987，1995；Endo，1991；Magnusson 等，1991）。孢囊线虫不刺激寄主产生根结，可以产生侧根，所以病根的特点是有大量的须根。

6 植物线虫的取食管和分泌物

6.1 取食管

当根结线虫、孢囊线虫和肾形线虫在取食位点吸取营养时，用口针分泌物在取食细胞膜的内侧形成一个取食管（feeding tube），起分子筛作用。如肾形线虫形成的取食管（图16）（Rebiois 等，1980）、甜菜孢囊线虫形成的取食管（Sobczak 等，1999）（图17）和根结线虫形成的取食管（Hussey and Mim，1991）（图18）。取食管是一个膜状结构，可以确保寄主细胞器或大分子不被线虫吸出，从而维持寄主细胞正常的代谢活动，取食管的形成机理目前尚不明确，通过解析取食管的分子大小，对于培育转基因抗线虫品种具有重要的意义，可以指导需要表达的活性成分，如双链 RNA（dsRNA）、短肽、毒性蛋白等的分子量。然而，针对植物线虫取食管分子筛的研究结果有争议，如 Bockenhoff 等（1994）报道甜菜孢囊线虫可以取食 20 kDa 的葡聚糖（dextrans），不能取食 40 kDa 的葡聚糖；而 Urwin 等（1997；1998）的结论是甜菜孢囊线虫可以取食 11 kDa 半胱氨酸蛋白酶抑制剂（cystatins），不能取食 23 kDa 的融合蛋白（fusion protein）或 28 kDa 的荧光蛋白 GFP，而根结线虫可以取食 23 kDa 的融合蛋白；Goverse 等（1998）研究表明马铃薯孢囊线虫能够取食转基因马铃薯中 32 kDa 的 GFP（启动子为 CaMV 35S 或 TR2）；Li 等（2007）利用蛋白质印迹法（Western Blot）证实根结线虫能够从转基因植物中取食 54 kDa 的 Cry6A 晶体蛋白。

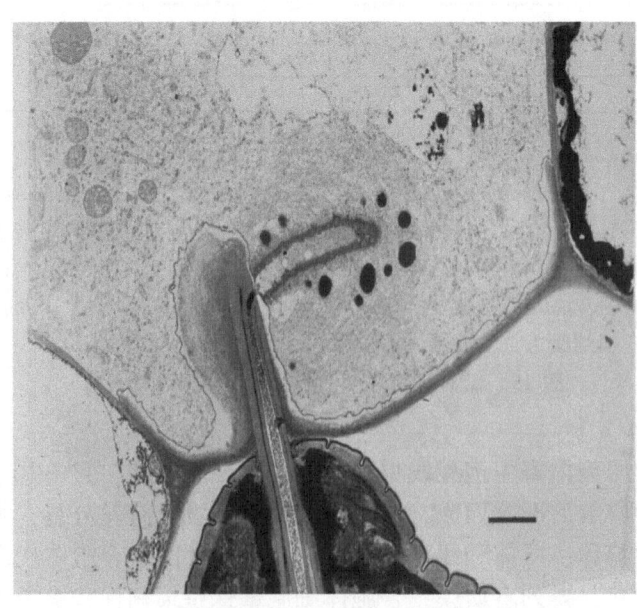

图16 肾形线虫形成的取食管（Rebiois 等，1980）

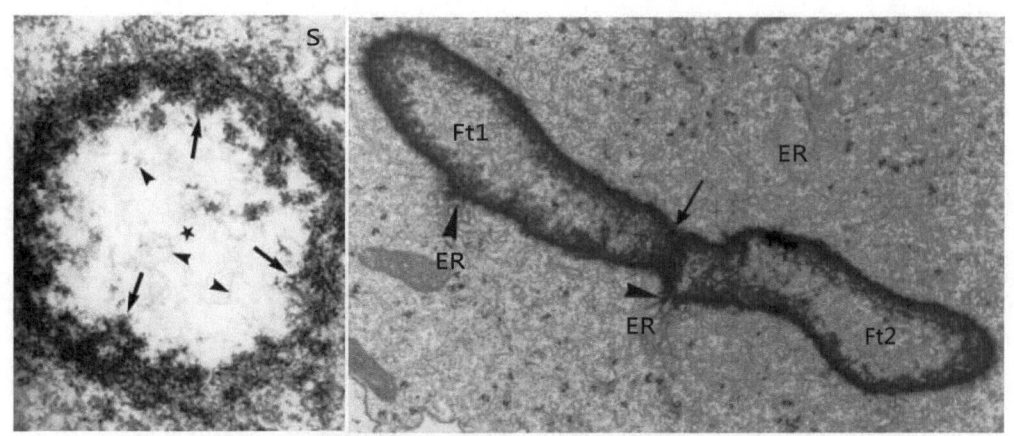

S：合胞体细胞质（syncytial cytoplasm）；ER：内质网（endoplasmic reticulum）。
图17 甜菜孢囊线虫形成的取食管（Sobczak 等，1999）

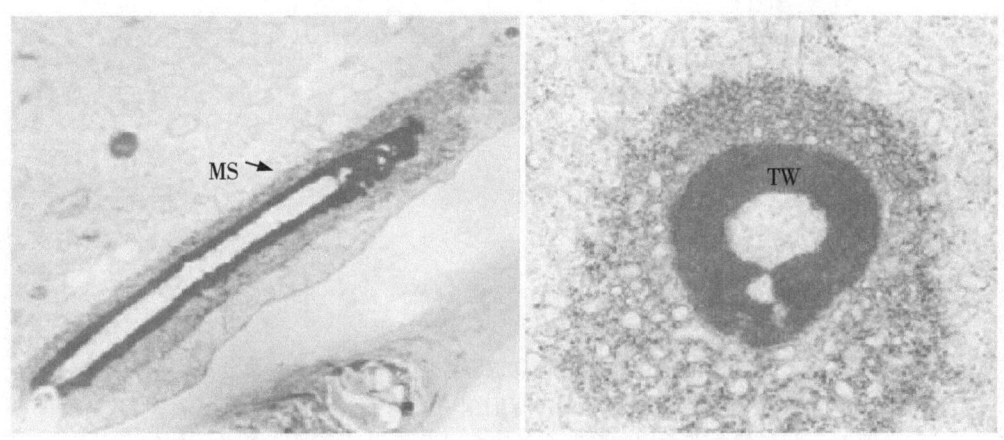

MS：膜系统（membrane system）；TW：取食管壁（tube wall）。
图18 根结线虫形成的取食管（Hussey and Mim，1991）

6.2 植物线虫的分泌物

在侵染过程中，植物寄生线虫通过食道腺细胞、头感器、尾感器、体表或肠细胞等向寄主体内分泌大量蛋白，在线虫入侵、建立和维持取食位点及抵御寄主防卫反应过程中发挥着关键作用，这类分泌蛋白被称为效应子（effector）（图19）。效应子是一类具有操控寄主先天免疫反应、增强病原物在寄主内寄生侵染的蛋白质分子（Hogenhout 等，2009）。植物寄生线虫通过分泌效应子到植物细胞中破坏植物的防御反应，进而完成自身的寄生生活史（Davis 等，2008）。植物线虫效应子最初主要通过单克隆抗体、质谱法、表达序列标签等方法对线虫效应子进行鉴定，近年转录组学及基因组学被广泛用于线虫效应子的鉴定。大多数植物线虫效应子与抑制寄主的防御反应有关，但是一些植物寄生线虫分泌的效应子能够触发植物的免疫反应，还有一部分效应子参与调控寄主的生长发育，诱导形成和维持取食位点（姚珂等，2020）。

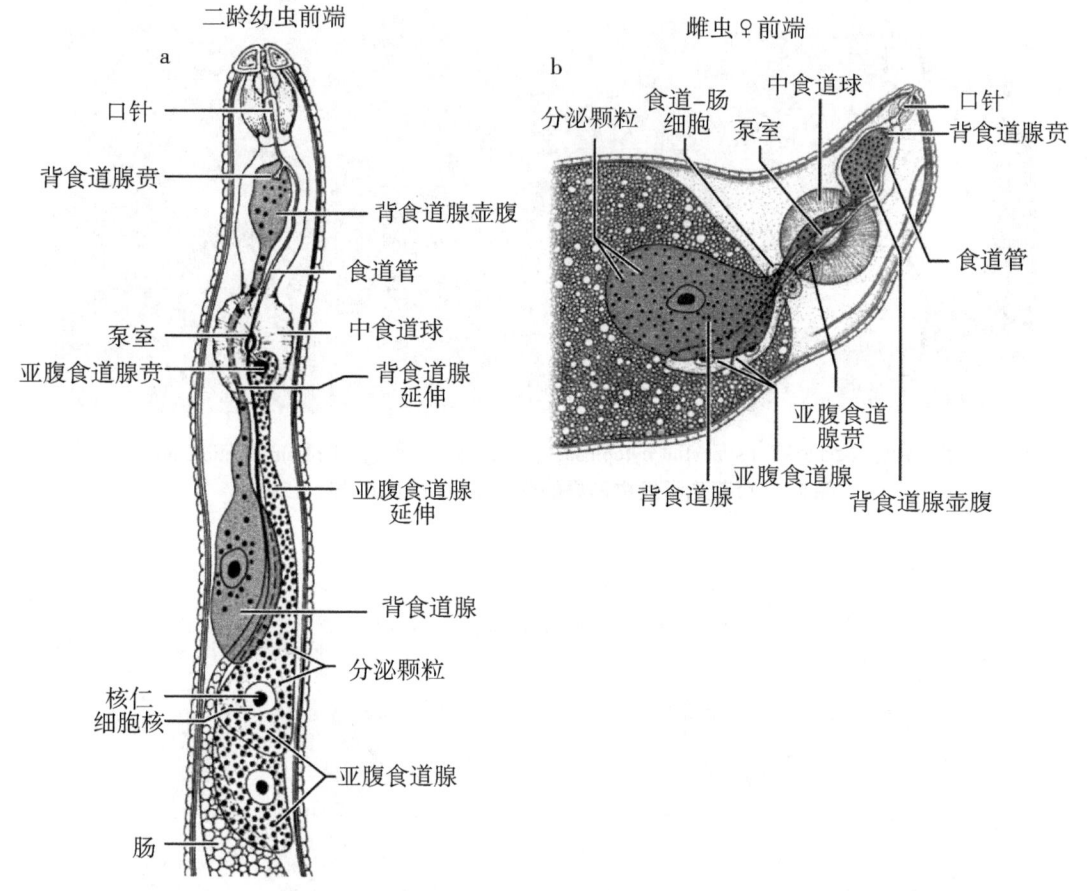

a. 侵染前的根结线虫二龄幼虫，两个亚腹食道腺细胞中积聚储存大量分泌物颗粒；
b. 寄生后期的雌虫，背食道腺细胞增大，腺细胞中充满了分泌物颗粒。

图19 根结线虫背食道腺和两个亚腹食道腺细胞示意图（Davis，2004）

植物线虫在生存竞争中进化出了精巧的寄生策略，包括突破寄主植物对其侵染的先天免疫（innate immunity）、减轻植物细胞的损伤、促进取食位点细胞的发育和扩充等。线虫在侵染寄主植物过程中会分泌许多与寄生相关的蛋白，这类蛋白称为效应子（effector）。效应子在线虫的生活史中发挥着各种作用，从而有利于线虫的侵染、寄生和生长发育等。线虫的侵染和寄生过程主要包括：①当寄主植物播种或定植后，土壤里的线虫卵开始孵化幼虫，保持发育周期的同步化；②在土壤中向寄主植物迁移；③侵入寄主植物组织；④在寄主组织内部迁移；⑤启动取食位点；⑥扩展取食位点；⑦维持取食位点的细胞功能等，而线虫分泌的效应子在这些过程中扮演了十分重要的角色。

线虫口针泌出的蛋白主要来源于线虫的3个食道腺细胞，包括1个背食道腺细胞（dorsal gland）和2个亚腹食道腺细胞（subventral glands）。在根结线虫和孢囊线虫的研究中发现，来源于亚腹食道腺细胞的分泌蛋白主要在线虫侵染的早期阶段发挥作用，分泌物通过植物寄生线虫的口针注入寄主细胞。随着取食位点形成和寄生关系建立，线虫的背食道腺细胞变得越来越大，其分泌蛋白开始起主导的作用。根结线虫食道腺细胞的位置及大小变化如图 19 所示。

根结线虫和孢囊线虫是两类最重要的植物特有的定居型内寄生线虫，也是近些年来线虫与植物互作研究的主要对象。近年来，效应子与寄主植物之间相互作用的研究也越来越受到重视。为长期、有效地防控植物寄生线虫，本文主要概述了植物线虫基因组、植物寄生线虫效应子的鉴定、功能及其与寄主植物相互作用等方面的主要研究进展，以期为更深入地揭示线虫的寄生及致病机制研究提供理论依据。

参考文献

顾建锋，邵宝林，方亦午，等，2022. 四川省马铃薯孢囊线虫的形态和分子鉴定 [J]. 福建农业学报，37（4）：520-528.

黄立强，江如，朱波汁，等，2024. 马铃薯主栽品种抗马铃薯金线虫鉴定及抗性分子标记检测 [J]. 中国农业科学，57（8）：1506-1516.

姜培，冯晓东，王晓亮，等，2020. 近年来我国腐烂茎线虫危害与防控形势 [J]. 植物保护导刊，40（7）：87-90.

李建中，彭德良，2009. 马铃薯孢囊线虫在我国的适生性风险分析与控制预案 [M] //彭友良，朱有勇. 中国植物病理学会 2009 年学术年会论文集 [M]. 北京：中国农业科学技术出版社：401.

彭德良，1997. 马铃薯金线虫 [M] //中华人民共和国动植物检疫局农业部植物检疫实验所. 中国进境有害生物选编. 北京：农业出版社：49-53.

彭德良，2015. 小麦孢囊线虫病 [M] //中国农作物病虫害第三版（上册）第 2 单元：麦类病虫害：第 28 节. 北京：中国农业出版社.

彭德良，2021. 植物线虫病害：我国粮食安全面临的重大挑战 [J]. 生物技术通报，37（7）：1-2.

彭焕，刘慧，江如，等，2020. 警惕检疫性有害生物马铃薯孢囊线虫（*Globodera rostochiensis*，*G. pallida*）入侵我国 [J]. 植物保护，46（6）：1-9.

宋家雄，许翀，陈敏，等，2023. 马铃薯金线虫发生特点及综合防控方法 [J]. 植物检疫，37（1）：68-72.

姚珂，郑经武，黄文坤，等. 2020. 植物寄生线虫效应蛋白调控寄主防卫反应分子机制研究进展 [J]. 植物病理学报，50（5）：517-530.

赵洪海，梁晨，张浴，等，2021. 腐烂茎线虫（*Ditylenchus destructor* Thorne, 1945）生物学研究进展 [J]. 生物技术通报，37（7）：45-55

甄浩洋，彭焕，孔令安，等，2018. 中国孢囊线虫新记录种：野生豆孢囊线虫记述及其对豆科植物的寄生性测定 [J]. 中国农业科学，51（15）：2913-2924.

ABAD P, GOUZY J, AURY J M, et al., 2008. Genome sequence of the metazoan plant-parasitic nematode *Meloidogyne incognita* [J]. Nature Biotechnology, 26（8）：909-915.

AGRIOS G N, 1997. Plant diseases caused by nematodes [M]. 4th ed. San Diego: Elsevier Academic Press: 565-598.

BALDWIN J G, BELL A H, 1985. *Cactodera eremica* n. sp., *Afenestrata africana* (Luc et al., 1973) n. gen., n. comb., and an emended diagnosis of *Sarisodera* Wouts and Sher, 1971 (Heteroderidae) [J]. Journal of Nematology, 17（2）：187-201.

BIRD A F, 1962. The inducement of giant cells by *Meloidogyne javanica* [J]. Nematologica, 8（1）：1-10.

BLEVE-ZACHEO T, MELILLO M T, ANDRES M, et al., 1995. Ultrastructure of initial response of graminaceous roots to infection by *Heterodera avenae* [J]. Nematologica, 41: 80-97.

BLEVE-ZACHEO T, ZACHEO G, 1987. Cytological studies of the susceptible reaction of sugarbeet roots to *Heterodera schachtii* [J]. Physiol. Mol. Plant Pathol, 30: 13-25.

BLEVE - ZACHEOT, LAMBERTI F, CHINAPPEN M, 1987. Root cell response in rice attacked by *Hemicyciiophora typica* [J]. Nematol. medit, 5: 129-138.

BONGERS T, BONGERS M, 1998. Functional diversity of nematodes [J]. Appl Soil Ecol, 10 (3): 239-251.

BÖCKENHOFF A, GRUNDLER F M W, 1994. Studies on the nutrient uptake by the beet cyst nematode *Heterodera schachtii* by *in situ* microinjection of fluorescent probes into the feeding structures in *Arabidopsis thaliana* [J]. Parasitology, 109 (2): 249-255.

DAVIS E L, HUSSEY R S, BAUM T J, 2004. Getting to the roots of parasitism by nematodes [J]. Trends in Parasitology, 20 (3): 134-141.

DAVIS E L, HUSSEY R S, MITCHUM M G, et al., 2008. Parasitism proteins in nematode - plant interactions [J]. Current Opinion in Plant Biology, 11 (4): 360-366.

EVANS I K, FRANCO J, DE SCURRAH M, 1975. Distribution of species of potato cyst-nematodes in South America [J]. Nematologica, 21 (3): 365-369.

GOVERSE A, BIESHEUVEL J, WIJERS G J, et al., 1998. In planta monitoring of the activity of two constitutive promoters, CaMV 35S and TR2', in developing feeding cells induced by *Globodera rostochiensis* using green fluorescent protein in combination with confocal laser scanning microscopy [J]. Physiological & Molecular Plant Pathology, 52 (4): 275-284.

HOGENHOUT S A, VAN DER HOORN R A L, TERAUCHI R, et al., 2009. Emerging concepts in effector biology of plantassociated organisms [J]. Molecular Plant-Microbe Interactions, 22 (2): 115-122.

HUSSEY R S, MIMS C W, WESTCOTT S W, 1992. Immunocytochemical localization of callose in root cortical cells parasitized by the ring nematode *Criconemella xenoplax* [J]. Protoplasma, 171: 1-6.

JIANG R, PENG H, LI Y Q, et al., 2022. First Record of The golden potato nematode *Globodera rostochiensis* in Yunnan and Sichuan provinces of China [J]. Journal of Integrative Agriculture, 21 (3): 898-899.

JONES J T, HAEGEMAN A, DANCHIN E G J, et al., 2013. Top 10 plant-parasitic nematodes in molecular plant pathology [J]. Mol Plant Pathol, 14 (9): 946-961.

LI X Q, WEI J Z, TAN A, et al., 2010. Resistance to root-knot nematode in tomato roots expressing a nematicidal Bacillus thuringiensis crystal protein [J]. Plant Biotechnology Journal, 5 (4): 455-464.

LIAN Y, KOCH G, BO D X, et al., 2022. The spatial distribution and genetic diversity of the soybean cyst nematode, *Heterodera glycines*, in China: It is time to take measures to control soybean cyst nematode [J]. Front. Plant Sci. 13: 927773. doi: 10. 3389/fpls. 2022. 927773.

MAGNUSSON C, GOLINOWSKI W, 1991. Ultrastructural relationships of the developing syncytium induced by *Heterodera schachtii* (Nematoda) in root tissues of rape [J]. Can J Bot, 69 (1): 44-52.

PENG D L, JIANG R, PENG H, et al., 2021. Soybean cyst nematodes: a destructive threat to soybean production in China [J]. Phytopathol Res, 3: 19.

PENG D L, NICOL J M, LI H M, et al., 2009. Current knowledge of cereal cyst nematode (*Heterodera avenae*) on wheat in China [M] // RILEY I T, NICOL J M, DABABAT A A. cereal cyst nematodes: status, research and outlook. proceedings of the first workshop of the international cereal cyst nematode initiative, Antalya, Turkey: 29-34.

PENG D L, PENG H, WU D Q, et al., 2016. First report of soybean cyst nematode (*Heterodera glycines*) on soybean from Gansu and Ningxia, China [J]. Plant Dis, 100 (1): 229.

Peng D L, LIU H, PENG H, et al., 2023. First Detection of the Potato Cyst Nematode (*Globodera rostochiensis*) in a Major Potato Production Region of China [J]. Plant disease, 107 (1): 233.

REBOIS R V, 1980. Ultrastructure of a feeding peg and tube associated with *Rotylenchulus reniformis* in cotton [J]. Nematologica, 26: 396-405.

SIDDIQI M R, 1986. Tylenchida parasitis of plant and Insects [M]. CAB: 645.

SOBCZAK M, GOLINOWSKI W, GRUNDLER F M W, 1999. Ultrastructure of feeding plugs and feeding tubes formed by *Heterodera schachtii* [J]. Nematology, 1 (4): 363-374.

URWIN P E, MCPHERSON M J, ATKINSON H J, 1998. Enhanced transgenic plant resistance to nematodes by dual proteinase inhibitor constructs [J]. Planta, 204 (4): 472-479.

URWIN P E, MOLLER S G, LILLEY C J, et al., 1997. Continual green-fluorescent protein monitoring of cauliflower mosaic virus 35S promoter activity in nematode-induced feeding cells in *Arabidopsis thaliana* [J]. Molecular plant-microbe interactions: MPMI, 10 (3): 394.

孢囊线虫与寄主相互作用研究进展

孙珑珂[1]**，彭德良[1]，黄文坤[1]，孔令安[1]，王惠卿[2]，任琛荣[2]，彭 焕[1]***

（[1] 中国农业科学院植物保护研究所，植物病虫害综合治理全国重点实验室，北京 100193；
[2] 新疆维吾尔自治区植物保护站，乌鲁木齐 830000））

摘　要：孢囊线虫是引起我国农作物孢囊线虫病害的主要病原物之一，严重威胁我国粮食作物和经济作物的产量和品质。在孢囊线虫与寄主植物互作过程中，线虫食道腺细胞分泌的效应蛋白在寄主细胞壁修饰和调控寄主免疫反应以及取食位点形成和维护中发挥着关键作用。解析植物寄生线虫关键效应蛋白的功能及其与寄主互作机制将为探索植物寄生线虫防控新策略提供重要的理论基础。本文从孢囊线虫形态、寄主范围、生活史等基本情况及其效应蛋白降解寄主细胞壁、调控寄主基础免疫反应、诱导免疫反应机制及调控寄主免疫反应以及植物激素代谢途径的调控机制等方面进行了概述。

关键词：孢囊线虫；线虫与寄主互作；效应蛋白

Advances in the Study of Cyst Nematodes and Hosts Interactions

Sun Longke[1]**, Peng Deliang[1], Huang Wenkun[1], Kong Lin'an[1],
Wang Huiqing[2], Ren Chenrong[2], Peng Huan[1]***

（[1] The State Key Laboratory for Biology of Plant Disease and Insect Pests, Institute of Plant Protection, Chinese Academy of Agricultural Sciences, Beijing 100193, China;
[2] Xinjiang Plant Protection Station, Urumqi 830000, China）

Abstract: Cyst nematode is one of the major pathogens of crop nematode diseases in China, which seriously threatens the yield and quality of food crops and cash crops in China. Effector proteins secreted by oesophageal gland cells play a key role in cell wall modification, host immune response regulation, and the formation and maintenance of feeding sites during the interaction between the cyst nematode and host plants. The analysis of the function of key effector proteins of plant parasitic nematodes and their host interaction mechanism will provide an important theoretical basis for exploring new strategies for the control of plant parasitic nematodes. In this paper, the morphology, host range, life history of the cyst nematode and the mechanism of effector protein degradation of host cell wall, regulation of host basic immune response, induction of immune response, regulation of host immune response and regulation of plant hormone metabolism were reviewed.

Key words: Cyst nematode; Nematode and host interaction; Effector protein

---

* 项目资助：新疆重点研发项目（2022B02043）；国家重点研发计划（2023YFD1400400）；"小组团"援疆团队与柔性援疆专家人才项目"农作物线虫病绿色防控团队"
** 第一作者：孙珑珂，硕士研究生，主要从事甜菜孢囊线虫致病机制研究
*** 通信作者：彭焕，研究员，主要从事植物线虫致病机制与防控技术研发，E-mail：hpeng@ippcaas.cn

1 孢囊线虫概述

植物寄生线虫是引起我国农作物病害的主要病原物之一，严重威胁我国玉米、小麦、马铃薯、水稻、中草药等粮食及经济作物的生产安全。植物线虫病还是一种严重制约农作物产量的重要病害，随着全球气候变化、种植制度改革以及规模化、机械化和高值农业的迅猛发展，植物线虫病害呈严重发生趋势，将上升为我国第二大植物病害。植物寄生线虫有外寄生线虫和内寄生线虫两类，其中，根结线虫和孢囊线虫是危害最严重的两类农作物病原线虫。小麦孢囊线虫在我国冬麦区造成危害面积超过 $4\times10^6 hm^2$，造成产量降低 15%~20%；大豆孢囊线虫（*Heterodera glycines*）发生面积常年在 $1.33\times10^6 hm^2$，可造成产量损失 30% 以上，严重时甚至绝产（彭德良，2021）。

1.1 孢囊线虫形态特征及生活史

孢囊线虫的生活史分为3个阶段：卵期、幼虫期及成熟期。雌虫的躯体角质层变硬变成孢囊，孢囊储存线虫的卵，从孢囊内孵化出来的是二龄幼虫，二龄孢囊线虫具有侵染性，进入土壤后寻找寄主的根系，从靠近根尖处侵染，并在靠近根的中柱处建立取食位点，口针分泌物会诱导薄壁组织形成合胞体，幼虫经历4次蜕皮后发育为成虫，成熟雌虫形状为梨形，其头部埋在根表皮内保持固着和取食，而成熟雄虫的形状仍为线形，离开根部进入土壤，寻找雌虫完成受精（陈品三等，1992）。

甜菜孢囊线虫在室内条件下，完成一个生活史的周期为 30 d 左右，甜菜生长周期为 5 个月左右，因此推测甜菜孢囊线虫在田间一年能够发生 4~5 代。该线虫繁殖能力非常强，一个孢囊内含有 200~300 粒卵，一年经过 4~5 次侵染循环，种群数量将快速上升，在美国西海岸，甜菜孢囊线虫田间种群密度 3 个月内增长了 100 倍（彭德良等，2015）。因此该线虫一旦传入到我国甜菜主产区，种群数量将快速增长，会严重威胁我国甜菜的生产安全，需要高度警惕。

1.2 孢囊线虫寄主范围及危害症状

在我国，小麦孢囊线虫和大豆孢囊线虫是农业生产中的重要病原物，危害小麦和大豆的生长发育，进而造成经济损失。小麦孢囊线虫是一个复合种群，在我国，菲利普孢囊线虫（*Heterodera filipjevi*）和禾谷孢囊线虫（*Heterodera avenae*）是引起小麦孢囊线虫病的主要线虫。小麦孢囊线虫病又称禾谷孢囊线虫病，小麦孢囊线虫的寄主有 40 多种作物及杂草（Bajaj 等，1982）。其中分布面积最广、危害最重是燕麦孢囊线虫，主要危害小麦、大麦、燕麦、牧草和黑麦等禾谷类作物（Meagher J，1997）。虽然也可侵染玉米，但很难完成生活史（王明祖等，1996）。

田间大豆孢囊线虫病的病原为大豆孢囊线虫（soybean cyst nematode，SCN），又称大豆异皮线虫，在分类学上属于垫刃目异皮科异皮线虫属。目前，全世界大豆孢囊线虫的寄主植物发现有 170 多种。据报道，有 125 个豆科植物和 22 个科的其他植物是大豆孢囊线虫的寄主。大豆孢囊线虫除对大豆造成危害外，还可寄生豆科（Leguminosae）、玄参科（Scrophulariaceae）、唇形科（Labiatae）、茄科（Solanaceae）、黎科（Chenopodiaceae）和石竹科（Caryophyllaceae）等多种植物。但并非任一大豆孢囊线虫群体都可侵染所有已报道的寄主植物，即不同地理分布的大豆孢囊线虫群体可能具有不同的寄主范围。寄主植物有苍耳、繁缕、决明、朝鲜胡枝子、鸡眼草、头状胡枝子、泡桐、豌豆、咖啡豆、赤豆、菜豆、长柔毛野豌豆和白羽扇豆等（吴明才等，1999；张东升，1995；王守义，1996）。大豆孢囊线虫病苗期发病大豆通常表现为叶片褪绿，生育停滞，荚和种子萎缩瘦小，严重时甚至不结荚，花芽簇生，节间缩短，开花期延迟；病株寄生根主根一侧鼓包或破裂，露出白色孢囊，被害根很少或不结瘤，根液外渗。田间常见成片植株变黄萎缩，根系不发达，支根减少，须根增多，根上附着白色球状物（雌虫孢囊）。通常造成大豆产量损失 20%~30%，严重时达 60%~70%，甚至绝产（张军，2002）。

甜菜孢囊线虫可以寄生 23 个科 95 个属的 200 多种植物，目前已有超过 23 个国家将其列为检疫性有害生物，可造成甜菜及其他作物产量损失达 25%~50%，甚至更多（Steele 等，1965），甜菜孢囊线虫二龄幼虫能够侵染十字花科的白菜、萝卜、甘蓝、芥菜、油菜和拟南芥，茄科的番茄和马铃薯，锦葵科的棉花，苋科的甜菜，葫芦科的西瓜和甜瓜，豆科的大豆等作物的 25 个品种，在十字花科作物白菜、甘蓝、芥菜、油菜、萝卜和拟南芥，苋科的菠菜、甜菜和茄科的番茄等作物 16 个品种的根系上能完成生活史，形成孢囊（乔精松等，2021）。

1.3 我国孢囊线虫病危害现状

目前，小麦孢囊线虫病在所有小麦主产区的近 40 个国家均有发生和危害，给全世界小麦的生产造成了极大的损失（彭德良等，2010）。

大豆孢囊线虫的寄主范围主要包括一些豆科植物，比如菜豆、胡枝子、大豆、豌豆等（Heydari 等，2010）。在河南地区发现大豆孢囊线虫可寄生于烟草。中国的大豆孢囊线虫发生面积可达 133 万 hm^2，对大豆产量造成的损失一般在 5%~10%，发生特别严重的地块达到了 30%~80%，造成绝产（彭德良，2021）。

甜菜孢囊线虫是我国重要的检疫性有害生物，在我国暂无报道，但由于该线虫造成经济损失大，繁殖速度快，防治难度高，严重危害了世界甜菜的安全生产，并对我国甜菜产业具有潜在威胁。随着贸易全球化的不断发展，甜菜孢囊线虫入侵我国的风险也越来越大（彭德良等，2015）。

2 植物对线虫的防御机制

2.1 植物抗性基因及过敏反应

许多实例表明，一些植物对线虫的入侵表现出先天免疫反应，即免疫诱导防御（Starr 等，2002）。植物免疫防御系统具有 2 个层次：一类是基础免疫反应，即通过植物细胞表面的模式识别受体（PRRs）识别微生物相关的保守蛋白（PAMPs），激活植物中丝裂原活化蛋白激酶 MAPK 信号通路，产生活性氧（reactive oxygen species，ROS）或诱导胼胝质沉积加强植物细胞壁来阻止病原物入侵，这个过程称为病原物相关分子模式触发免疫（PAMP-triggered immunity，PTI），该免疫反应能够帮助植物抵御大部分植物寄生线虫在内的病原物侵染，是植物的基础免疫系统；另一类依赖于局部的过敏反应，表现为线虫侵染后一周内，线虫建立的取食位点细胞发生过敏反应，即细胞坏死，该反应称为效应因子触发型免疫（Effector-triggered immunity，ETI）反应（Jones 等，2006）。过敏反应是许多病原菌包括内寄生线虫受到逆境胁迫后的普遍防卫机制，如 *Mi-1*、*Me3* 基因，坏死细胞发生在线虫移动时接触过的细胞和初始取食细胞中，而 *H1* 基因中，诱导形成的取食细胞较小且被一层坏死细胞包裹，从而限制了取食位点的进一步扩大（叶德友等，2012）。

从甜菜（Cai 等，1997）、番茄（Milligan 等，1998）和马铃薯（Paal 等，2004）中克隆出多个抗性基因，有 10 个基因已经定位（Ruben 等，2006），所有这些抗性基因都对固着内寄生线虫如孢囊线虫具有抗性。迄今，主要鉴定有 2 种类型的抗性大豆：Peking 型与 PI88788 型抗性大豆。大豆对 SCN 抗性复杂，受多基因控制，已在大豆 20 对染色体的 19 对染色体上定位有超过 160 个 SCN 抗性数量性状位点（QTL）。其中，第 8 对染色体上的 Rhg4 和第 18 对染色体上的 rhg1 是 2 个主要的 SCN 抗性 QTL。Peking 型抗性大豆同时具有 Rhg4 和 rhg1-a，而 PI88788 型抗性大豆只需要 rhg1-b 就足够表现 SCN 抗性（Hyten 等，2010）。

虽然高效复杂的植物免疫防御系统赋予了植物对绝大多数病原物的抗病性，但是植物寄生线虫能分泌各类效应蛋白，抑制植物寄主的 PTI 和 ETI 等免疫反应，从而有助于线虫的侵染和定殖。

2.2 取食位点特异启动子介导细胞死亡

大多数以生物技术为基础的线虫防治手段都需要通过转基因表达来实现，转基因的目的是让线虫或与线虫互作的植物细胞接触到所需要的效应子。根结线虫、孢囊线虫和其他固着内寄生线虫会形成取食位点，通过在植物中鉴定这些线虫取食结构的基因表达可有助于开展孢囊线虫病防治研究（Gheysen 等，2002）。线虫改变了寄主植物中取食位点细胞的基因表达方式，使大部分细胞表达基因关闭，少部分受线虫诱导的基因得以表达。目前已鉴定出植物内仅在线虫侵染后在取食位点细胞中表达的基因启动子，即该基因受线虫诱导表达（吴杨等，2011）。

2.3 杀线虫代谢物

许多天然的植物代谢产物具有杀线虫的能力，如生物碱、类脂、异黄酮和二萜类化合物（Chitwood，2003）。如在棉花中积累的一种类萜烯醛物质能够表现出对根结线虫属的抗性（Veech 等，1977）；在紫花苜蓿中积累的异黄酮类毒素能表现出对短体线虫的抗性（Baldridge 等，1998）。植物因病原体入侵而分泌出的杀虫成分被称为植物抗毒素，是植物杀线虫代谢物的一个亚类。Soriano 等（2004）鉴定出的植物蜕皮甾体（20E）也是一种植物抗毒素，这个由菠菜代谢产生的昆虫类蜕皮激素分子能够在孢囊线虫和根结线虫中引起反常的蜕皮、固定和发育阻碍（Smant 等，1998）。

3 线虫调控寄主防卫反应机制

植物细胞壁可以抵御潜在入侵者，起着保护植物细胞的作用，是植物细胞的天然物理屏障，其主要成分包括纤维素、半纤维素和果胶质层等。在侵染过程中，线虫通过口针的机械穿刺来破坏植物组织，同时分泌一系列细胞壁修饰蛋白，通过口针输送到宿主细胞来降解和松弛植物细胞壁，帮助线虫突破植物的第一道物理屏障，从而有助于线虫的侵染。

效应蛋白是一类由线虫产生的、有助于线虫从寄主植物中获取营养成分、能够改变寄主植物细胞结构或功能的蛋白质。目前已经通过多种方法从孢囊线虫食道腺细胞的转录产物或从其口针分泌物中发现了多种效应蛋白（林柏荣等，2014）。经研究发现，孢囊线虫效应蛋白的主要功能有：降解或修饰细胞壁、模拟植物内源信号、调节细胞激素平衡、抑制寄主防卫反应和促进取食位点形成。然而，还有大量的植物线虫效应蛋白的功能仍不清楚。

3.1 效应蛋白对寄主细胞的降解机制

研究表明，植物寄生线虫能够分泌 β-1,4-内切葡聚糖酶（β-1,4-endoglucanase）（Soriano 等，1899；BéraMaillet 等，2010），和 β-1,3-内切葡聚糖酶（β-1,3-endoglucanase）（Kikuchi 等，2004）等纤维素酶来水解植物细胞壁的纤维素，分泌的果胶酸裂解酶（Pectate lyase）（Doyle 等，2002）和多聚半乳糖醛酸酶（Polygalacturonase）（Abad 等，2008）能水解细胞壁的果胶质，分泌的 β-1,4-木聚糖酶（β-1,4-endoxylanase）能水解半纤维素（Mitreva 等，2006）。除此之外，植物寄生线虫还能够分泌扩张蛋白（Expansin）和纤维素结合蛋白（Cellulose binding protein）两种无酶活性的蛋白，通过松弛细胞壁和破坏多糖链之间的非共价键来促进细胞壁降解（Karim 等，2009；Kikuchi 等，2009）。甜菜孢囊线虫分泌的纤维素结合蛋白已被证明与拟南芥中的果胶甲基酯酶 3（PEM3）直接互作，降低了细胞壁果胶甲酯交换反应，并加速了其他细胞壁降解酶的活性（Karim 等，2009）。除此之外，在线虫取食位点建立和维持过程中，效应蛋白也能够调控植物本身一些与细胞壁合成、降解和修饰相关的基因表达（Siddique 等，2012）。

3.2 效应蛋白对寄主基础免疫反应的调控

当线虫侵染寄主植物时，活性氧的产生是植物线虫与寄主植物相互作用中最早发生的反应之一（Grundler 等，1997）。当植物受到外界刺激时，植物活性氧信号转导会引起寄主植物启动 ROS 的生物合成机制，会诱导取食位点的细胞启动细胞程序性死亡（Programmed cell death，PCD）和超敏反应，在感染部位杀死病原体从而限制病原体传播扩散。如大豆抗病基因 *Rhg1* 的表达能够诱导 ROS 暴发，增强对大豆孢囊线虫的抗性（Kandoth 等，2011）。

为了抵御寄主的 ROS 伤害，植物线虫会分泌一系列的抗氧化剂，如谷胱甘肽、过氧化物酶、硫氧还蛋白、细胞色素 C-过氧化物酶、抗坏血酸过氧化物酶和过氧化氢酶等清除过量的 ROS，从而保护自身免受 ROS 的伤害（Campos 等，2005）。植物寄生线虫也会分泌超氧化物歧化酶（Superoxide dismutase，SOD）来降解植物细胞产生 ROS 并抑制寄主的抗性反应（Erwin 等，2010）。例如，甜菜孢囊线虫能够刺激拟南芥中 R BohD 和 R BohF 的表达，从而调控依赖 R Boh 的 ROS 合成途径，进而抑制依赖水杨酸（Salicylic acid，SA）的 ROS 生物合成途径，同时抑制 PCD，促进合胞体的发育（Siddique 等，2014）。

植物寄生线虫效应蛋白还能够抑制寄主细胞胼胝质沉积和防卫关键基因的表达等植物基础免疫反应。此外，植物寄生线虫效应蛋白能直接与植物病程相关蛋白（Pathogenesis related protein，pR 蛋白）互作，从而抑制 pR 蛋白的抗病作用。例如，大豆孢囊线虫 Hg30C02 和拟南芥的病程相关蛋白 β-1,3-内切葡聚糖酶（AtPR2）互作，抑制寄主防卫反应，促进寄生（Hamamouch 等，2012）。

3.3 线虫效应蛋白对寄主诱导免疫反应的调控机制

植物抗性基因介导的抗性反应在寄主抵御线虫入侵中发挥着重要的作用。根据基因对基因理论，对于任何一个寄主的抗病基因，病原线虫都有一个与之相对应的无毒基因，只有当携带无毒基因的植物寄生线虫感染携带有相对应抗性基因的寄主植物时，才会诱导植物产生抗性，从而引起以 HR 等为特征的 ETI 抗性反应。除了少数线虫效应蛋白能够激发植物免疫反应外，更多的效应蛋白被发现能够抑制或克服寄主的免疫反应，从而有利于植物寄生线虫的侵染和寄生。比如，禾谷孢囊线虫分泌的膜联蛋白 Ha-ANNEXIN 和 G16B09-Like 等效应蛋白均能抑制 Bax 激发的 HR 反应，同时能抑制 MAPK 通路上的 NPK1 和 MKK1 激发的细胞坏死（Chen 等，2015；Chen 等，2018）。甜菜孢囊线虫效应蛋白 4E02 和拟南芥的类木瓜蛋白酶 RD21A 互作，调控 RD21A 重新定位，使其表达部位从液泡转移至细胞核和细胞质，进而操控植物防卫基因的表达（Pogorelko 等，2018）。

3.4 线虫效应蛋白对植物激素代谢途径的调控机制

在植物线虫与寄主互作的过程中涉及许多激素代谢途径。其中生长素（Auxin，IAA）和细胞分裂素（Cytokinin，CTK）代谢途径主要与线虫取食位点的建立和维持相关，水杨酸和茉莉酸代谢途径主要与植物抗性相关（Muhammad 等，2018），而乙烯（Ethylene，ET）可以与生长素途径或者茉莉酸途径共同作用产生相应的影响。研究发现，乙烯能够抑制根结线虫的侵染，但对孢囊线虫的侵染表现出促进作用（Godelieve 等，2019）。目前发现，很多植物寄生线虫分泌的效应蛋白能够调控植物 SA 和 JA 代谢途径，从而调控寄主的防卫反应。如在烟草中表达大豆孢囊线虫 HgGLAND18 能同时抑制 4 个水杨酸代谢通路关键基因（*PR1a*、*PR2*、*WRKY12* 和 *P11*）的表达（姚珂等，2020）。

4 展望

由植物寄生线虫引起的线虫病害是一种严重制约农作物产量的重要病害，随着全球气候变化、种植制度改革以及规模化、机械化和高值农业的迅猛发展，植物线虫病害发生日趋严重，极大影响了我国农作物以及一些经济作物的产量。随着测序技术和生物信息技术的不断发展，越来越多的植物寄生线虫的基因组信息被破解，越来越多的效应蛋白序列被发现，大量能够调节寄主免疫反应的效应蛋白被报道。孢囊线虫属于定居性内寄生线虫，可以通过多种途径调控寄主的发育过程，躲避或是抑制寄主的防御机制，从而成功完成侵染和寄生。因此开展植物寄生线虫调控寄主免疫机制相关的研究，不仅有利于加深对植物与线虫互作的基本认识，同时将为植物天然免疫利用和抗线虫基因工程或分子育种提供重要的理论依据。植物线虫学研究的深入已经为寄生线虫基因产物和生理过程、线虫与植物的互作、植物对线虫寄生的反应提供一个更为详细的研究前景。

参考文献

贲守花，2010. 青海省互助县 2010 年小麦胞囊线虫危害情况调查初报 [J]. 植保土肥（10）：20-21.

陈品三，彭德良，文学，1992. 小麦禾谷孢囊线虫病 [J]. 植物保护（6）：37-38.

林柏荣，卓侃，廖金铃，2014. 根结线虫和孢囊线虫效应蛋白的研究进展 [C] //郭泽建，吴元华. 中国植物病理学会 2014 年学术年会论文集. 北京：中国农业科学技术出版社：1.

彭德良，2021. 植物线虫病害：我国粮食安全面临的重大挑战 [J]. 生物技术通报，37（7）：1-2.

彭德良，彭焕，刘慧，2015. 国外甜菜孢囊线虫发生危害、生物学和控制技术研究进展 [J]. 植物保护，41（5）：1-7.

乔精松，彭德良，刘慧，等，2021. 甜菜孢囊线虫在我国的寄主范围及生活史研究 [J]. 植物保护，47（3）：177-183.

王明祖，雷智峰，肖炎农，1996. 小麦禾谷孢囊线虫寄生范围的研究 [J]. 植物保护（1）：3-5.

王守义，1996. 大豆孢囊线虫病的研究 [J]. 大豆通报（1）：8.

吴明才，肖昌珍，1999. 世界大豆线虫病研究概述 [J]. 湖北农业科学（1）：38-40.

吴杨, 周会, 黄诚华, 2011. 植物抗线虫分子机制研究进展 [J]. 南方农业学报, 42 (9): 1075-1080.

姚珂, 郑经武, 黄文坤, 等, 2020. 植物寄生线虫效应蛋白调控寄主防卫反应分子机制研究进展 [J]. 植物病理学报, 50 (5): 517-530.

叶德友, 陈劲枫, 2012. 植物抗线虫基因与抗性机理研究进展 [J]. 植物保护, 38 (2): 4-11.

张东升, 1995. 大豆孢囊线虫侵染泡桐和豌豆的研究 [J]. 植物病理学报, 25 (3): 275-278.

张军, 杨庆凯, 王慧捷, 等, 2002. 大豆孢囊线虫病研究进展及其抗病育种展望 [J]. 东北农业大学学报 (4): 384-390.

ABAD P, GOUZY J, AURY J M, et al., 2008. Genome sequence of the metazoan plant-parasitic nematode Meloidogyne incognita [J]. Nature Biotechnology, 26 (8): 909-915.

BAJAJ H K, GUPTA D C, 1982. A natural host of Heterodera avenae woll [J]. Indian Journal of Nematology (12): 388.

BALDRIDGE G D, O'NEILL N R, SAMAC D A, 1998. Alfalfa (*Medicago sativa* L.) resistance to the root lesion nematode, Pratylenchus penetrans: defense-response gene mRNA and isoflavonoid phytoalexin levels in roots [J]. Plant Molecular Biology, 38: 999-1010.

BÉRAMAILLET C, ARTHAUD L, ABAD P, et al., 2010. Biochemical characterization of MI-ENG1, a family 5 endoglucanase secreted by the root-knot nematode Meloidogyne incognita [J]. European Journal of Biochemistry, 267 (11): 3255-3263.

CAI D, KLEINE M, KIFLE S, et al., 1997. Positional cloning of a gene for nematode resistance in sugar beet [J]. Science, 275: 832-834.

CAMPOS E G, JESUINO R S, DANTAS ADA S, et al., 2005. Oxidative stress response in *Paracoccidioides brasiliensis* [J]. Genetics and Molecular Research, 4: 409-429.

CHEN C L, CHEN Y P, JIAN H, et al., 2018. Large-scale identification and characterization of *Heterodera avenae* putative effectors suppressing or inducing cell death in *Nicotiana benthamiana* [J]. Frontiers in Plant Science, 8: 2062.

CHEN C L, LIU S S, LIU Q, et al., 2015. An ANNEXIN-like protein from the cereal cyst nematode Heterodera avenae suppresses plant defense [J]. PLoS ONE, 10 (4): e0122256.

CHITWOOD D J, 2003. Research on plant-parasitic nematode biology conducted by the united states department of agri culture-agricultural research service [J]. Pest Management Science, 59 (6-7): 748-753.

DOYLE E A, LAMBERT K N, 2002. Cloning and characterization of an esophageal-gland-specific pectate lyase from the root-knot nematode *Meloidogyne javanica* [J]. Molecular Plant-Microbe Interactions, 15 (6): 549-556.

ERWINR, BRAM H, MAKEDONKA M, et al., 2010. Mining the secretome of the root-knot nematode *Meloidogyne chitwoodi* for candidate parasitism genes [J]. Molecular Plant Pathology, 9 (1): 1-10.

GHEYSEN G, FENOLL C, 2002. Gene expression in nematode feeding sites [J]. Annual Review of Phytopathology, 40: 191-219.

GODELIEVE G, MELISSA G M, 2019. Phytoparasitic nematode control of plant hormone pathways [J]. Plant Pathology, 179 (4): 1212-1226.

GRUNDLER F M W, SOBCZAK M, 1997. Defence responses of *Arabidopsis thaliana* during invasion and feeding site induction by the plant-parasitic nematode *Heterodera glycines* [J]. Physiological & Molecular Plant Pathology, 50 (6): 419-430.

HAMAMOUCH N, LI C, HEWEZI T, et al., 2012. The interaction of the novel 30C02 cyst nematode effector protein with a plant β-1,3-endoglucanase may suppress host defence to promote parasitism [J]. Journal of Experimental Botany, 63 (10): 3683-3695.

HEYDARI R, POURJAM E, TANHA MAAFI Z, et al., 2010. Comparative host suitability of common bean cultivars to the soybean cyst nematode, *Heterodera glycines*, in Iran [J]. Nematology, 12 (3): 335-341.

HYTEN D L, CHOI I Y, SONG Q, et al., 2010. A high density integrated genetic linkage map of soybean and the development of a 1536 universal soy linkage panel for quantitative trait locus mapping [J]. Crop science, 50 (3): 960-968.

JONES J D G, DANG J L, 2006. The plant immune system [J]. Nature, 444 (7117): 323-329.

KANDOTH P K, ITHAL N, RECKNOR J, et al., 2011. The soybean Rhg1 locus for resistance to the soybean cyst nematode *Heterodera glycines* regulates the expression of a large number of stress and defense-related genes in degenerating feeding cells [J]. Plant Physiology, 155 (4): 1960-1975.

KARIM N, JONES J T, OKADA H, et al., 2009. Analysis of expressed sequence tags and identification of genes encoding cell-wall-degrading enzymes from the fungivorous nematode *Aphelenchus avenae* [J]. BMC Genomics, 10 (1): 525.

KIKUCHI T, JONES J T, AIKAWA T, et al., 2004. A family of glycosyl hydrolase family 45 cellulases from the pine wood nematode *Bursaphelenchus xylophilus* [J]. FEBS Letters, 572 (1-3): 201-205.

KIKUCHI T, LI H, KARIM N, et al., 2009. Identification of putative expansin-like genes from the pine wood nematode, *Bursaphelenchus xylophilus*, and evolution of the expansin gene family within the Nematoda [J]. Nematology, 11 (3): 355-364.

MEAGHER J W, 1977. World dissemination of the cereal cyst nematode (*Heterodera avenae*) and its potential as a pathogen of wheat [J]. Journal of Nematology, 9: 9-15.

MILLIGAN S B, BODEAU J, YAGHOOBI J, et al., 1998. The root-knot nematode resistance gene Mi from tomato is a member of the leucine zipper, nucleotide binding, leucine-rich repeat family of plant genes [J]. Plant Cell, 10: 1307-1319.

MITREVA M, ROZE E, OVERMARS H, et al., 2006. A symbiontindependent endo-1,4-β-Xylanase from the plant-parasitic nematode *Meloidogyne incognita* [J]. Molecular Plant-Microbe Interactions, 19 (5): 521-529.

MUHAMMAD A A, MUHAMMAD S A, MUHAMMAD A N, et al., 2018. Signal transduction in plant-nematode interactions [J]. International Journal of Molecular Sciences, 19 (6): 1648.

PAAL J, HENSELEWSKI H, MUTH J, et al., 2004. Molecular cloning of the potato *Gro1-4* gene conferring resistance to pathotype Ro1 of the root cyst nematode *Globodera rostochiensis*, based on a candidate gene approach [J]. Plant Journal, 38: 285-297.

PENG D L, YE W X, PENG H, et al., 2010. First report of the cyst nematode (*Heterodera filipjevi*) on wheat in Henan province [J]. China Plant Disease, 94 (10): 1262.

POGORELKO G V, JUVALE P S, RUTTER W B, et al., 2019. Retargeting of a plant defense protease by a cyst nematode effector [J]. The Plant Journal, 98: 1000-1014.

RUBEN E, JAMAI A, AFZAL J, et al., 2006. Genomic analysis of the rhg1 locus: candidate genes that underlie soybean resistance to the cyst nematode [J]. Molecular Genetics and Genomics, 276: 503-516.

SIDDIQUE S, MATERA C, RADAKOVIC Z S, et al., 2014. Parasitic worms stimulate host NADPH oxidases to produce re active oxygen species that limit plant cell death and promote infection [J]. Science Signaling, 7 (320): ra33.

SIDDIQUE S, SOBCZAK M, TENHAKEN R, et al., 2012. Cell wall in growths in nematode induced syncytia require UGD2 and UGD3 [J]. PLoS ONE, 7 (7): e41515.

SMANT G, STOKKERMANS J P W G, YAN Y, et al., 1998. Endogenous cellulases in animals: isolation of β-1,4-endoglucanase genes from two species of plant-parasitic cyst nematodes [J]. Proceedings of the National Academy of Sciences of the United States of America, 95 (9): 4906-4911.

SORIANO I R, RILEY I T, POTTER M J, et al., 2004. Phytoecdysteroids: a novel defense against plant-parasitic nematodes [J]. Journal of Chemical Ecology, 30: 1885-1899.

STARR J L, COOK R, BRIDGE J, 2002. Plant Resistance to Parasitic Nematodes [M]. Wallingford: CAB International.

STEELE A E, 1965. The host range of the sugar beet nematode, *Heterodera schachtii* Schmidt [J]. Journal of Sugarbeet Research, 13: 573-603.

VEECH J A, MCCLURE M A, 1977. Terpenoid aldehydes in cotton roots susceptible and resistant to the root-knot nema-tode, *Meloidogyne incognita* [J]. Journal of Nematology, 9: 225-229.

大豆孢囊线虫抗性种质资源筛选及全基因组关联分析*

王雪晴**，李英慧***，邱丽娟***

(作物基因资源与育种全国重点实验室，农作物基因资源与遗传改良国家重大科学工程，农业农村部种质资源利用重点实验室，中国农业科学院作物科学研究所，北京 100081)

摘　要：大豆孢囊线虫病是严重制约大豆产量的主要病害之一。通过对481份大豆种质资源进行孢囊线虫3号小种抗性鉴定，共筛选出147份高抗材料。在此基础上，基于分布在全基因组上的409万个单核苷酸多态性（SNP）标记，进行全基因组关联分析，以$P<1×10^{-5}$为阈值。结果检测到838个显著关联的SNP位点，分布于17条染色体上，其中，在7号、8号、11号和18号染色体上的基因组区间包含了4个已经克隆的抗性基因 NSF_{RAN07}、GmSHMT08（Rhg4）、GmSNAP11 和 GmSNAP18（rhg1），分别解释了13.01%、12.83%、13.55%和16.98%的表型变异率。除了4个已经克隆的基因位点之外，在8号染色体上鉴定到一个新位点 SCN3-8，其中最显著的SNP（chr8：12800661，G/C），基于 Williams 82 参考基因组，该候选区间共包含5个候选基因可能与孢囊线虫抗性相关。

关键词：大豆；孢囊线虫；全基因组关联分析；抗性基因/种质资源

Screening of Soybean Cyst Nematode Resistant Germplasm Resources and Whole Genome Association Analysis

Wang Xueqing**, Li Yinghui***, Qiu Lijuan***

(*State Key Laboratory of Crop Gene Resources and Breeding/National Key Facility for Crop Gene Resources and Genetic Improvement/Key Laboratory of Germplasm Resources Utilization, Ministry of Agriculture and Rural Affairs/Institute of Crop Science, Chinese Academy of Agricultural Sciences, Haidian District, Beijing 100081, China*)

大豆是重要的经济油料作物，2023年全年进口量为9 941万吨、比上年增长11.4%，占全部粮食进口量的六成以上。为了解决目前大豆严重的供需不足现状，需要通过加快育种，以提高大豆的产量（Ray 等，2012）。大豆孢囊线虫（soybean cyst nematode，SCN）是一种根内寄生线虫，可显著降低大豆产量，危害重时减产70%~90%，甚至绝收，对世界范围内的大豆生产均造成了巨大的损失（Cook 等，2012）。在我国，大豆孢囊线虫

---

* 基金项目：十四五重点研发项目"大豆优异种质资源挖掘与创新利用"（2021YFD1201600）；国家自然基金"抗大豆孢囊线虫基因 qSCN3-1 的克隆和功能验证"（32172002）；"高产优质大豆种质创新与新品种选育"（YZ2023005）

** 第一作者：王雪晴，博士研究生，E-mail：Vitawang626@163.com

*** 通信作者：李英慧，研究员，E-mail：liyinghui@caas.cn

　　　　　邱丽娟，研究员，E-mail：qiulijuan@caas.cn

病平均每年会造成经济损失约 1.2 亿美元（Li 等，2011）。SCN 病具有广泛分布的特性，在世界上主要分布区为美国、巴西、阿根廷及中国（Wrather 等，2006）。在我国广泛分布于东北及黄淮两个地区，已经被鉴定出 12 个生理小种，其中三号小种分布最广泛，四号小种致病力最强。合理利用抗病基因，选育抗病品种是防治 SCN 病害最经济有效的手段（刘世名，2016），但由于大豆孢囊线虫目前只有 *rhg1* 和 *Rhg4* 两个主效基因及几个微效基因被克隆，抗病品种抗性单一，因此挖掘和利用新的微效基因以增强并丰富抗病品种的抗性具有重要的意义。

测序技术的持续进步和测序价格的降低使全基因组关联分析（genome-wide association studies，GWAS）成为一种强大的用于解析植物复杂性状的技术，已被广泛应用于解析大豆各种复杂性状的遗传基础，鉴定到了许多具有重要功能和价值的优异等位基因（Liu 等，2020；Ning 等，2019；Han 等，2015；Tran 等，2019），为具有优异特性的高产大豆品种的遗传改良奠定基础。因此，通过 GWAS 来解析抗大豆孢囊线虫病的遗传基础，是一种可行且有效的方法，为大豆抗孢囊线虫病调控机制的研究奠定基础。

为了发掘新的抗大豆孢囊线虫相关基因，本研究利用基因组数据库和生物信息学分析方法，对 481 份自然群体进行大豆孢囊线虫抗性鉴定，筛选抗性种质资源，并结合表型数据与 409 余万个单核苷酸多态性（single nucleotide polymorphism，SNP）位点进行 GWAS，挖掘大豆孢囊线虫抗性基因，为培育具有抗大豆孢囊线虫病的优异种质的遗传改良奠定基础。

1 材料与方法

1.1 实验材料

实验材料包含 481 份大豆种质资源，包括 309 份地方品种和 172 份育成品种，来自 15 个国家。其中国内种质 388 份，来自安徽、北京、黑龙江等 27 个地区；国外种质 93 份，来自美国、日本等 14 个国家。

1.2 实验方法

1.2.1 抗性鉴定

具体的鉴定方法如下：抗病材料 Peking、Pickett、PI 90763、PI 88788 以及感病材料 Lee 和合丰 25 分别作为抗病和感病对照。在温室条件下，每个材料取 15 株长势一致的植株，种植在 3 个经过高压灭菌的 PVC 管中（3 cm×20 cm），每管取 5 株材料代表每个品种。用包含约 1 000 条二龄幼虫（J2）的菌液接种萌发 5 d 的大豆种子，在 25℃、16 h 光照和 8 h 黑暗的温室中生长。接种后 30 d，在温室中随机选择 5 株材料，以计数根上的孢囊数目。对于田间试验，田间病土中每 100 g 含有约 6 000 条幼虫，这些材料以完全随机的设计种植，重复 3 次。每行宽 0.65 m，长 1.5 m，株距 0.05 m。

1.2.2 抗性等级评价

种植 30 d 后，随机选择每行中心的 5 个植株，用 2 个 710 μm 和 250 μm 的嵌套孔径筛子统计根部及其根际土壤上（约 150 g）的孢囊数量。雌虫指数（Female Index，*FI*）(Schmitt 等，1992) 是用于评估每个材料对线虫抗性的指标。*FI* 计算方法为每份材料上的孢囊数目除以感病对照上的孢囊数目并乘以 100%。参考 Niblack（2009）抗性等级评价标准，对材料的抗性进行等级划分，抗性级别及病情描述标准见表1。根据平均发病级别将大豆孢囊线虫病的抗性等级划分为高抗（high resistant，HR，$FI<10$，Grade=1）、中抗（moderately resistant，MR，$10 \leqslant FI<30$，Grade=2），中感（moderately susceptible，MS，$30 \leqslant FI<60$，Grade=3），高感（high susceptible，HS，$FI \geqslant 60$，Grade=4）4个等级。

表1 大豆对大豆孢囊线虫抗性水平的阈值标准（根据Niblack 2009年的研究调整）

雌虫指数	抗性水平	等级
$FI<10$	高抗（high resistant，HR）	1
$10 \leqslant FI<30$	中抗（moderately resistant，MR）	2
$30 \leqslant FI<60$	中感（moderately susceptible，MS）	3
$FI \geqslant 60$	高感（high susceptible，HS）	4

1.2.3 全基因组关联分析

本研究使用已发表的2 214份大豆重测序种质的基因型数据进行GWAS分析（Li等，2023）。使用VCFtools（version 0.1.16），根据最小等位基因频率（minor allele frequency，MAF）≥0.05和缺失率≤0.2进行过滤，共保留了409万个高质量的SNPs用于后续GWAS分析（Danecek等，2011）。GWAS使用R包GAPIT中的压缩混合线性模型（Mixed Linear Model，MLM）进行（Lipka等，2012；Liu等，2016）。利用SNPs获得的前3个主成分被用来独立控制群体结构的影响。P-values采用Bonferroni方法进行多重检验调整（Bland等，1995；Benjamini等，1995），以$P<1 \times 10^{-5}$（$-\log10 P=5$）作为阈值筛选显著性SNP，使用R语言绘制曼哈顿图。

1.2.4 候选基因预测

取显著性SNP的LD距离内（150 kb）候选基因预测区间，当候选基因区段有重合时，合并为1个区间。根据Soybase上的Williams 82参考基因组（V2版本）进行基因功能注释，通过同源性比对挖掘可能的孢囊线虫病抗性基因。

1.2.5 单倍型分析

根据481份大豆种质资源的SNP信息对目标基因进行单倍型分析，基于基因型数据的注释结果，选取目标基因编码区的错义突变位点作为分析位点（按照样本数$n \geqslant 75$进行过滤）。根据不同样本目标基因的不同单倍型组合进行目标基因的聚合分析，使用R包multcomp（v1.4-25）的"Tukey"法进行数据的多重比较（Hothorn等，2008）。

2 结果

2.1 SCN3表型分析

对481份大豆种质资源表型数据进行统计分析，绘制直方图（图1）。结果显示，病变程度分布范围为0~250，说明不同材料对大豆孢囊线虫三号小种的响应存在差异，直方图显示单峰且呈连续正态分布（图1），说明该性状是典型的数量性状。

2.2 抗性种质鉴定

依据抗性等级评价标准，本研究共筛选出147份高抗材料（抗性等级为1），占供试材

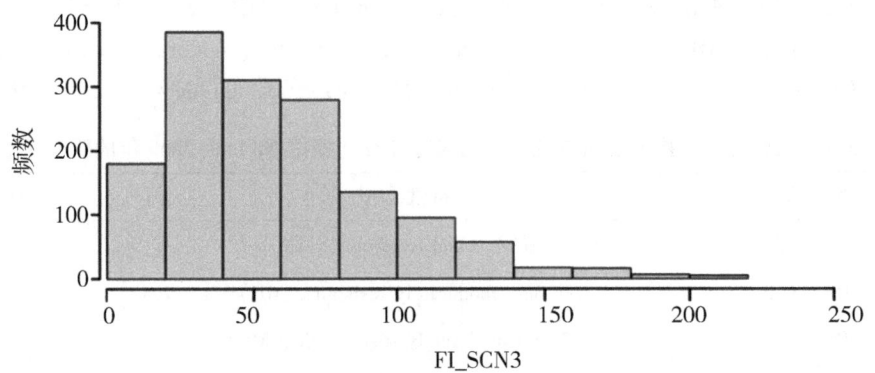

图 1 病变程度频率分布直方图及正态分布

料的 30.56%；46 份中抗材料（抗性等级为 2），占总数的 9.56%；148 份中感材料，占总数的 30.77%；140 份高感材料，占总数的 29.11%（图 2）。

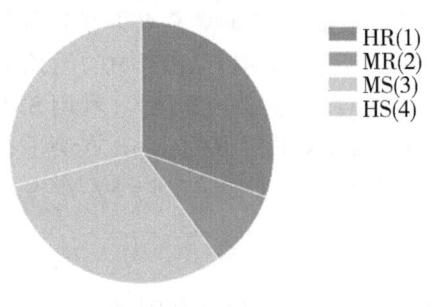

总计=481

HR 为高抗；MR 为中抗；MS 为中感；HS 为高感。

图 2 大豆种质资源大豆孢囊线虫 3 号小种抗性等级分布

2.3 大豆孢囊线虫 3 号小种全基因组关联分析

利用 481 份大豆种质资源孢囊线虫病表型数据和 409 万个 SNPs 进行全基因组关联分析，共检测到 838 个显著关联（$P \leqslant 1 \times 10^{-5}$）的 SNP 位点（图 3 中阈值线上的位点），分别分布在 17 条染色体上（图 3）。其中，在 7 号、8 号、11 号和 18 号染色体上的基因组区间包含了 4 个已经克隆的抗性基因 NSF_{RAN07}、$GmSHMT08$（$Rhg4$）、$GmSNAP11$ 和 $GmSNAP18$（$rhg1$），分别解释了 13.01%、12.83%、13.55% 和 16.98% 的表型变异率。除了 4 个已经克隆的基因位点之外，在 8 号染色体上鉴定到一个新位点 $SCN3-8$，其中最显著的 SNP（chr8：12800661，G/C），基于 Williams 82 参考基因组，该候选区间共包含 5 个候选基因，分别为 $Glyma.08G163100$、$Glyma.08G163200$、$Glyma.08G163300$、$Glyma.08G163400$ 和 $Glyma.08G163500$（表 2）。

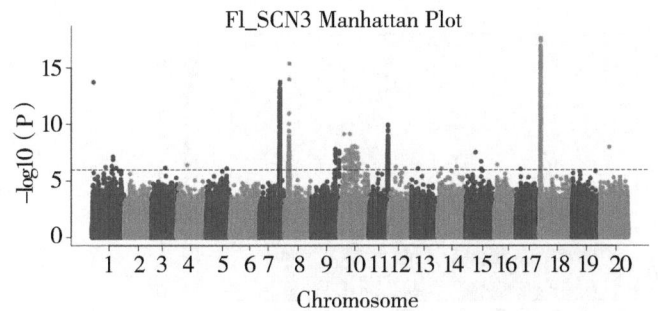
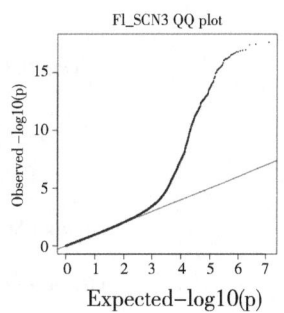

图3 大豆 *SCN3* 全基因组关联分析

表2 候选基因及注释

基因 ID	外显子变异	拟南芥同源	注释
Glyma. 08G163100	Yes	*AT1G54330*	NAC domain containing protein 20
Glyma. 08G163200	Yes	*AT3G12720*	MYB-like DNA-binding protein
Glyma. 08G163300	Yes		
Glyma. 08G163400	Yes	*AT1G79420*	Protein of unknown function
Glyma. 08G163500	Yes	*AT1G79430*	Homeodomain-like superfamily protein

2.4 候选基因分析

进一步对上述5个抗性候选基因进行基因表达模式分析（图4），表达谱数据基于感病材料 Williams 82（病情指数为4），结果显示，5个候选基因在根瘤中均不表达，*Glyma. 08G163100* 在种子中表达量最高，*Glyma. 08G163200* 仅在根中表达，*Glyma. 08G163300* 在所有组织中几乎均不表达，*Glyma. 08G163400* 和 *Glyma. 08G163500* 在除了根瘤以外的所有组织中均有表达，其中 *Glyma. 08G163400* 在下胚轴中表达量最高，*Glyma. 08G163500* 在花、幼苗和叶中表达量最高。

值得注意的是，*Glyma. 08G163200* 的同源基因 *AT3G12720* 是茉莉酸（jasmonic acid, JA）信号响应的转录因子，参与植物逆境反应，且 *Glyma. 08G163200* 仅在根中表达，因此后续对其单倍型进行分析。对该基因的编码区、非编码区和启动子进行序列分析，发现该基因在编码区存在3个单核苷酸碱基变异，其中非同义突变2个，编译可以划分成2种单倍型（Haplotype, H1和H2）（图5A），含有H1单倍型的材料共281份，包括149份改良品种、132份地方品种；含有H2单倍型的材料共142份，包括12份改良品种、130份地方品种（图5B）。对 *Glyma. 08G163200* 不同单倍型间的孢囊线虫抗性进行分析发现携带H2单倍型的材料的线虫指数极显著低于H1（图5C）。暗示该基因可能是调控抗大豆孢囊线虫病的功能基因。

3 讨论

MYB转录因子对植物生长发育的调控机制与植物激素密切相关，*MYB* 基因的表达受多

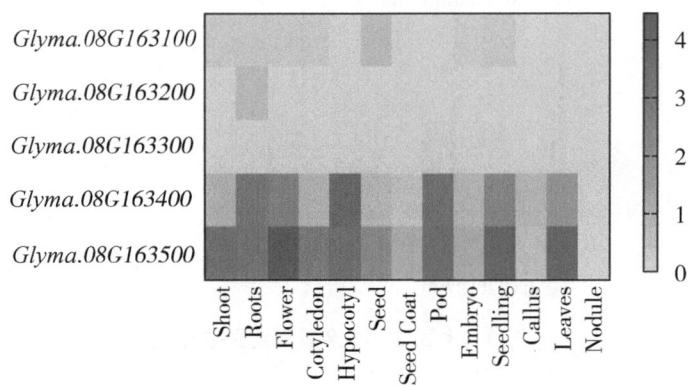

图4　5个抗性候选基因在大豆不同组织中的表达模式

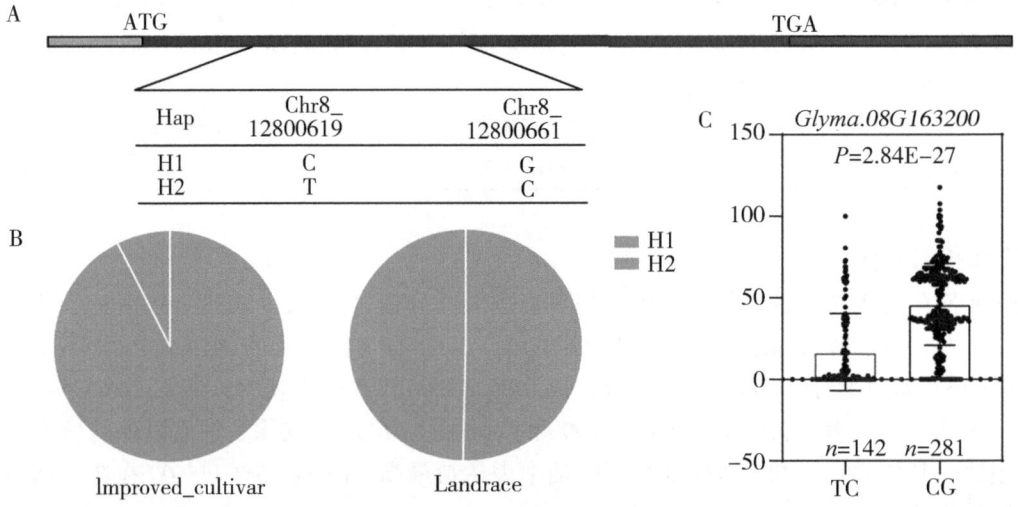

A. *Glyma.08G163200* 基因结构和单倍型［线性基因结构显示 5′UTR（青色矩形）、CDS 区域（蓝色矩形）和 3′UTR（红色矩形）］；B. 2 个单倍型在育成品种和地方品种中的发生频率；C. 单倍型间线虫指数的差异显著性分析（箱线图上方数字为 P 值，$P<0.05$ 表示差异显著。n 为种质资源份数。用双尾 T 检验进行显著性检验）。

图5　*Glyma.08G163200* 单倍型分析

种植物激素的诱导，包括基于脂质的激素茉莉酸（JA）（Song 等，2011；Cheng 等，2009；Xu 等，2019）。茉莉酸（jasmonic acid，JA）作为重要的植物生长激素，被认为与线虫抗性有关（Schilmiller and Howe，2005；Heil and Ton，2008）。Selim 用茉莉酸或者水杨酸诱导因子处理番茄后，可以诱导番茄抵御南方根结线虫的抗性，并表明茉莉酸和水杨酸相关的信号转导通路参与了抗性产生的过程（Selim，2010）。茉莉酸（JA）可触发拟南芥抗 *Hetero deraschachtii* 早期防御反应（Goverse 等，2011；Kammerhofer 等，2015）。大豆孢囊线虫诱导产生的合胞体转录组基因表达分析表明，受茉莉酸和细胞分裂素等一系列激素控制的基因表达存在差异（Ithal 等，2007）。茉莉酸甲酯（JA-Me）等激素在线虫侵染大豆形成根结的过程中发挥了重要作用（刘亚丽，2016）。对 SCN 小种 4 侵染后抗性和感病反应的差异表达转录本比较分析表明，SA 和 JA 依赖性防御途径参与了 SCN 抗性反应（Li 等，2014）。JA 途径 MYC2 分支的标志基因 *VSP2* 在孢囊线虫侵染的拟南芥和大豆根部建立一个固定的取食位点（Puthoff 等，2003；Afzal 等，2009），表明该基因参与响应细胞内迁移诱导的损伤触发免疫。大豆孢囊线虫侵染期间 JA 途径中的大多数组分被抑制（Ithal 等，2007）。大豆 *LOX* 基因（JA 合成的关键）在 SCN 侵染 Peking 和 PI88788 植物的合胞体中被诱导上调（Klink 等，2009；2010）。Matthews（2014）发现在大豆中过表达参与 JA/JA-Ile 产生的 3 个拟南芥基因（*AtAOS*、*AtAOC* 和 *AtJAR*），提高了其 SCN 抗性（Lin 等，2013）。JA 在植物与根结线虫互作过程中存在着两面性。低浓度 JA 可被根结线虫利用，促进取食位点的形成，有利于根结线虫的寄生。高浓度 JA 则阻止根结线虫的入侵，抑制根结的形成和线虫的寄生（Zhao，2023）。因此推测 *myb* 基因 *Glyma.08G163200* 可能通过茉莉酸激素信号途径调控大豆的抗孢囊线虫反应。

本研究通过对大豆进行孢囊线虫 3 号小种抗性种质鉴定和抗性候选基因分析，筛选出 147 份高抗资源并挖掘出一系列抗性候选基因，研究结果为大豆孢囊线虫抗性基因遗传分析与分子育种提供了优异的种质/基因资源。后续将通过基因编辑和过表达确定候选基因，研究其防御机制，为大豆孢囊线虫抗病育种奠定理论依据。

参考文献

刘世名，彭德良，2016. 大豆的孢囊线虫抗性研究新进展［J］. 中国科学：生命科学，46（5）：535-547.

刘亚丽，王媛媛，赵丹，等，2016. 大豆根结部位内源激素对线虫侵染的响应［J］. 中国油料作物学报，38（3）：362.

AFZAL A J, NATARAJAN A, SAINI N, et al., 2009. The nematode resistance allele at the *rhg1* locus alters the proteome and primary metabolism of soybean roots［J］. Plant Physiol, 151：1264-1280.

BENJAMINI Y, HOCHBERG Y, 1995. Controlling the false discovery rate: a practical and powerful approach to multiple testing［J］. Journal of the Royal statistical society: series B (*Methodological*), 57（1）：289-300.

BLAND J M, ALTMAN D G, 1995. Multiple significance tests: the bonferroni method［J］. BMJ, 310（6973）：170.

CHENG H, SONG S S, XIAO L T, et al., 2009. Gibberellin acts through jasmonate to control the expression of MYB21, MYB24, and MYB57 to promote stamen filament growth in *Arabidopsis*［J］. PLoS Genet, 5（3）：e1000440.

COOK D E, TONG G L, GUO X, et al., 2012. Copy number variation of multiple genes at *Rhg*1 mediates nematode resistance in soybean［J］. Science, 338（6111）：1206-1209.

DANECEK P, AUTON A, ABECASIS G, et al., 2011. The variant call format and VCFtools［J］. Bioinformatics, 27（15）：2156-2158.

GOVERSE A, BIRD D, 2011. The role of plant hormones in nematode feeding cell formation［M］// Genomics and molecular genetics of plant-nematode interactions. Springer：325-347.

HAN Y, ZHAO X, CAO G, et al., 2015. Genetic characteristics of soybean resistance to HG type 0 and HG type 1. 2. 3. 5. 7 of the cyst nematode analyzed by genome-wide association mapping [J]. BMC Genomics, 16 (1): 598.

HEIL M, TON J, 2008. Long-distance signalling in plant defence [J]. Trends Plant Sci, 13: 264-272.

HOTHORN T, BRETZ F, WESTFALL P, 2008. Simultaneous inference in general parametric models [J]. Biometrical Journal, 50 (3): 346-363.

ITHAL N, RECKNOR J, NETTLETON D, et al., 2007. Developmental transcript profiling of cyst nematode feeding cells in soybean roots [J]. Mol Plant Microbe Interactions, 20 (5): 510-525.

KAMMERHOFER N, RADAKOVIC Z, REGIS J M A, et al., 2015. Role of stress-related hormones in plant defence during early infection of the cyst nematode *Heterodera schachtii* in *Arabidopsis* [J]. New Phytologist, 207 (3): 778-789.

KLINK V P, HOSSEINI P, MATSYE P, et al., 2009. A gene expression analysis of syncytia laser microdissected from the roots of the *Glycine max* (soybean) genotype PI548402 (Peking) undergoing a resistant reaction after infection by Heterodera glycines (soybean cyst nematode) [J]. Plant Mol. Biol, 71: 525-567.

KLINK V P, HOSSEINI P, MATSYE P, et al., 2010. Syncytium gene expression in *Glycine max* ([PI88788]) roots undergoing a resistant reaction to the parasitic nematode *Heterodera glycines* [J]. Plant Physiol Biochem, 10, 48 (2-3): 176-193.

LI B, SUN J, WANG L, et al., 2014. Comparative analysis of gene expression profiling between resistant and susceptible varieties infected with soybean cyst nematode race 4 in *Glycine max* [J]. Journal of Integrative Agriculture, 13 (12): 2594-2607.

LI Y H, QI X T, CHANG R, et al., 2011. Evaluation and utilization of soybean germplasm for resistance to cyst nematode in China [J]. Soybean-molecular Aspects of Breeding: 373-396.

LI Y H, QIN C, WANG L, et al., 2023. Genome-wide signatures of the geographic expansion and breeding of soybean [J]. Science China Life Sciences, 66 (2): 350-365.

LIN J, MAZAREI M, ZHAO N, et al., 2013. Overexpression of a soybean salicylic acid methyltransferase gene confers resistance to soybean cyst nematode [J]. Plant Biotechnol J, 11: 1135-1145.

LIPKA A E, TIAN F, WANG Q, et al., 2012. GAPIT: genome association and prediction integrated tool [J]. Bioinformatics, 28 (18): 2397-2399.

LIU X Y, QIN D, PIERSANTI A, et al., 2020. Genome-wide association study identifies candidate genes related to oleic acid content in soybean seeds [J]. BMC Plant Biology, 20: 399.

LIU X, HUANG M, FAN B, et al., 2016. Iterative usage of fixed and random effect models for powerful and efficient genome-wide association studies [J]. PLoS Genetics, 12 (2): e1005767.

MATTHEWS B F, BEARD H, BREWER E, et al., 2014. Arabidopsis genes, *AtNPR1*, *AtTGA2* and *AtPR5*, confer partial resistance to soybean cyst nematode (*Heterodera glycines*) when overexpressed in transgenic soybean roots [J]. BMC Plant Biol, 14: 96.

NIBLACK T L, TYLKA G L, ARELLI P, et al., 2009. A standard greenhouse method for assessing soybean cyst nematode resistance in soybean: SCE08 (standardized cyst evaluation 2008) [J]. Plant Health Progress, 10 (1): 33.

NING X I A, YAN W, WANG X, et al., 2019. Genetic dissection of hexanol content in soybean seed through genome-wide association analysis [J]. Journal of Integrative Agriculture, 18 (6): 1222-1229.

PUTHOFF D P, NETTLETON D, RODERMEL S R, et al., 2003. Arabidopsis gene expression changes during cyst nematode parasitism revealed by statistical analyses of microarray expression profiles [J]. Plant

J, 33: 911-921.

RAY D K, MUELLER N D, WEST P C, et al., 2013. Yield trends are insufficient to double global crop production by 2050 [J]. PloS One, 8 (6): e66428.

SCHILMILLER A L, HOWE G A, 2005. Systemic signaling in the wound response [J]. Curr Opin Plant Biol, 8: 369-377.

SCHMITT D P, SHANNON G, 1992. Differentiating soybean responses to *Heterodera glycines* races [J]. Crop Science, 32 (1): 275-277.

SELIM M, 2010. Biological, chemical and molecular studies on the systemic induced resistance in tomato against *Meloidogyne incognita* caused by the endophytic *Fusarium oxysporum*, Fo162 [D]. University of Bonn, Bonn, Germany.

SONG S S, QI T C, HUANG H, et al., 2011. The Jasmonate-ZIM domain proteins interact with the R2R3-MYB transcription factors MYB21 and MYB24 to affect Jasmonate-regulated stamen development in Arabidopsis [J]. Plant Cell, 23 (3): 1000-1013.

TRAN D T, STEKETEE C J, BOEHM J R J D, et al., 2019. Genome-wide association analysis pinpoints additional major genomic regions conferring resistance to soybean cyst nematode (*Heterodera glycines* Ichinohe) [J]. Frontiers in plant science, 10: 401.

WRATHER J A, KOENNINGS R, 2006. Estimates of disease effects on soybean yields in the United States 2003 to 2005 [J]. Nematology, 38 (2): 173-180.

XU X F, WANG B, FENG Y F, et al., 2019. Auxin response factor17 Directly Regulates MYB108 for Anther Dehiscence [J]. Plant Physiol, 181 (2): 645-655.

ZHAO W, LIANG J, HUANG H, et al., 2023. Tomato defence against *Meloidogyne incognita* by jasmonic acid-mediated fine-tuning of kaempferol homeostasis [J]. New Phytol, 238: 1651-1670.

Study of the Metabolites of *Harposporium helicoides* YMF1745: An Endoparasitic Nematophagous Fungus[*]

Dai Zebao, Li Guohong[**]

(*State Key Laboratory for Conservation and Utilization of Bio-Resources in Yunnan, Yunnan University, Kunming 650091, China*)

Abstract: *Harposporium helicoides* is an important endoparasitic nematophagous fungus (ENF). It can parasitize nematodes by producing adhesive conidia spores. In this study, the morphology of mycelia and spores of the species was observed under a scanning electron microscope, and we investigated the chemical components of the species. Nine metabolites were isolated from solid fermentation extracts of the strain *H. helicoides* YMF 1.01745 by silica gel and Sephadex LH-20 column chromatography, and semi-preparative HPLC. Their structures were identified by spectroscopic data. They were identified as helminthosporin (1), 1,2,8-trihydroxy-3-methyl-9,10-anthraquinone (2), (3β,5α,6β,22E)-6-methoxy-ergosta-3,5-diol-7,22-diene (3), ergosterol peroxide (4), glycerol 1,3-bisoleate (5), 4-hydroxybenzoic acid (6), methyl α-erythrofuranoside (7), (24S)-ergosta-3β,5α,6β-triol (8), and (3β,5α,6α,22E)-3-hydroxy-5,6-epoxy-ergosta-7,22-diene (9). This is the first report on the secondary metabolites of the species *H. helicoides*.

Key words: Endoparasitic nematophagous fungus; *Harposporium helicoides*; Metabolites; Spectroscopic data

---

[*] Funding: National Key R&D Program of China (2023YFD1400400)
[**] Corresponding author: Li Guohong, E-mail: ligh@ynu.edu.cn

Exploring the Nematicidal Mechanisms and Control Efficiencies of Oxalic Acid Producing *Aspergillus tubingensis* WF01 Against Root-knot Nematodes[*]

Yang Zhongyan, Ma Li, Zhao Peiji, Mo Minghe[**]

(*State Key Laboratory for Conservation and Utilization of Bio-Resources in Yunnan, Yunnan University, Kunming 650091, China*)

Abstract: Root-knot nematodes (RKNs; *Meloidogyne* spp.) are among the highly prevalent and significantly detrimental pathogens that cause severe economic and yield losses in crops. Currently, control of RKNs primarily relies on the application of chemical nematicides but has environmental and public health concerns, which open new doors for alternative methods in the form of biological control. In this study, an endophytic strain WF01, identified as *Aspergillus tubingensis*, showed strong nematicidal and attractive activities against *M. incognita* in the manner of concentration-dependent. The nematicidal and attractive metabolite of *A. tubingensis* WF01 was identified as oxalic acid (OA). The *Nsy-1* of AWC and *Odr-7* of AWA were the main neuron genes for *Caenorhabditis elegans* to detect OA. Under greenhouse, WF01 broth and 200 μg/mL OA could effectively suppress the disease caused by *M. incognita* on tomatoes respectively with control efficacy (CE) of 62.5% and 70.83%, and promote plant growth. In the field, formulations of WF01-WP and 8% OA-WP showed moderate CEs of 51.25% - 61.47% against RKNs in tomato and tobacco. While the combination agent of WF01 and OA resulted in the excellent CEs of 66.83% and 69.34% towards RKNs in tomato and tobacco, respectively. Furthermore, application of WF01 broth or OA significantly suppressed the infection of J2s in tomato by upregulated the expressions levels the genes (*PAL*, *C4H*, *HCT* and *F5H*) related to lignin synthesis, and strengthened root lignification. The combined results demonstrated that *A. tubingensis* WF01 exhibited multiple weapons to control RKNs mediated by producing OA to lure and kill RKNs in a concentration-dependent manner, and strengthen root lignification. This fungus could serve as an environmental bio-nematicide for managing the diseases caused by RKNs.

Key words: *Aspergillus tubingensis*; *Meloidogyne incognita*; Oxalic acid; Chemotaxis; Lignification

---

[*] Funding: National Key R&D Program of China (2023YFD1400400)
[**] Corresponding author: Mo Minghe, E-mail: minghemo@163.com

Research on Fungistatic Mechanism of Benzaldehyde Against Nematophagous Fungus *Arthrobotrys oligospora* Reveals Method for Increasing the Resistance of this Fungus to Soil Fungistasis[*]

Tan Lixue, Zhang Yingying, Mo Minghe, Liu Tong[**]

(*State Key Laboratory for Conservation and Utilization of Bio-Resources in Yunnan, Yunnan University, Kunming 650091, China*)

Abstract: The germination and growth of biocontrol microorganisms in soil are often inhibited by soil fungistasis (SF), resulting in unsatisfactory control efficiency. Therefore, exploring the fungistatic mechanisms of SF is important for the development of efficient biocontrol agents. The fungistatic factor benzaldehyde has strong fungistatic effect against nematophagous fungus *Arthrobotrys oligospora* (AO). Transcriptome analysis and experimental data suggested a fungistatic model in which benzaldehyde-induced reactive oxygen species (ROS) activated the AMPK-mTOR pathway. The ROS-inducing compound (retinol) enhanced benzaldehyde fungistasis (BF), whereas the antioxidant substance (*N*-acetyl cysteine) reduced ROS production and enhanced BF resistance in AO. Inhibiting the glutathione antioxidant system by blocking the supply of NADPH decreased BF resistance in AO. Furthermore, the AMPK activator acadesine bolstered BF resistance in AO, while the AMPK inhibitor dorsomorphin dihydrochloride or knocking out the AMPK gene had the opposite effect. These results strongly support the fungistatic model of benzaldehyde. Finally, we found that the fungistatic mechanism of benzaldehyde was fit for SF, and the AMPK activators acadesine or metformin could effectively increase the SF resistance of AO. This study reveals a potential new fungistatic mechanism of soil and provides an effective method for improving the SF resistance of fungal biocontrol agents.

Key words: Soil-borne disease; Biocontrol microorganisms; Soil fungistasis; Benzaldehyde; AMPK activator; Metformin

---

[*] Funding: National Key R&D Program of China (2023YFD1400400)
[**] Corresponding author: Liu Tong, E-mail: tongliu01@ynu.edu.cn

Large-scale Protein Interactome Analyses Reveal Lineage-specific Genes Driving Plant-parasitic Nematode Adaptive Innovations

Huang Guoqiang[1,2,3]*, Wang Kai[1,2,3], Li Fanling[1,2,3], Gao Si[1,2], Liu Hualin[1,2], Chen Feng[1,2,3], Liu Zhonglin[1,2,3], Chen Yangyang[1,2,3], Wang Chunxiao[1,2,3], Xu Mengci[1,2], Xie Chuanshuai[1,2,3], Ma Yanli[1,2], Dai Dadong[1,2,3], Li Yangjie[1,4], Li Xudong[1,4], Bo Dexin[1,4], Chen Ling[1,2], Alejandra Bravo[5], Mario Soberón[5], Zheng Jinshui[1,4], Peng Donghai[1,2,3], Sun Ming[1,2,3]**

([1]*National Key Laboratory of Agricultural Microbiology, Huazhong Agricultural University, Wuhan 430070, China;* [2]*College of Life Science and Technology, Huazhong Agricultural University, Wuhan 430070, China;* [3]*Hubei Hongshan Laboratory, Wuhan 430070, China;* [4]*Hubei Key Laboratory of Agricultural Bioinformatics, College of Informatics, Huazhong Agricultural University, Wuhan 430070, China;* [5]*Instituto de Biotecnología, Universidad Nacional Autónoma de México, Cuernavaca, Morelos 62210, Mexico*)

Abstract: Mounting evidence suggests that lineage-specific genes drive phenotypic diversity. Plant-parasitic nematodes (PPNs), one group of the most destructive plant pathogens, have evolved innovated traits that enable parasitism of plants, yet the genetic underpinnings remain poorly understood. Here, we identify PPN lineage-specific genes (PPNSGs) andanalyse the large-scale protein interactome network of PPNSG encoding proteins (PPNSPs). Using yeast two-hybrid assays to analyse interactions of PPNSPs from stem nematode *Ditylenchus destructor*, we identify 2 705 protein-protein interactions (PPIs); and expand to 11 843 PPIs by incorporating conserved interactions. The resulting global interactome map shows established complexes and novel PPNSP modules, allowing functional annotations for 306 uncharacterized PPNSPs. We identify multiple PPNSPs associated with plant parasitism, and chemotaxis, and propose a unique chemotaxis pathway of host-seeking. Our study indicates PPNSGs as drivers of PPN adaptive innovations and provides an important resource to facilitate research on PPN biology and their control.

Key words: Lineage-specific genes (SGs); Plant parasitic nematodes (PPN)

---

* First author: Huang Guoqiang, E-mail: hgq408730774@163.com
** Corresponding author: Sun Ming, E-mail: m98sun@mail.hzau.edu.cn

Control Effect of Tillered-onion Companion Cropping on Soybean Cyst Nematodes*

Xie Yifan[1,2]**, Xu Binyu[1,3], Wang Xuan[1,4], Wei Liuli[1,3], Chang Doudou[1,2], Wei Liuli[1], Huang Minghui[1], Jiang Ye[1], Qin Ruifeng[1,2], Jiang Dan[1,2], Zhao Yanan[1,5], Wang Congli[1], Li Chunjie[1]***

([1]Key Laboratory of Soybean Molecular Design Breeding, Northeast Institute of Geography and Agroecology, Chinese Academy of Sciences, Harbin 150081, China; [2]University of Chinese Academy of Sciences, Beijing 100049, China; [3]Heilongjiang University, Harbin 150081, China; [4]Tieli City Agriculture and rural Bureau, Tieli 152500, China; [5]Qiqihar Agricultural Technology Extension Center, Qiqihar 161006, China)

Abstract: Soybean (*Glycine max* L. Merrill) is a crucial grain and oil crop in China, with its yield often threatened by the soybean cyst nematode (SCN, *Heterodera glycines* Ichinohe). In the context of agricultural sustainable development, there is growing potential in using natural and non-toxic plant resources with nematode-killing properties in conjunction with agronomic measures to effectively control plant parasitic nematode diseases. In this research, the greenhouse potting experiments with quantitative inoculations were conducted to investigate the effects of soybean companion cropping with tillered-onion (*Allium cepa* var. *agrogatum* Don.) on SCN and soybean plant growth. Additionally, laboratory bioassays were performed to assess the efficacy of tillered-onion extracts on nematode egg hatching and the activity of second-stage juvenile. The results of the pot experiments demonstrated a notable control effect of companion cropping tillered-onion on SCN race 5 (SCN5), with reductions of 50.77%, 53.66%, and 39.66% observed at inoculation doses of 1 000, 2 000, and 5 000 eggs per plant, respectively. Concurrently, the companion cropping did not significantly influence on soybean growth indexes, including plant height, aboveground fresh weight and fresh root weight. In the laboratory bioassays, extracts from the above-ground stems and leaves of tillered-onion at a concentration of 1.87 g/mL caused 84.1% inhibition rate of egg hatching and complete lethality of second-stage juveniles after 3 days. Similarly, extracts from the

---

* Funding: The Strategic Priority Research Programme of the Chinese Academy of Sciences (XDA28070305); Science and Technology Development Plan Project of Changchun City (23SH17); China Agriculture Research System of MOF and MARA (CARS04)
** First author: Xie Yifan, E-mail: xieyifan@iga.ac.cn
*** Corresponding author: Li Chunjie, E-mail: lichunjie@iga.ac.cn

bulb part of tillered-onion at the same concentration resulted in 80.4% inhibition rate of egg hatching and complete lethality of second-stage juvenile after 3 days. Notably, root extracts of tillered-onion at a concentration of 0.47 g/mL showed significantly increased aggregation and activity of nematodes compared to the 1.87 g/mL concentration in the adapter. With time progresses, the phenomenon of nematode aggregation becomed more apparent, but their activity gradually decreased, with their bodies assuming a stiffened state, indicating death or sub-lethal condition. These research findings suggested that companion cropping with tillered-onion has a preventive effect on SCN race 5, but it didn't significantly inhibit the growth of soybean plants. Furthermore, the extracts from the above-ground stems, leaves and bulbs of onion exhibited a significant suppressive effect on egg hatching and a poisoning effect on second-stage juvenile, and the root extracts demonstrated a noticeable trapping and killing effect on second-stage juvenile.

Key words: Soybean cyst nematodes; Tiller onion; Companion; Control effect

Cytochrome b Gene Reveal Diversity from *Globodera pallida* Colombian Populations*

Lizzete Dayana Romero Moya**, Jiang Ru, Peng Huan, Peng Deliang***

(*State Key Laboratory for Biology of Plant Diseases and Insect Pests, Institute of Plant Protection, Chinese Academy of Agricultural Sciences, Beijing 100193, China*)

Abstract: The genus *Globodera* encompasses plant-parasitic nematodes known for their significant impact on potato cultivation worldwide. Among these, potato cyst nematode (PCN) including *Globodera rostochiensis* (golden potato cyst nematode) and *G. pallida* (pale or white potato cyst nematode), are notorious for causing substantial yield losses in potato crops (*Solanum tuberosum* L.). Here Phylogenetic study was conducted on 193 *Globodera* spp. including new *Cytb* sequences from Colombia and other individual sequences from four continents retrieved from NCBI, through an approximate Bayesian computation approach. The phylogenetic analysis revealed that *Globodera* displayed two main clades in the trees: i) a monophyletic group closely related to Costa Rican, Panamanian and Peruvian populations and ii) *Globodera* from North America, Africa, Europe, Asia and New Zealand. Moreover, multiple analyses using *Globodera pallida* sequences confirmed that Colombian populations has a different genetic composition from another population from the world with the Colombian populations comprising one group (group 1) and the populations from Europe, Asia, North America, and western Asia comprising another (group 2) and large genetic distance was inferred between them. Population subdivision was also revealed among the populations of group 2 in both population comparison and STRUCTURE analyses. The Colombian populations showed substantial genetic homogeneity and likely originated from a single invasion event. However, none of the other studied populations were implicated as the source. Further studies with additional populations are needed to better describe the origin and distribution of the potential source population for the Latin American lineage.

Key words: Potato cyst nematode; Phylogenetic analysis; Pale cyst nematode; *Cytochrome b*

---

* Funding：国家重点研发计划（2023YFD1400400）；国家自然科学基金（32072398）

** First autor：Lizzete Dayana Romero Moya, E-mail：2020y90100067@caas.cn

*** Corresponding author：Peng Deliang, E-mail：pengdeliang@caas.cn

Screening Novel Effectors of *Heterodera schachtii* that Can Suppress Plant Immune Response[*]

Yao Ke[1]**, Zhang Menghan[1], Xu Jianjun[2], Peng Deliang[1], Huang Wenkun[1], Kong Ling'an[1], Liu Shiming[1], Li Guangkuo[2], Peng Huan[1,2]***

([1]*State Key Laboratory for Biology of Plant Diseases and Insect Pests, Institute of Plant Protection, Chinese Academy of Agricultural Sciences, Beijing 100193, China;* [2]*Key Laboratory of Integrated Pest Management on Crop in Northwestern Oasis, Ministry of Agriculture, Institute of Plant Protection, Xinjiang Academy of Agricultural Sciences, Scientific Observing and Experimental Station of Korla, Ministry of Agriculture, Urumqi 830013, China*)

Abstract: The sugar beet cyst nematode (*Heterodera schachtii*) is one of the most destructive pathogens in sugar beet production, which causes serious economic losses every year. Few molecular details of effectors of *H. schachtii* parasitism are known. We analyzed the transcriptome data of *H. schachtii* and identified multiple potential predicted proteins. After filtering out predicted proteins with high homology to other plant parasitic nematodes, we performed functional validation of the remaining effector proteins. 37 putative effectors of *H. schachtii* were screened based on the *Nicotiana benthamiana* system for identifying the effectors that inhibit plant immune response, eventually determines 13 candidate effectors could inhibit cell death caused by Bax. Among the 13 effectors, nine have the ability to inhibit GPA2/RBP1-induced cell death. All 13 ETI suppressor genes were analyzed by qRT-PCR and confirmed to result in a significant downregulation of one or more defense genes during infection compared to empty strains. For *in situ* hybridization, 13 effectors were specifically expressed and located in esophageal gland cells. These data and functional analysis set the stage for further studies on the interaction of *H. schachtii* with host and *H. schachtii* parasitic control.

Key words: Sugar beet cyst nematode; *Heterodera schachtii*; Effector-triggered immunity; Hypersensitive response; Cell death; Effector

---

* Funding: National Natural Science Foundation of China (32302328)
** First author: Yao Ke, E-mail: 17794539779@163.com
*** Corresponding author: Peng Huan, E-mail: hpeng83@126.com

Toxic Effects of Extracts from Four Plant and Animal Sources on *Meloidogyne incognita*[*]

Qi Xiaowen[**], Li Zhiwen, Luo Jiguang, Wei Ying, Wang Huifang[***]

(*Institute of Plant Protection, Hainan Academy of Agricultural Sciences,
Research Center of Quality Safety and Standards for Agro-Products,
Hainan Academy of Agricultural Sciences, Scientific Observation and Experiment Station of Crop
Pests in Haikou, Ministry of Agriculture and Rural Affairs/ Key Laboratory of
Plant Diseases and Pests of Hainan Province, Haikou 571100, China*)

Abstract: Root-knot nematode is one of the most widespread soil-borne diseases around the world. Presently, using chemical pesticides is the most effective strategy for controlling *M. incognita*. However, chemical pesticides have caused significant ecological damage. Therefore, more research focuses on developing naturally active nematicides. Saponin is a compound consisting of sapogenin and carbohydrates, with biological activities including hemolysis, fish poisoning, snail killing, insecticide, sterilization, and so on. The antiparasitic mechanism of polypeptide compounds is similar to antibacterial mechanism. They indirectly alter organelle and cellular structures through interactions with the cell membrane, thereby disrupting various metabolic activities and ultimately killing the parasite. In this study, the toxicity of tea saponin, alfalfa saponin, cecropin, and black ant polypeptide against *M. incognita* were assessed through toxicity measurements. The results showed that four natural ingredients all exhibited activity against *M. incognita* J2s. At 24 h and 48 h, tea saponin showed the most powerful toxicity to the *M. incognita* J2s, with LC_{50} values of 8.379 mg/mL and 5.669 mg/mL, respectively. When the concentration was 60 mg/mL, the mortality rate of the *M. incognita* J2s reached 100% at 48 h. The toxicity of alfalfa saponin against *M. incognita* J2s was also notable, with LC_{50} values of 8.971 mg/mL at 24 h and 5.676 mg/mL at 48 h. The toxicity of cecropin and black ant polypeptide against *M. incognita*

---

[*] Funding: This work was supported by the China Agricultural Research System of MOF and MARA (CARS-16-E18); Hainan Province Science and Technology Special Fund (ZDKJ202002); the Natural Science Foundation of Hainan Province (321QN363); the innovation platform for Academinicians of Hainan Province

[**] First author: Qi Xiaowen, Master, mainly engaged in the prevention and control of plant fungal diseases and plant nematode diseases, E-mail: 2356990559@qq.com

[***] Corresponding author: Wang Huifang, Professor, mainly engaged in the research of prevention and control technology of plant parasitic nematodes, E-mail: wanghuifang@hnaas.org.cn

J2s was slightly lower, with LC_{50} values at 24 h of 240.047 mg/mL and 110.223 mg/mL at 48 h, respectively. When the maximum concentration of cecropin was 70 mg/mL, the mortality rate of the *M. incognita* J2s was 47.74% at 24 h and 63.28% at 48 h. When exposed to a maximum concentration of 70 mg/mL of black ant polypeptide for 24 hours, the mortality rate of the *M. incognita* J2s was 51.46%. Additionally, after treatment with different concentrations of black ant peptides for 48 h, all treatment groups, except for the control group (CK), were contaminated. The results of this study provide a theoretical basis for the development of novel natural source nematicides with high efficiency, low toxicity, and low residue.

Key words: Saponin; Polypeptide; *M. incognita*; Toxic effect

Exploring the Transcription Regulation of Pathogenic Gene Mediated by H3K9me3 and H3K27me3 in *Meloidogyne incognita*[*]

Lu Chaojun[**], Yang Ji[**], Liu Siyu, Wang Ting, Ren Yiyuan,
Liu Yamin, Zhang Keqing[***]

(*State Key Laboratory for Conservation and Utilization of Bio-Resources in Yunnan,
Yunnan University, Kunming 650091, China*)

Abstract: Root-knot nematodes (RKNs) is the top one of the most harmful among plant parasitic nematodes. It is a worldwide stubborn disease with wide distribution, huge losses and great difficulties in prevention and control, causing numerous losses to global economic crops. Pathogenic genes are indispensable for infection of RKNs on hosts. Although nearly 500 pathogenic genes of RKNs have been identified, however, their transcriptional regulation is largely unknown.

This study found that both infectivity and transcription of pathogenic genes of *Meloidogyne incognita* increased significantly after sensing root exudates. Meanwhile, it also showed that the transcription of methyltransferase genes *suv39h1* and *kmt6*, which catalyzes H3K9me3 and H3K27me3, respectively, and the abundances of H3K9me3 and H3K27me3 enhanced obviously. After using RNAi interference and specific inhibitors to knock-down and inhibit *suv39h1* or *kmt6* transcription, both levels of H3K9me3 and H3K27me3, and infectivity were significantly declined. RNA-seq analysis of nematodes with *suv39h1* or *kmt6* knock-down revealed that both *suv39h1* and *kmt6* were engaged in facilitating transcription of pathogenic genes of *M. incognita*, however, the types of pathogenic genes are distinct: *suv39h1* mainly regulated the transcription of plant peroxide scavenger genes *dpy-18*, which eliminated toxicity of host generating ROS which are toxic to nematodes and trigger plant immune pathways. While, *kmt6* mainly controlled transcription of pathogenic genes encoding proteins, which breaks mechanical barrier of plant cell wall and reduces the toxicity of plant toxins to nematodes.

To further reveal whetherand how H3K9me3 and H3K27me3 directly regulate transcription of the above pathogenic genes. Combined analysis of RNA-seq and ChIP-seq found that H3K9me3 was enriched in intron of *dpy-18*, indicating that H3K9me3 directly regulated the transcription of the peroxide scavenger gene *dpy-18*. While H3K27me3 was mainly enriched in 5-UTR and gene body,

---

[*] Funding: National Key R&D Program of China (2023YFD1400400)

[**] First authors: These authors contributed equally to this work

[***] Corresponding author: Zhang Keqing, E-mail: kqzhang@ynu.edu.cn

which encoding plant cell wall softening enzymes (exopoly α-Galactosidase, pectin lyase F, endoglucanase Z, endoglucanase B, pectin lyase G) and detoxification and antioxidant genes [UDP glucuronosyltransferase (UGT47), oxidoreductase (DHS27)]. It is presumed that infectivity of RKNs mainly was mediated by H3K27me3 through controlling transcription of genes encoding proteins softening plant cell wall, improving antioxidant and detoxification of RKNs.

This study focused on increase of infectivity and pathogenic gene transcription after RNKs perceiving root exudate, uncovering mechanism of pathogenic gene transcription mediated by H3K9me3 and H3K27me3 in *M. incognita*. Here, We provided a new insight into resolution of transcriptional regulation mechanism of *M. incognita* pathogenic genes, and a paradigm for analyzing the transcriptional regulation mechanism of pathogenic genes of other plant pathogenic nematodes.

Key words: *Meloidogyne incognita*; *suv39h1*; *kmt6*; Pathogenic Gene; ChIP-seq

A Single-pot Visual RPA-CRSPR (Cas12a) Biosensing Platform for Rapid and Sensitive Detection of *Aphelenchoides besseyi*, the Causal Agent of the Green Stem and Foliar Fetention Syndrome in Soybean[*]

Neveen Atta Elhamouly[1,2][**], Peng Deliang[1][***]

([1]State Key Laboratory for Biology of Plant Diseases and Insect Pests, Institute of Plant Protection, Chinese Academy of Agricultural Sciences, Beijing 100193, China; [2]Department of Botany, Faculty of Agriculture, Menoufia University, Shibin El-Kom 32511, Egypt)

Abstract: *Aphelenchoides besseyi*, the causative agent of "Soja Louca II" or soybean green stem and foliar retention syndrome (GSFR syndrome), is a rapidly spreading nematode that affects numerous economically significant crops such as cotton, soybean, and common bean. In some countries, the presence of this devastating nematode poses an economic risk to these crops, with a 2017 outbreak reported in soybean resulting in significant yield losses of up to 60%. Rapid and sensitive nucleic acid detection is crucial for point-of-care testing (POCT) and for more effective prevention and control of this nematode. One of the promising approaches is the use of CRISPR technology combined with isothermal recombinase polymerase amplification (RPA), which has recently emerged as a powerful biosensing tool for sensitive and specific nucleic acid detection. However, incorporating the RPA amplification complex with the CRISPR detection ingredients in a single pot remains a significant challenge due to their incompatibility. In this study, we propose a visual nucleic acid nematode detection method that takes less than 30 minutes and is highly sensitive in detecting *A. besseyi*. We achieve this by combining RPA and Cas12a cleavage in a single tube to simplify the operation and eliminate the risk of amplicon contamination. First, we conduct the RPA amplification, and then we perform the Cas12a cleavage reaction using either a portable thermal cup or our body heat temperature. We tested the single-pot RPA-Cas12a rapid detection assay on forty-four soybean samples exhibiting GSFR syndrome symptoms, and it effectively detected samples containing the *A. besseyi* nematode. We designed three different ways for data interpretation: real-time fluorescence, visible endpoint fluorescence, and lateral flow strips,

---

[*] Funding: National Key R&D Program of China (2023YFD1400400)

[**] First author: Neveen Atta Elhamouly, E-mail: neven.atta001@agr.menofia.edu.eg

[***] Corresponding author: Peng Deliang, E-mail: pengdeliang@caas.cn

to suit the requirements of various environments. To standardize and intellectualize the detection procedure, fluorescence can be easily identified with the naked eye with the aid of a portable mini-UV torch. Our findings demonstrate that the suggested new assay has strong detection sensitivity, as well as significant robustness, specificity, and reliability. Consequently, we have developed a highly efficient, low-instrumentation field-deployable nucleic acid detection platform.

Key words: *Aphelenchoides besseyi*; Green stem and foliar retention syndrome; GSFR; Soybean; RPA-CRISPR/Cas12a; Single-pot reaction; Visual detection; POCT

Activity of the Extract Obtained from *Eutrema wasabi* Root Against *Meloidogyne enterolobii* and Chemical Composition Analysis[*]

Dou Xiaoli[1][**], Wu Yani[2], Luo Jiguang[1], Wei Ying[1], Li Zhiwen[1], Yin Xiaopeng[1], Wang Huifang[1][***]

[[1]*Institute of Plant Protection, Hainan Academy of Agricultural Sciences (Research Center of Quality Safety and Standards for Agro-Products, Hainan Academy of Agricultural Sciences) / Scientific Observation and Experiment Station of Crop Pests in Haikou, Ministry of Agriculture and Rural Affairs/ Key Laboratory of Plant Diseases and Pests of Hainan Province, Haikou 571100, China;[2] College of Tropical Agriculture and Forestry/Key Laboratory of Green Prevention and Control of Tropical Plant Diseases and Pests, Ministry of Education, Hainan University, Haikou 570228, China]*

Abstract: *Eutrema wasabi* is a perennial herb of the *Eutrema* genus in the Crucifer family. In recent years, numerous substances with notable pharmacological activities have been successfully isolated from *wasabi*, and related research has made significant progress. However, the activity of *Eutrema wasabi* extracts against root-knot nematodes was unkown. This study employed extracts derived from the roots of *wasabi* to measure the activity against J2 *Meloidogyne enterolobii* and single-egg hatching through the soaking method. The results showed that the LC_{50} of *Eutrema wasabi* extract on J2 were 44.633 mg/mL and 22.840 mg/mL respectively at 24 h and 48 h post-treatment. The mortality rate of J2 reached 88.93% at 48 h post-treatment when the concentration was 200 mg/mL, and the inhibition rate of single egg hatching reached 88.14%, indicating inhibition and killing activity against *Meloidogyne enterolobii*. Through the analysis of the chemical composition of the ethanol extract from *wasabi*, this study preliminarily identified 10 organic sulfur and lipid compounds with

---

[*] Funding: This work was supported by the China Agricultural Research System of MOF and MARA (CARS-16-E18); Hainan Province Science and Technology Special Fund (ZDKJ202002); the Natural Science Foundation of Hainan Province (321QN363); the innovation platform for Academinicians of Hainan Province

[**] First author: Dou Xiaoli, Master, mainly engaged in research on plant nematology, E-mail: dou1653357612@163.com

[***] Corresponding author: Wang Huifang, Professor, mainly engaged in the research of prevention and control technology of plant parasitic nematodes, E-mail: wanghuifang@hnaas.org.cn

insecticidal and antibacterial effects, including isobutyl isothiocyanate and geraniol. Some compounds were selected for nematicidal activity testing, revealing that sec-butyl isothiocyanate and geraniol exhibit high efficacy against *Meloidogyne enterolobii*. This study showed that the extract of *Eutrema wasabi* has great potential in inhibiting soybean root-knot nematodes. Our findings provide a scientific basis and theoretical reference for *Eutrema wasabi* as a raw material for developing new natural plant nematicides.

Key words: *Eutrema wasabi*; *Meloidogyne enterolobii*; Chemical composition analysis

No Pairwise Interactions of *GmSNAP18*, *GmSHMT08* and *AtPR1* with Suppressed *AtPR1* Expression Enhance the Susceptibility of Arabidopsis to Beet Cyst Nematode[*]

Zhang Liuping[**], Zhao Jie, Kong Lingan, Huang Wenkun,
Peng Huan, Peng Deliang, Liu Shiming[***]

(*State Key Laboratory for Biology of Plant Diseases and Insect Pests, Institute of Plant Protection, Chinese Academy of Agricultural Sciences, Beijing 100193, China*)

Abstract: *GmSNAP18* and *GmSHMT08* are two major genes conferring soybean cyst nematode (SCN) resistance in soybean. Overexpression of either of these two soybean genes would enhance the susceptibility of Arabidopsis to beet cyst nematode (BCN), while overexpression of either of their corresponding orthologs in Arabidopsis, *AtSNAP2* and *AtSHMT4*, would suppress it. However, the mechanism by which these two pairs of orthologous genes boost or inhibit BCN susceptibility of Arabidopsis still remains elusive. In this study, Arabidopsis with simultaneously overexpressed *GmSNAP18* and *GmSHMT08* suppressed the growth of underground as well as above-ground parts of plants. Furthermore, Arabidopsis that simultaneously overexpressed *GmSNAP18* and *GmSHMT08* substantially stimulated BCN susceptibility, remarkably suppressed expression of *AtPR1* in the salicylic acid signaling pathway, and did not impact the expression of *AtJAR1* and *AtHEL1* in the jasmonic acid and ethylene signaling pathways. *GmSNAP18*, *GmSHMT08*, and a pathogenesis-related (PR) protein, GmPR08-Bet VI, in soybean, and *AtSNAP2*, *AtSHMT4*, and *AtPR1* in Arabidopsis could interact pair-wisely for mediating SCN and BCN resistance in soybean and Arabidopsis, respectively. Both *AtSNAP2* and *AtPR1* were localized on the plasma membrane, and *AtSHMT4* was localized both on the plasma membrane and in the nucleus of cells. Nevertheless, after interactions, *AtSNAP2* and *AtPR1* could partially translocate into the cell nucleus. *GmSNAP18* interacted with *AtSHMT4*, and *GmSHMT4* interacted with *AtSNAP2*. However, neither *GmSNAP18* nor *GmSHMT08* interacted with *AtPR1*. Thus, no pairwise interactions among α-SNAPs, SHMTs, and *AtPR1* occurred in Arabidopsis overexpressing either *GmSNAP18* or *GmSHMT08*, or both of

---

[*] Funding: National Natural Science Foundation of China (31972248, 32372500); National Key R&D Program of China (2023YFD1400400); Agricultural Science and Technology Innovation Program of Chinese Academy of Agricultural Sciences (ASTIP-02-IPP-15)

[**] First author: Zhang Liuping, E-mail: liupingz2013@163.com

[***] Corresponding author: Liu Shiming, E-mail: liushiming01@caas.cn

them. Transgenic Arabidopsis overexpressing either *GmSNAP18* or *GmSHMT08* substantially suppressed *AtPR1* expression, while transgenic Arabidopsis overexpressing either *AtSNAP2* or *AtSHMT4* remarkably enhanced it. Taken together, no pairwise interactions of *GmSNAP18*, *GmSHMT08*, and *AtPR1* with suppressed expression of *AtPR1* enhanced BCN susceptibility in Arabidopsis. This study may provide a clue that nematode-resistant or -susceptible functions of plant genes likely depend on both hosts and nematode species.

Key words: Arabidopsis; α-SNAPs; SHMTs; *AtPR1*; Beet cyst nematode; Susceptibility

The Plant *WOX* and *AGL* Genes are Involved in the Formation and Development of Root-knot Nematodes Induced Giant Cells[*]

Lai Yuqing[**], Huang Kaiwei, Mao Zhenchuan[***], Zhao Jianlong[***]

(*State Key Laboratory of Vegetable Biobreeding, Institute of Vegetables and Flowers, Chinese Academy of Agricultural Sciences, Beijing 100081, China*)

Abstract: Root-knot nematodes (RKNs) are among the most destructive plant-parasitic nematodes in global agricultural production, causing serious damage to a variety of crops. They invade plant roots, forming galls that severely hinder the normal growth and development of plants. Root-knot nematodes can also form special giant cells within the plant, which provide nutrition for the nematodes, leading to plant nutrient loss and growth inhibition. The plant *WOX* and *AGL* genes are key transcription factor family members that regulate plant growth and development. The *WOX* gene family contains a specific homeodomain and participates in the developmental process throughout the entire life cycle of the plant. The *AGL* gene family includes the MADS-box domain and has a significant impact on the floral development and reproductive processes of plants. In this study, we showed the *WOX* and *AGL* genes were involved in the formation and development of giant cells by regulating the levels of plant hormones and signal transduction pathways. Future research is needed to explore how *WOX* and *AGL* genes respond to nematode infection and their potential applications in plant defense mechanisms, providing new ideas for the development of RKNs-resistant crop varieties.

Key words: Root-knot nematodes; *WOX*; *AGL*; Giant cells; Interaction

---

[*] 基金项目：国家重点研发计划"作物线虫病灾变规律与可持续防控技术研究"（2023YFD1400400）
[**] 第一作者：来雨情，从事蔬菜根结线虫致病机理研究，E-mail：lai0410@163.com
[***] 通信作者：茆振川，从事蔬菜根结线虫致病机理和防控技术研究，E-mail：maozhenchuan@caas.cn
赵建龙，从事蔬菜根结线虫致病机理和防控技术研究，E-mail：zhaojianlong@caas.cn

不同药剂对马铃薯腐烂茎线虫的室内毒力测定

白松林[1]**，霍宏丽[2]**，张冬梅[2]，路　奇[3]，尤俊文[3]，
纪永祥[3]，张　溪[2]，郭　婷[2]，张笑宇[1]，席先梅[2]***

([1]内蒙古农业大学，呼和浩特　010018；[2]内蒙古自治区农牧业科学院，呼和浩特　010031；
[3]鄂托克前旗农牧业技术推广中心，鄂尔多斯　017000)

Laboratory Toxicity Test of Different Pesticides Against *Ditylenchus destructor* Thorne*

Bai Songlin[1]**, Huo Hongli[2]**, Zhang Dongmei[2], Lu Qi[3], You Junwen[3],
Ji Yongxiang[3], Zhang Xi[2], Guo Ting[2], Zhang Xiaoyu[1], Xi Xianmei[2]***

([1]*College of Horticulture and Plant Protection, Inner Mongolia Agricultural University, Hohhot 010018, China;*
[2]*Plant Protection Institute, Inner Mongolia Academy of Agricultural & Animal Husbandry Sciences, Hohhot 010031, China;*
[3]*Otog Qianqi Center of Agricultural & Animal Extension, Ordos 017000, China*)

Abstract: Potato rot nematode (*Ditylenchus destructor* Thorne, 1945) is a quarantine pest worldwide. At present, *D. destructor* has been distributed in many potato producing areas in China. The disease often occurs in the mature stage of potato, which will lead to a yield reduction of 20%–50%, and up to 80% or even no production in severe cases. This nematode causes potato kiln rot during storage, and the loss caused by severe damage can be up to 50%. *D. destructor* has been an important threat to our potato industry.

This nematode mainly invaded developing tubers (about 2~4 cm in diameter) from lenticels and bud eyes, a few infected stolons and underground stems, and rarely invaded roots. The secondary infection of saprophytic microorganisms is the major reason for the rot of potato tubers during storage. The nematode prefers humid environments, but not high temperatures. It usually overwinters as eggs, larvae and adults in the tubers of potato, or in soil, manure and the underground tissues of perennial weeds.

---

* 基金项目：国家重点研发计划项目"作物重大线虫病灾变规律与可持续防控技术研究"（2023YFD1400400）
** 第一作者：白松林，E-mail：1352908644@qq.com
　　霍宏丽，助理研究员，E-mail：huohongli0127@163.com
*** 通信作者：席先梅，研究员，E-mail：xixianmei1975@163.com

Chemical nematicide is one of the effective methods to control nematode damage. In order to clarify the effects of common nematicides on potato rot nematode, and to select the chemicals with high contact-killing activity, the toxicity of 5 chemical agents, 3 microecological agents and 6 compound agents to the adults and larvae of potato rot nematodes was determined by direct contact-killing method. The results showed that 10% thiazophos granules had the highest corrected mortality toadults and larvae of potato rot nematode mulative corrected mortality , respectively. Followed by 41.7% fluopyram suspension. The three microecological agents including an anti-continuous probiotics (broad-spectrum), an anti-nematode probiotics powder and a Bacillus TB918 liquid inoculum, showed little toxicity to adults and larvae. Among the compound agents, the combinations of 41.7% fluopyram suspension and the two probiotics had a certain nematicidal effect. The mixture of 41.7% fluopyram suspension + defense insect microecological preparation powder mulative corrected mortality is over 50% against nematode adults and larvae, respectively; The results indicated that 10% thiazolium granules and 41.7% fluopyram suspension were effective in killing potato rot nematodes.

Key words: *Ditylenchus destructor* Thorne; Chemical agent; Microecological preparation; Laboratory toxicity test

Identification of *Pratylenchus coffeae* as A Causal Agent of Root Rot Disease in *Sorghum bicolor* in China

Qin Ling*, Lu Yunlong, Tai Zelin, Zhang Xu, Li Honglian, Wang Ke, Li Yu**

(*College of Plant Protection, Henan Agricultural University, Zhengzhou 450046, China*)

Abstract: Root-lesion nematodes (*Pratylenchus* spp.) are a group of pathogenic nematodes that cause severe economic losses in various food and cash crops. Sorghum (*Sorghum bicolor*) is an important food and feed crop. This study identified diseased sorghum plants with stunted growth and brown, rotting roots in sorghum fields in Shanxi Province, China. A species of root-lesion nematode was isolated by modified Baermann funnel method and named the GL-1 population. Afterward, the GL-1 population of root-lesion nematodes was identified as *P. coffeae* through a combination of morphological, rDNA-ITS and rDNA-28S D2-D3 region techniques for molecular biological identification. We also conducted greenhouse experiments to assess the parasitism and pathogenicity of GL-1 and four other *P. coffeae* populations on sorghum through pot inoculation. At 60 days after inoculation, the results indicated that all five populations of *P. coffeae* were capable of infecting and causing damage to the sorghum plants. Sorghum is a suitable host for *P. coffeae* (with a reproduction factor > 1). Moreover, compared with those in the control group, the aboveground fresh weights and root fresh weights of sorghum in the five inoculation groups were significantly lower, and brown spots or even necrotic rot appeared on the roots. All five populations were highly pathogenic to sorghum, but there were significant differences in pathogenicity among the populations. To our knowledge, this is the first report of a new disease, root rot of *Sorghum bicolor*, to be caused by *P. coffeae* in China. This study provides a scientific basis for identifying and detecting root-lesion nematodes in sorghum.

Key words: *Sorghum bicolor*; Root rot disease; Identification; *Pratylenchus coffeae*

---

* 第一作者：秦玲，硕士研究生，从事植物线虫病害研究，E-mail：qinling6912@163.com
** 通信作者：李宇，副教授，主要从事植物线虫学研究，E-mail：liyuzhibao@henau.edu.cn

马铃薯主栽品种及育种资源对马铃薯金线虫的抗性鉴定[*]

江 如[1][**]，彭 焕[1]，冯晓东[2]，王晓亮[2]，刘 慧[2]，彭德良[1][***]

([1] 中国农业科学院植物保护研究所，植物病虫害综合治理全国重点研究室，北京 100193；
[2] 全国农业技术推广服务中心植保植检处，北京 100125)

Resistance of Cultivars and Breeding Clones to Potato Cyst Nematode of China[*]

Jiang Ru[1][**], Peng Huan[1], Feng Xiaodong[2], Wang Xiaoliang[2], Liu Hui[2], Peng Deliang[1][***]

(*State Key Laboratory for Biology of Plant Diseases and Insect Pests, Institute of Plant Protection, Chinese Academy of Agricultural Sciences, Beijing 100193, China;*
[2] *The National Agro-Tech Extension and Service Center, Beijing 100125, China*)

摘 要：马铃薯金线虫（*Globodera rostochiensis*）是国际公认的重要检疫性有害生物，目前已在云南、贵州、四川3省7县（市）发生危害，产区内多个种薯基地受到传播威胁。种植抗病品种仍然是其最具经济效益和生态效益的防治方法，筛选可直接用于马铃薯金线虫防控的现有主栽马铃薯品种对有效遏制金线虫的扩散蔓延具有重要意义，为该地区马铃薯金线虫应急防控、抗病品种合理布局和良种推广提供依据。本研究评估了西南混作区和北方一作区的35个马铃薯主栽品种以及138份育种材料对马铃薯金线虫的抗性。利用57R和TG689分子标记鉴定抗马铃薯金线虫 *H1* 基因，以β-胡萝卜素羟化酶基因的BCH分子标记为对照，结果表明8个主栽品种和35份育种材料含有 *H1* 抗性基因，其中包括全国种植面积排名前五的大西洋和冀张薯12号。而其他主栽品种，如青树9号、米拉、费乌瑞它、陇薯7号和陇薯10号等不含 *H1* 抗性基因。对12个主栽品种和25份育种材料进行盆栽接种，云薯202和中薯20两个品种及13份育种材料对马铃薯金线虫具有优良抗性，马铃薯金线虫基本不能在这些品种上繁殖。此外，金线虫刺激孵化及生活史观察分析发现，抗病品种云薯202可刺激马铃薯金线虫的孵化，但侵入根内的二龄幼虫不能发育为雌虫，表明该品种可作为诱捕作物。

关键词：马铃薯金线虫；抗性鉴定；育种资源；刺激孵化

---

[*] 基金项目：国家重点研发计划（2023YFD1400400）；国家自然科学基金（32072398）
[**] 第一作者：江如，博士研究生，从事植物线虫分子生物学研究，E-mail：jiangruby@126.com
[***] 通信作者：彭德良，研究员，从事植物线虫研究，E-mail：pengdeliang@caas.cn

四川省马铃薯主栽品种 *H1* 抗性基因筛选

于 清**，于敬文，余曦玥，赵津田，吴文翠，黄文坤***

（中国农业科学院植物保护研究所，植物病虫害综合治理全国重点实验室，北京 100193）

Screening of *H1* Resistance Genes in Major Potato Varieties in Sichuan Province*

Yu Qing**, Yu Jingwen, Yu Xiyue, Zhao Jintian, Wu Wencui, Huang Wenkun***

(*The State Key Laboratory for Biology of Plant Disease and Insect Pests, Institute of Plant Protection, Chinese Academy of Agricultural Sciences, Beijing 100193, China*)

摘 要：马铃薯是中国主要粮食作物之一，因其抗逆性高、适应性强、生长周期短、营养价值高等优点，在全国许多地区都有种植。马铃薯金线虫（*Globodera rostochiensis*）是马铃薯重要的寄生线虫，已被全球106个国家列为检疫性线虫，也是我国重要的入境检疫性线虫之一。马铃薯金线虫可导致马铃薯严重减产，危害农业经济发展。因此，开展马铃薯金线虫的防控和管理工作势在必行。而种植具有多个抗性基因的马铃薯品种是防控马铃薯金线虫最简便、安全、可持续的方法。*H1*抗性基因位于马铃薯5号染色体上，对马铃薯金线虫生理小种Ro1和Ro4表现出极强的抗性。本研究从30份四川省马铃薯主栽品种中提取DNA，用3种*H1*抗性分子标记筛选*H1*基因，最终筛选出1份携带该基因的样品。后续研究将针对携带抗性基因的品种进行抗病性鉴定及抗病机理研究，对保障马铃薯和粮食生产安全具有重要意义。

关键词：马铃薯；马铃薯金线虫；基因筛选；抗病性鉴定；抗病机理

---

* 基金项目：国家自然科学基金（32172382）；国家重点研发计划（2021YFC2600404）
** 第一作者：于清，硕士研究生，从事植物线虫综合防治技术研究，E-mail：yuqing08211994@163.com
*** 通信作者：黄文坤，研究员，从事植物与线虫互作机制研究，E-mail：wkhuang2002@163.com

象耳豆根结线虫 RNAi 致死基因筛选和 dsRNA 田间应用技术研发[*]

赵雨璇[1][**]，彭德良[1]，赵洪海[2]，彭 焕[1][***]

([1] 中国农业科学院植物保护研究所，植物病虫害综合治理全国重点实验室，北京 100193；
[2] 青岛农业大学，青岛 266109)

Screening of RNAi Lethal Genes in Meloidogyne Enterolobii and Development of dsRNA Field Application Technology[*]

Zhao Yuxuan[1][**], Peng Deliang[1], Zhao Honghai[2], Peng Huan[1][***]

([1] State Key Laboratory for Biology of Plant Diseases and Insect Pests, Institute of Plant Protection, Chinese Academy of Agricultural Sciences, Beijing 100193, China;
[2] Qingdao Agricultural University, Qingdao 266109, China)

摘 要：象耳豆根结线虫（*Meloidogyne enterolobii*）具有致病力强、寄主范围广，以及能克服 *Mi*、*N*、*RK* 等已知抗病基因的特性，对多种农作物造成了毁灭性的危害。在我国，随着保护地蔬菜种植面积的不断增加，象耳豆根结线虫逐渐由海南快速扩散到全国范围内，正逐渐演变为我国蔬菜生产中最重要的根结线虫。近年来，针对我国象耳豆根结线虫日益猖獗的紧迫现状，生产上亟需开发安全高效的防控新策略。

RNAi 技术对病虫害的防治机理是将外源 dsRNA 传递至有害靶标生物体内，可进一步将靶标基因沉默而使其失去功能，从而阻碍有害靶标生物的生长发育或使其死亡，以达到防治目的。其具有诱导基因沉默的特异性和高效性，在植物病虫害防控新策略中展现出巨大的发展潜力。本研究采用 RNAi 技术，研发根结线虫防控新技术，其结果将为象耳豆根结线虫的高效绿色防控提供新的策略。

以生物信息学分析及体外浸泡法对象耳豆根结线虫致死基因进行研究，筛选出 9 个对象耳豆根结线虫致死率在 70% 以上的致死基因。同时通过 eGFP dsRNA 浸泡秀丽隐杆线虫后其体内 GFP 荧光强度减弱，证明线虫可以将外源的 dsRNA 递送进线虫体内，从而干扰靶基因的表达。采用了细菌表达 dsRNA 的 RNA 干扰系统，将致死基因构建到 L4440 表达载体上，通过 HT115 菌株诱导表达 dsRNA 对靶基因进行 RNA 干扰，从而实现致死基因 dsRNA 的大量表达。

关键词：象耳豆根结线虫；基因沉默；生物防治

---

[*] 基金项目：国家重点研发项目（2023YFD1400400）
[**] 第一作者：赵雨璇，硕士研究生，从事植物线虫病害研究，E-mail：zhaoyuxuan0323@163.com
[***] 通信作者：彭焕，研究员，主要从事植物与线虫互作机制研究，E-mail：hpeng83@126.com

中国线虫学研究（第十卷）Nematology Research in China (Vol. 10)：69-70

四川省部分地方马铃薯品种对金线虫抗性分析*

马中泽[1,2]**，蔡 旭[1]，刘茂炎[1]***

([1]西昌学院，西昌 615013；[2]湖南农业大学植物保护学院，长沙 410128)

摘 要：马铃薯金线虫（*Globodera rostochiensis*）孢囊中的卵抗逆性很强，自然条件下能在土壤中长期存活；其可以通过水流、灌溉水和雨水传播，还容易随着种薯携带的病土进行远距离传播。因此，有必要对其进行严格的防控，其中利用抗性品种是最有效、安全的手段之一。国外已有很多关于抗金线虫马铃薯品种资源筛选的报道，俄罗斯北高加索山地农业研究所创建了稳定的品种和杂交组合，从原产于俄罗斯的 26 个品种中筛选出 9 个对马铃薯金线虫的致病性具有抗性的品种；美国俄勒冈州、爱达荷州和纽约州的实验室对 13 个无性繁殖系和 9 个杂交品种分别进行了评估，其中 5 个无性系繁殖品种对 3 种线虫（金线虫、白线虫和 *G. ellingtonae*）具有部分抗性，有 5 个杂交品种只对马铃薯金线虫有部分抗性。目前在国内西南地区已经逐步开展抗金线虫品种资源的筛选与鉴定，已筛选到部分含有国外已报道抗性基因的品种以及少量在田间具备抗性的品种。本研究采购了云南、贵州、四川、甘肃、湖北等马铃薯生产大省市面常见品种，对其进行金线虫抗性鉴定。结果表明，市面上采购的常见马铃薯品种普遍易感金线虫；在单株接种 3 000 个卵粒后，减产幅度在 20%~60%，减产率跟金线虫繁殖系数成正比；其中贵州白皮白肉马铃薯相对抗性最好，云南红皮黄心马铃薯、湖北黄皮黄肉马铃薯减产率在 50% 以上。我国很多地区都是马铃薯金线虫适生区（温带的低平原地区、热带的高海拔地区或沿海地区都比较适宜金线虫生长发育），所以除了在金线虫已报道区域要做好隔离和防控工作，在未发生区域也要充分引起重视，明确本地域主栽马铃薯品种的金线虫抗性以应对潜在的风险。

关键词：马铃薯品种；马铃薯金线虫；抗性鉴定；风险防控

Analysis of Resistance to *Globodera rostochiensis* in Some Local Potato Varieties*

Ma Zhongze[1,2]**, Cai Xu[1], Liu Maoyan[1]***

([1]*Xichang University*, *Xichang* 615013, *China*;
[2]*Plant Protection College of Hunan Agricultural University*, *Changsha* 410128, *China*)

---

* 基金项目：博士科研启动项目（YBZ202312）
** 作者简介：马中泽，硕士研究生，从事植物线虫学研究，E-mail：82559204@qq.com
*** 通信作者：刘茂炎，副教授，从事植物线虫学研究，E-mail：liu-mao-yan@foxmail.com

Abstract: The eggs in the cyst of the potato gold nematode (*Globodera rostochiensis*) have strong stress resistance and can survive in the soil for a long time under natural conditions; It can be spread through water flow, irrigation water, and rainwater, and is also easily spread over long distances with the diseased soil carried by the potato. Therefore, it is necessary to implement strict prevention and control measures, among which using resistant varieties is one of the most effective and safe means. There have been many reports abroad on the screening of potato varieties resistant to potato cyst nematode. The North Caucasus Mountain Agricultural Research Institute in Russia has created stable varieties and hybrid combinations, and selected 9 varieties with resistance to the pathogenicity of potato gold nematodes from 26 varieties originating in Russia; Laboratories in Oregon, Idaho, and New York evaluated 13 asexual reproduction lines and 9 hybrid varieties, respectively. Among them, 5 asexual reproduction varieties showed partial resistance to 3 nematodes (*G. rostochiensis*, *G. pallida*, and *G. ellingtonae*), while 5 hybrid varieties only showed partial resistance to *G. rostochiensis*. At present, screening and identification of resistance to nematodes have been gradually carried out in the southwestern region of China. Some varieties containing resistance genes reported abroad and a small number of varieties with resistance in the field have been screened. This study purchased common potato varieties from major potato producing provinces such as Yunnan, Guizhou, Sichuan, Gansu, and Hubei, and conducted resistance identification against *G. rostochiensis*. The results indicate that common potato varieties purchased on the market are generally susceptible to nematodes; After inoculating 3 000 eggs per plant, the reduction in yield ranges from 20% to 60%, and the reduction rate is directly proportional to the reproduction coefficient of the nematode; Among them, Guizhou white skinned and white meat potatoes have the best relative resistance, while Yunnan red skinned and yellow heart potatoes and Hubei yellow skinned and yellow meat potatoes have a yield reduction rate of over 50%. Many regions in our country are suitable for the growth and development of potato nematodes (temperate low plains, tropical high-altitude areas, or coastal areas are all suitable for potato gold nematode growth and development). Therefore, in addition to isolation and control measures in areas where the nematode has been reported, attention should also be paid to areas where nematodes have not occurred, and the resistance of local potato varieties to *G. rostochiensis* should be clarified to cope with potential risks.

Key words: Potato varieties; *Globodera rostochiensis*; Resistance identification; Risk prevention and control

寄主根系分泌物对马铃薯金线虫滞育的刺激作用机制

吴文翠[1]**，余曦玥[1]，于敬文[1]，于清[1]，陈敏[2]，
李永青[2]，刘雅琴[1]，赵津田[1]，黄文坤[1]***

([1]中国农业科学院植物保护研究所，植物病虫害综合治理全国重点实验室，北京 100193；
[2]云南省昭通市植保植检站，昭通 657009)

The Mechanism of Host Root Exudates Stimulating the Diapause of *Globodera rostochiensis*

Wu Wencui[1]**, Yu Xiyue[1], Yu Jingwen[1], Yu Qing[1], Chen Min[2],
Li Yongqing[2], Liu Yaqin[1], Zhao Jintian[1], Huang Wenkun[1]***

([1]*The State Key Laboratory for Biology of Plant Diseases and Insect Pests/Institute of Plant Protection, Chinese Academy of Agricultural Sciences, Beijing 100193, China;*
[2]*Plant protection and plant quarantine station of Yunnan province, Zhaotong 657009, China*)

摘 要：马铃薯是我国的主粮作物之一。马铃薯金线虫（*Globodera rostochiensis*）是马铃薯生产上危害最为严重的植物寄生线虫，一般造成30%的产量损失，在热带发病严重地区，产量损失高达80%~90%，甚至绝收。由于其危害严重性，包括我国在内的100多个国家将其列为重要检疫性有害生物。

除寄生植物外，马铃薯金线虫的生命周期还包括滞育和静止阶段。这种休眠阶段的线虫对外界环境的抵抗力更强，在不利环境下可以长期生存。研究表明，经寄主根系分泌物处理后，卵的形态学参数存在差异，纤维素酶的表达也有明显变化。通过对线虫滞育相关基因进行比较，挖掘马铃薯金线虫滞育相关基因，明确寄主根系分泌物对马铃薯金线虫滞育相关基因的影响，阐明寄主根系分泌物刺激马铃薯金线虫滞育的作用机制，对于更好地明确根系分泌物刺激孵化的作用方式，保障马铃薯生产安全具有重要理论价值。

关键词：马铃薯金线虫；根系分泌物；滞育

---

* 基金项目：国家自然科学基金（32172382）；国家重点研发计划（2021YFC2600404）
** 第一作者：吴文翠，硕士研究生，从事植物线虫综合防治技术研究，E-mail：13944457749@163.com
*** 通信作者：黄文坤，研究员，从事植物与线虫互作机制研究，E-mail：wkhuang2002@163.com

全新大豆孢囊线虫水平转移基因 *HGT1* 进化解析及其在线虫致病性作用机制的研究

刘倩男**，蔡译枭，王　靓，陈璐莹，黄佳佳，韩雅韬，郑经武，韩少杰***

（浙江大学农业与生物技术学院生物技术研究所，杭州　310058）

Evolutionary Analysis of Novel Horizontal Gene Transfer Gene *HGT1* in Soybean Cyst Nematodes and Its Role in Nematode Pathogenicity

Liu Qiannan**, Cai Yixiao, Wang Liang, Chen Luying, Huang Jiajia, Han Yatao, Zheng Jingwu, Han Shaojie***

(*Institute of Biotechnology, College of Agriculture and Biotechnology, Zhejiang University, Hangzhou 310058, China*)

摘　要：水平基因转移（HGT）是生物体间交换遗传物质的一种现象，对生物进化和适应性具有重要影响。HGT 被认为对包括孢囊线虫在内的植物寄生线虫的适应性和致病性进化提供了重要动力。本研究前期结合最新的 HGT 检测算法，发现了 601 个通过 HGT 获得的孢囊线虫基因。通过系统发育分析、功能聚类和表达谱分析，展示了这些 HGT 在孢囊线虫进化中的保守性以及在侵染寄主时的表达特异性。此外，对新发现的 *HGT1* 基因进行了初步功能研究，揭示了它在大豆孢囊线虫致病性中的关键作用，暗示这些基因在病原线虫生物学中具有全新的功能。利用基因过表达和 RNA 干扰技术，验证了 *HGT1* 基因在大豆孢囊线虫中的功能，明确了其与宿主植物抗性之间的关系。研究结果表明，*HGT1* 基因通过调控线虫致病性相关基因的表达，增强了大豆孢囊线虫的致病能力。本研究为理解大豆孢囊线虫的致病机制及其与宿主植物的相互作用提供了新的分子机制视角。

关键词：水平基因转移；大豆孢囊线虫；进化机制；致病性机制

---

* 基金项目：国家重点研发计划资助（2023YFD1400400）
** 第一作者：刘倩男，硕士研究生，从事大豆孢囊线虫抗性机制和大豆基因编辑技术研究，E-mail：lqn053@163.com
*** 通信作者：韩少杰，研究员，从事大豆孢囊线虫抗性机制和大豆新种质创制研究，E-mail：hanshaojie@zju.edu.cn

转录因子 OsNF-YC12 调控水稻抗拟禾本科根结线虫的分子机制

陈董, 赵微, 刘小庆, 李志勇, 杨姗姗

(广西大学农学院广西农业环境与农产品安全重点实验室，南宁 530004)

The Molecular Mechanism of Transcription Factor OsNF-YC12 Regulating Rice Resistance to *Meloidogyne graminicola*

Chen Dong, Zhao Wei, Liu Xiaoqing, Li Zhiyong, Yang Shanshan

(*Guangxi Key Laboratory of Agro-Environment and Agric-Products safety, College of Agriculture, Guangxi University, Nanning 530004, China*)

摘 要：水稻（*Oryza sativa* L.）是广西最重要的粮食作物，生长过程中受到病原物侵袭，其中拟禾本科根结线虫（*Meloidogyne graminicola*）严重影响水稻的产量及品质。研究水稻与 *M. graminicola* 的互作关系，挖掘和解析水稻抗病基因的功能是揭示其抗病分子机制的重要突破，对水稻抗线虫品种的筛选培育具有重要指导意义。

本研究用线虫 PAMP-Ascr#18 处理水稻，通过转录组测序、生信分析筛选出响应线虫侵染的 NF-YC 家族转录因子 OsNF-YC12。首先通过酵母自激活及亚细胞定位，验证其转录表达活性。随后构建 CRISPR/Cas9 敲除株系及过表达株系，通过线虫敏感性实验发现 OsNF-YC12 可以显著抑制水稻对线虫的敏感性。离体接种水稻细菌性条斑病，发现 OsNF-YC12 能减少水稻病斑产生，具有一定的广谱抗性。此外，OsNF-YC12 增强水稻抗病相关基因 *OsPR1a* 和 *OsPAL1* 的表达，并增加活性氧爆发、胼胝质产生。进一步研究发现 OsNF-YC12 与 OsZNT1、OsF-box1 蛋白互作，且与茉莉酸信号密切相关。该研究解析 OsNF-YC12 调控水稻抗线虫的分子机制，为水稻抗病品种的筛选培育提供理论依据，同时有利于众多农作物线虫病害的防治。

关键词：水稻；拟禾本科根结线虫；OsNF-YC12；茉莉酸

---

* 基金项目：国家自然科学基金（32202245）
** 第一作者：陈董, 硕士研究生, 从事植物线虫病害研究, E-mail: chendong2217392002@126.com
*** 通信作者：杨姗姗, 博士, 讲师, 从事植物线虫病害研究, E-mail: yangshanshan12@126.com

PHYB-PIF4 信号通路介导辣椒抗南方根结线虫分子机制初探

谢可盈[1*],易希[1,2*],廖烨[1],赵薇[1],廖红东[1**]

([1]湖南大学生物学院,长沙 410012;[2]湖南大学生物学院隆平分院,长沙 410125)

Preliminary Study on the Molecular Mechanism of PHYB-PIF4 Signal Pathway Mediated Resistance to *Meloidogyne incognita* in *Capsicum*

Xie Keying[1*], Yi Xi[1,2*], Liao Ye[1], Zhao Wei[1], Liao Hongdong[1**]

([1] College of Biology, Hunan University, Changsha 410012, China; [2] Longping Branch, College of Biology, Hunan University, Changsha 410125, China)

摘 要:根结线虫(*Meloidogyne* spp.)是一种重要的植物寄生线虫,可以危害多种农作物,造成严重的损失,是世界上最难防治的土传病原物之一,并随着我国设施农业的发展日趋严重,探索辣椒抗根结线虫分子机制将为辣椒根结线虫病的防治提供理论支持。

本研究首先从 *PHYB* 及 *PIF4* 的生物学功能着手,采用 VIGS 技术在辣椒中沉默相关基因,在接种南方根结线虫 7 d 时,统计分析南方根结线虫的侵染数目和发育状态。结果显示,沉默 *CaPHYB* 的辣椒植株中南方根结线虫数目显著多于对照植株,表明 *CaPHYB* 抑制南方根结线虫的侵染;而沉默 *CaPIF4* 的辣椒中南方根结线虫数目显著少于对照植株,表明 *CaPIF4* 促进南方根结线虫的侵染。在拟南芥中,红光处理会激活 *PHYB* 活性而降低 Col-0 的南方根结线虫敏感性,远红光处理会钝化 *PHYB* 活性而提高 Col-0 对南方根结线虫的敏感性,光敏色素 *PHYB* 基因的缺失提高了植物对南方根结线虫的敏感性,而 *PIF4* 缺失降低了植物对南方根结线虫的敏感性。

对影响根结线虫敏感性的常见防御基因进行分析,结果表明,*CaPHYB* 可以诱导辣椒中 *CaRBOHD*、*CaPR1*、*CaHSP70* 和 *CaMPK3* 的表达,而 *CaPIF4* 抑制了上述防御相关基因的表达。进一步分析辣椒 *CaPHYB*、*CaPIF4* 基因沉默株系在南方根结线虫侵染时根部活性氧含量的变化,结果表明,与对照株系相比,*CaPHYB* 沉默株系中根部活性氧含量以及 POD、APX 酶活显著减少,而 *CaPIF4* 沉默株系中根部活性氧含量以及 POD、APX 酶活显著增加。综上,本研究发现光敏色素 *PHYB* 可能负调控其下游互作

---

* 第一作者:谢可盈,硕士研究生,从事植物线虫病害研究,E-mail:keying_xie@hnu.edu.cn
  易希,硕士研究生,从事植物线虫病害研究,E-mail:XiY@hnu.edu.cn
** 通信作者:廖红东,教授,从事植物线虫病害研究,E-mail:liaohongdong@126.com

因子 *PIF4*，调控线虫侵染过程中活性氧爆发，进而影响南方根结线虫入侵辣椒的过程。本研究为深入解析 *CaPHYB-CaPIF4* 信号通路介导辣椒防御南方根结线虫的分子机制奠定了坚实基础。

关键词：光敏色素 *PHYB*；光敏色素相互作用因子 *PIF4*；辣椒；南方根结线虫；ROS

禾谷孢囊线虫效应蛋白 Ha34609 调控取食位点形成的机制研究*

坚晋卓**，张梦涵，赵雨璇，东 晔，黄文坤，
刘世名，孔令安，彭 焕**，彭德良***

（中国农业科学院植物保护研究所，植物病虫害综合治理全国重点实验室，北京 100193）

The Mechanism Research of Cereal Cyst Nematode Effector Ha34609 in Regulating the Formation of Feeding Sites*

Jian Jinzhuo**, Zhang Menghan, Zhao Yuxuan, Dong Ye, Huang Wenkun, Liu Shiming, Kong Ling'an, Peng Huan***, Peng Deliang***

(State Key Laboratory for Biology of Plant Diseases and Insect Pests, Institute of Plant Protection, Chinese Academy of Agricultural Sciences, Beijing 100193, China)

摘 要：禾谷孢囊线虫（*Heterodera avenae*）是小麦生产上的重要病原线虫，严重威胁我国粮食的安全生产，目前生产上依旧缺乏有效的防治措施。合胞体是孢囊线虫生活史的唯一营养来源，其有效建立和维持决定了线虫能否成功寄生。通过研究禾谷孢囊线虫的致病机制，尤其是对在线虫致病和合胞体形成过程中发挥关键作用的效应蛋白的研究，将为开发防控新技术提供重要的理论基础。前期研究表明，禾谷孢囊线虫效应蛋白 Ha34609 由线虫的亚腹食道腺细胞合成，定位于液泡膜，并在侵染后二龄幼虫中表达量最高；Ha34609 能与液泡膜水通道蛋白 TIP2 互作；RNAi Ha34609 小麦对线虫的侵染率和孢囊量分别减少了 77% 和 53%，并且形成的合胞体大小也显著减小了 55%。本研究采用异源表达和 RNAi 技术等，解析 Ha34609 在致病和调控合胞体形成中的分子机制；采用磷酸化检测和爪蟾卵母细胞表达系统，明确 Ha34609 对 TIP2 磷酸化和液泡水分运输的影响。国内外暂无小麦孢囊线虫效应蛋白调控合胞体形成的研究，其结果将深入解析孢囊线虫致病分子机制，为作物抗虫育种提供新思路，有望为全球粮食安全作出重要贡献。

关键词：禾谷孢囊线虫；效应蛋白；调控取食位点；异源表达；RNAi 技术

---

* 基金项目：国家重点研发计划（2023YFD1400400）；国家自然科学基金（31772142, 31571988）
** 第一作者：坚晋卓，博士后，从事植物线虫分子生物学研究，E-mail：jianjinzhuo@163.com
*** 通信作者：彭焕，研究员，从事植物寄生线虫研究，E-mail：hpeng@ippcaas.cn
彭德良，研究员，从事植物线虫研究，E-mail：pengdeliang@caas.cn

光信号转录因子 GmSTFs 调控大豆孢囊线虫侵染发育机理研究

吴波鸿[1]**，周　媛[1]，段玉玺[1]，陈立杰[1]，王媛媛[2]，刘晓宇[3]，
范海燕[1]，杨　宁[1]，朱晓峰[1]***

([1]沈阳农业大学植物保护学院，沈阳　110866；
[2]沈阳农业大学生命科学与技术学院，沈阳　110866；
[3]沈阳农业大学理学院，沈阳　110866)

Study on the Mechanism of Transcription Factor GmSTFs Regulating the Infection and Development of Soybean Cyst Nematode

Wu Bohong[1]**, Zhou Yuan[1], Duan Yuxi[1], Chen Lijie[1], Wang Yuanyuan[2],
Liu Xiaoyu[3], Fan Haiyan[1], Yang Ning[1], Zhu Xiaofeng[1]***

([1]*College of Plant Protection, Shenyang Agricultural University, Shenyang 110866, China;*
[2]*College of Bioscience and Biotechnology, Shenyang Agricultural University, Shenyang 110866, China;*
[3]*College of Science, Shenyang Agricultural University, Shenyang 110866, China*)

摘　要：大豆孢囊线虫病严重影响大豆的产量，每年因病害造成大豆生产损失约数十亿美元，目前最经济有效的防治方法是种植抗病品种，但新的抗性品种资源和抗性基因亟待开发。光作为植物生长发育重要的环境因素，能够影响病原物在植物体内的侵染和发育。在白光、蓝光、红光、黑暗 4 种光照条件下培养 William 82 并且接种大豆孢囊线虫（*Heterodera glycines*），发现地上部分照射白光、蓝光、红光的大豆植株，根中线虫侵染数量及发育情况均高于黑暗处理。其中照射蓝光的大豆根中孢囊数及成虫占线虫总数的比例高于其他光处理，说明蓝光能够促进线虫在植物根系中的发育。

拟南芥中 HY5 是位于光信号传导下游的核心转录因子，其负调控因子 COP1 能够使 HY5 泛素化降解。根据生物信息学分析，在大豆中发现了 4 个 HY5 的同源基因 *GmSTF1*、*GmSTF2*、*GmSTF3* 和 *GmSTF4*，2 个 COP1 同源基因 *Gm COP1a* 和 *Gm COP1b*。利用 K599 发

---

* 基金项目：国家重点研发计划（2023YFD1400400）；国家自然科学基金（32272499）；财政部和农业农村部"国家现代农业产业技术体系资助"（CARS-04-PS13）；国家寄生虫资源（NPRC-2019-194-30）

** 第一作者：吴波鸿，博士研究生，从事植物线虫学研究，E-mail：wbh123@stu.syau.edu.cn

*** 通信作者：朱晓峰，教授，从事植物线虫学研究，E-mail：syxf2000@syau.edu.cn

根农杆菌构建 *GmSTFs* 和 *Gm COP1s* 过表达植株并接种线虫，*GmSTFs-OE* 孢囊数及成虫占线虫总数的比例显著增加，*GmCOP1s* 孢囊数及成虫占线虫总数的比例显著降低。

利用 TRV 构建 *GmSTFs* 和 *GmCOP1s* 的 RNAi 植株并接种线虫。*GmSTFs-RNAi* 孢囊数及成虫占线虫总数的比例显著降低，*GmCOP1s-RNAi* 孢囊数及成虫占线虫总数的比例均显著增加。

使用酵母双杂交和双分子荧光互补技术检测 *GmSTF3/4* 是否可以与 *GmCOP1a* 和 *GmCOP1b* 发生互作。结果显示，*GmSTF3/4* 和 *GmCOP1a* 之间存在互作，但和 *GmCOP1b* 不存在互作关系。并且发生互作的位置位于细胞核。

关键词：大豆孢囊线虫；*GmSTFs*；*GmCOP1s*；转录因子

硫氧还蛋白调控植物免疫和病原寄生研究

于家荣*，张佳怡，曾 帅，胡 俊，胡文军，江雨玟，王 暄**

（南京农业大学，农作物生物灾害综合治理教育部重点实验室，南京 210095）

Study on the Regulation of Plant Immunity and Pathogen Parasitism by Thioredoxin

Yu Jiarong*, Zhang Jiayi, Zeng Shuai, Hu Jun, Hu Wenjun, Jiang Yuwen, Wang Xuan**

(Key Laboratory of Integrated Management of Crop Diseases and Pests, Ministry of Education, Nanjing Agricultural University, Nanjing 210095, China)

摘 要：根结线虫（Meloidogyne spp.）严重危害农作物的产量和品质，是一类破坏力极强的植物寄生线虫。根结线虫在寄生过程中利用分泌的效应子抑制植物免疫，促进寄生，与此同时，植物利用不同蛋白增强抗性、抵御病原侵染的功能。

硫氧还蛋白（Thioredoxins，Trxs）是一类广泛存在于生物体内的多功能酸性蛋白，通过氧化还原调控，参与多个细胞生物学过程。本文利用 TRV 介导的基因沉默技术，探究了烟草 NbCITRX 基因的表达对于植物基础免疫、病原侵染及线虫寄生的影响，结果表明：沉默烟草的 NbCITRX 基因后，flg22 激发的 PTI 相关基因表达与对照相比显著下调，胼胝质沉积也明显减少，证实该基因能够正向调控寄主基础免疫；进一步通过病原接种试验发现：沉默 NbCITRX 基因后，病原菌灰葡萄孢和辣椒疫霉在烟草叶片上的病斑比野生型对照分别增加了 27.2% 和 15.9%，而南方根结线虫形成的根结、雌虫和卵块比对照分别增加了 13.5%、15.6%、21.1%，均与对照差异显著。上述结果表明烟草硫氧还蛋白 NbCITRX 正向调控植物免疫，抑制不同病原侵染。

关键词：硫氧还蛋白；基因沉默；植物免疫；根结线虫

---

* 第一作者：于家荣，博士研究生，从事植物线虫病害研究，E-mail：786365782@qq.com
** 通信作者：王暄，教授，从事植物线虫学研究，E-mail：xuanwang@njau.edu.cn

水稻根结线虫感病相关基因克隆及功能研究

于敬文[1]**,余曦玥[1],邓丽芬[2],李忠彩[2],邓龙飞[2],于 清[1],
赵津田[1],吴文翠[1],刘雅琴[1],黄文坤[1]***

([1] 中国农业科学院植物保护研究所,植物病虫害综合治理国家重点研究室,北京 100193;
[2] 湖南省汉寿县农业农村局,汉寿 415900)

Gene Cloning and Functional Research of the Susceptible Gene Against Rice Root-knot Nematode

Yu Jingwen[1]**, Yu Xiyue[1], Deng Lifen[2], Li Zhongcai[2], Deng Longfei[2], Yu Qing[1], Zhao Jintian[1], Wu Wencui[1], Liu Yaqin[1], Huang Wenkun[1]***

([1] The State Key Laboratory for Biology of Plant Diseases and Insect Pests, Institute of Plant Protection, Chinese Academy of Agricultural Sciences, Beijing 100193, China; [2] Hanshou Bureau of Agriculture and Rural Affairs, Hunan Province, Hanshou 415900, China)

摘 要:拟禾本科根结线虫(*Meloidogyne graminicola*)是严重影响水稻产量的植物寄生线虫之一,每年造成水稻产量损失20%~80%,已成为制约中国及亚洲地区水稻产量的重大问题。目前对拟禾本科根结线虫的研究主要集中在发生规律和防控技术等方面,因其寄主范围广泛,危害隐蔽,加之现有水稻抗病品种少,抗性基因研究不深入,极大地限制了抗性品种的育种和应用。

通过全基因组关联分析,筛选到一个位于水稻7号染色体的区段与拟禾本科根结线虫抗性相关。结合转录组分析选取了该区段中的 *OsThil* 基因进行功能验证。利用CRISPR/Cas9技术对水稻 *OsThil* 基因进行敲除后,水稻对根结线虫的抗性增强,超表达 *OsThil* 基因水稻对根结线虫的易感性增加,表明 *OsThil* 基因是一个负调控水稻根结线虫抗性的基因。深入研究该基因负调控水稻根结线虫抗性的作用机制,对于更好地培育水稻根结线虫抗病品种、保障水稻和粮食生产安全具有重要意义。

关键词:水稻根结线虫;*OsThil* 基因;基因负调控;抗性筛选

---

* 基金项目:国家自然科学基金(32172382);国家重点研发计划(2021YFC2600404)
** 第一作者:于敬文,博士研究生,从事植物线虫致病机制研究,E-mail:Jingwenyu1996@163.com
*** 通信作者:黄文坤,研究员,从事植物线虫致病机理及防控技术研究,E-mail:wkhuang2002@163.com

菲利普孢囊线虫效应子 HfVAP 的功能分析及与寄主的互作机制研究[*]

张瀛东[**]，彭　焕，江　如，彭德良[***]

（中国农业科学院植物保护研究所，植物病虫害综合治理全国重点实验室，北京　100193）

The Function of *Heterodera filipjevi* Effector HfVAP and its Pathogenic Mechanism during Infection[*]

Zhang Yingdong[**], Peng Huan, Jiang Ru, Peng Deliang[***]

(*State Key Laboratory for Biology of Plant Diseases and Insect Pests, Institute of Plant Protection, Chinese Academy of Agricultural Sciences, Beijing　100193, China*)

摘　要：小麦是人类最重要的粮食作物和营养来源之一。在能够侵染禾谷作物的线虫中，全球公认的最常见的是禾谷孢囊线虫（*Heterodera avenae*）和菲利普孢囊线虫（*Heterodera filipjevi*），二者均能够影响小麦的产量和品质。线虫的效应蛋白类毒液过敏原蛋白（venom allergen-like protein，VAP）在植物寄生线虫侵染寄主过程中均发挥重要作用。本研究克隆得到了 3 个 *H. filipjevi* 的 VAP 基因 *HfVAP1*、*HfVAP2* 和 *HfVAP3*，其中 *HfVAP1* 和 *HfVAP2* 具有分泌活性，且三者均能够抑制 BAX 诱导的细胞死亡，并均在 *H. filipjevi* 的亚腹食道腺中大量表达。此外，通过酵母双杂交对 HfVAP 在小麦中的互作蛋白进行筛选，并进一步采用 Y2H、LCI 和 GST-pull down 的实验方法验证了 *HfVAP1*、*HfVAP2* 能够与小麦的过氧化氢酶 TaCAT 相互作用。在小麦中突变 *TaCAT* 后接种线虫发现，线虫侵染促进 *TaCAT* 突变体小麦中活性氧通路基因和抗病相关基因的表达，从而增强对 *H. filipjevi* 的抗性。同时研究发现，*HfVAP1*、*HfVAP2* 能够增强 TaCAT 的过氧化氢酶活性，且 *HfVAP2* 能够促进 TaCAT 在小麦中的蛋白累积。综上，本研究证明 *H. filipjevi* 的效应蛋白 *HfVAP1* 和 *HfVAP2* 通过靶标寄主小麦的 TaCAT，影响寄主免疫反应促进线虫侵染，解析了效应蛋白在线虫侵染寄主过程中的致病机理。

关键词：菲利普孢囊线虫；效应子

---

[*] 基金项目：国家重点研发计划"作物重大线虫病灾变规律与可持续防控技术研究"（2023YFD1400400）；中国农业科学院农业科技创新工程（ASTIP-2-15）

[**] 第一作者：张瀛东，博士研究生，从事植物线虫分子生物学研究，E-mail：zhangyingdong26@163.com

[***] 通信作者：彭德良，研究员，从事植物线虫研究，E-mail：pengdeliang@caas.cn

基于 CRISPR/Cas9 技术的抗根结线虫拟南芥 *AtDMR6* 突变体的创建[*]

曹雨晴[**]，陈顾然，黄春晖，陈又琳，李芷君，林柏荣，卓　侃[***]

(华南农业大学植物保护学院，广州　510642)

Construction of *AtDMR6* Mutants in Arabidopsis Conferring Enhanced Resistance to Root-knot Nematode Based on CRISPR/Cas9 Technology[*]

Cao Yuqing[**], Chen Guran, Huang Chunhui, Chen Youlin, Li Zhijun, Lin Borong, Zhuo Kan[***]

(College of Plant Protection, South China Agricultural University, Guangzhou　510642, China)

摘　要：拟禾本科根结线虫（*Meloidogyne graminicola*）是一种重要的植物寄生线虫，对农作物生产造成严重危害。它能寄生模式植物拟南芥，利用拟南芥筛选与拟禾本科根结线虫寄生相关的感病基因并进一步研究其感病机制，可为今后利用感病基因培育抗线虫品种提供理论基础和新靶标。

本研究通过基因表达、CRISPR/Cas9 技术和线虫接种等技术研究拟南芥 *AtDMR6* 基因在线虫寄生中的作用。结果如下：qRT-PCR 检测发现拟南芥 *AtDMR6* 基因在拟禾本科根结线虫侵染后 7 d 表达量约提高 2 倍；通过 CRISPR/Cas 技术敲除 *AtDMR6* 基因，获得 2 个 *AtDMR6* 编码区发生移码突变的拟南芥纯合突变系；相比于野生型拟南芥，*AtDMR6* 拟南芥突变株根系长度没有显著变化，但对拟禾本科根结线虫的抗病性显著提高，根结数、雌虫数和线虫虫数分别下降了 33%~55%、51%~60% 和 31%~52%。

综上，本研究表明拟南芥感病基因 *AtDMR6* 是拟禾本科根结线虫的感病基因，敲除该基因可获得无缺陷表型的抗线虫拟南芥。

关键词：拟南芥；拟禾本科根结线虫；基因敲除；*AtDMR6*

---

[*] 基金项目：国家重点研发项目 "作物重大线虫病灾变规律与可持防控技术研究"（2023YFD1400400）

[**] 第一作者：曹雨晴，博士研究生，从事植物线虫学研究，E-mail：cauyuqing22@163.com

[***] 通信作者：卓侃，教授，从事植物线虫学研究，E-mail：zhuokan@scau.edu.cn

在拟禾本科根结线虫侵染前期水稻根系蔗糖的纵向供给受到差异调控

杨利洁[1,2]**，许立鹤[1,2]**，余　鹏[1,2]**，肖炎农[2]，肖雪琼[1,2]，彭德良[3]，王高峰[1,2]***

([1]华中农业大学农业微生物资源发掘与利用全国重点实验室，武汉　430070；
[2]华中农业大学作物病害监测和安全控制湖北省重点实验室，武汉　430070；
[3]中国农业科学院植物保护研究所，北京　100193)

Differential Regulation of the Longitudinal Sucrose Supply to Rice Roots at Early Stages of *Meloidogyne graminicola* Parasitism*

Yang Lijie[1,2]**, Xu Lihe[1,2]**, Yu Peng[1,2]**, Xiao Yannong[1,2], Xiao Xueqiong[1,2], Peng Deliang[3], Wang Gaofeng[1,2]***

([1]*State Key Laboratory of Agricultural Microbiology, Huazhong Agricultural University, Wuhan　430070, China*; [2]*Key Laboratory of Plant Pathology of Hubei Province, College of Plant Science & Technology, Huazhong Agricultural University, Wuhan　430070*; [3]*State Key Laboratory for Biology of Plant Diseases and Insect Pests, Institute of Plant Protection, Chinese Academy of Agricultural Science, Beijing　100193, China*)

摘　要：拟禾本科根结线虫（*Meloidogyne graminicola*）是水稻上的重要土传病原线虫，可侵染水稻根系并导致产量损失。近年来，拟禾本科根结线虫在我国的危害逐渐扩大，威胁水稻生产安全。实验室前期研究发现，确保光合产物蔗糖向水稻根系的纵向供给是该线虫寄生水稻的关键因素之一，并揭示了水稻根韧皮部的蔗糖通过胞间连丝向该线虫取食位点供给的机制。然而，拟禾本科根结线虫对水稻根系中蔗糖纵向供给的调控作用及其机制尚不清楚。为解析这一机制，本研究以水稻和拟禾本科根结线虫为互作系统，采用 GC-MS 技术和蔗糖纳米传感器分析技术，评价了拟禾本科根结线虫侵染在不同时期对水稻不同组织中蔗糖含量或总糖含量的影响。研究发现，在接种线虫 1 d 后（1 dpi），与未接种线虫的水稻苗相比，水稻根中的总糖含量和叶鞘韧皮部的蔗糖含量均减少，而叶组织中蔗糖含量增加。这表明，在 1 dpi 时水稻叶组织中蔗糖的韧皮部加载受到抑制，从而导致叶鞘韧皮部蔗糖含量和根部蔗糖供给量的减少。在 3 dpi，线虫显著提高了水稻根中的总糖含量和根韧皮部的蔗糖含量，

---

* 基金项目：国家自然科学基金面上项目"拟禾本科根结线虫侵染水稻根系中蔗糖供给量改变的分子机制研究"（32272493）

** 第一作者：杨利洁、许立鹤、余鹏，硕士研究生，主要从事水稻与线虫互作机制研究

*** 通信作者：王高峰，副教授，主要从事植物线虫致病机理及绿色防控技术，E-mail：jksgo@mail.hzau.edu.cn

但叶鞘韧皮部的蔗糖含量无显著变化。这表明地上部蔗糖在经水稻基部茎节向根系纵向供给时发生了正向调控。进一步研究发现，线虫侵染提高了水稻基部茎节膨大维管系统中的蔗糖含量，但未改变弥散维管系统中的蔗糖含量。这表明在 3 dpi 时，拟禾本科根结线虫通过调控蔗糖在水稻基部茎节膨大维管系统和弥散维管系统中的极性分布，从而正向调控水稻地上部蔗糖向根部的纵向供给。在 7 dpi 和 14 dpi，拟禾本科根结线虫侵染对水稻根系蔗糖供给则无显著影响。综上所述，本研究揭示了拟禾本科根结线虫在侵染前期（1 dpi 和 3 dpi）调控水稻根部蔗糖的纵向供给及发生调控作用的组织部位。这一发现为进一步解析拟禾本科根结线虫调控水稻根系蔗糖供给的分子机制奠定了基础。

关键词：根结线虫；蔗糖运输与分配；水稻基部茎节

福建省山药重要病原线虫种类形态与分子鉴定

潘 静*，黄泓晶，侯翔宇，彭永毅，
肖 顺，程 曦，刘国坤**

（福建农林大学生物农药与化学生物学教育部重点实验室，福州 350002）

The Morphological and Molecular Identification of the Major Economical Nematodes of Yam in Fujian Province

Pan Jing*, Huang Hongjing, Hou Xiangyu, Peng Yongyi,
Xiao Shun, Cheng Xi, Liu Guokun**

(*Key Laboratory of Biopesticide and Chemical Biology*, *Ministry of Education*,
Fujian Agriculture and Forestry University, *Fuzhou* 350002, *China*)

摘 要：福建省是我国南方山药种植的主要产地之一，有多种地方山药品种。由于多年连作栽培，山药地下块茎发生坏死、腐烂现象较为普遍，产量和品质受到严重影响。为明确病因，作者对福建省山药上的线虫种类进行了样本采集、症状观察，通过形态学鉴定，同时结合线虫的rDNA-ITS区、28SD2-D3区序列及其系统发育树构建、特异性引物扩增等分子生物学手段鉴定，明确3种病原线虫是造成福建省山药坏死或腐烂的重要病因，分别为南方根结线虫（*Meloidogyne incognita*）、咖啡根腐线虫（*Pratylenchus coffeae*）、肾形肾状线虫（*Rotylenchulus reniformis*）。本研究明确了福建省山药重要病原线虫及引起症状特点，为福建山药线虫病的鉴别及防控提供了科学依据。

关键词：山药；根腐；病原线虫；形态鉴定；分子鉴定

---

* 第一作者：潘静，硕士研究生，从事植物病原线虫研究，E-mail：2018416315@qq.com
** 通信作者：刘国坤，教授，从事植物病原线虫研究，E-mail：liuguok@126.com

不同甘薯品种对南方根结线虫的抗性*

李秀花**，高 波，马 娟，王容燕，陈书龙

(河北省农林科学院植物保护研究所，农业农村部华北北部作物有害生物综合治理重点实验室，河北省农业有害生物综合防治技术创新中心，河北省作物有害生物综合防治国际科技联合研究中心，保定 071000)

The Resistance of Different Sweet Potato Varieties (lines) to *Meloidogyne incognita**

Li Xiuhua**, Gao Bo, Ma Juan, Wang Rongyan, Chen Shulong

(*Plant Protection Institute, Hebei Academy of Agriculture and Forestry Sciences/ Key Laboratory of Integrated Pest Management on Crops in Northern Region of North China, Ministry of Agriculture and Rural Affairs, China/ IPM Innovation Center of Hebei Province/ International Science and Technology Joint Research Center on IPM of Hebei Province, Baoding 071000, China*)

摘 要：南方根结线虫 (*Meloidogyne incognita*)，是重要的农业植物寄生线虫种类之一，在北方主要在保护地造成危害。近年随着气候变化、种植制度的变革，在河北省已逐渐扩张至陆地。甘薯是河北重要的粮食作物，陆地覆膜种植。近年在生产上经常发现南方根结线虫的危害，并造成一定的经济损失。鉴于我国关于甘薯品种对根结线虫的抗性未见报道，测定生产上甘薯主推品种对根结线虫的抗性，可为控制南方根结线虫对甘薯的危害提供技术与理论支撑。

在7月甘薯生长季节，采集长约20 cm长的茎段，背阴晾晒12~24 h后，扦插于直径8 cm的小钵内，缓苗10 d，然后在距离苗茎2 cm处分散打4个小孔，孔深约5~6 cm，每株接种2 mL含800条二龄幼虫的线虫悬浮液，每个品种（系）接种10株，重复3次。在人工气候室内培养，温度 (26±1)℃、相对湿度60%~80%，光照10 h，正常管理。接种55 d后调查病情级别，并计算病情指数 (DI)。按《马铃薯抗南方根结线虫病鉴定技术规程》分级标准进行分级，评价标准为：$DI = 0$，免疫 (IM)；$0 < DI \leq 10$，高抗 (HR)；$10 < DI \leq 30$，抗病 (R)；$30 < DI \leq 60$，感病 (S)；$DI > 60$，高感 (HS)。

测定生产上34个甘薯品种（系）(201品系、宝鸡1477、冀薯98、冀元1号、冀元2号、冀粉2号、冀粉3号、龙薯9号、宁紫4号、秦薯11、秦薯12、秦薯5号、秦紫6号、

---

* 基金项目：国家甘薯产业技术体系 (CARS-10)；河北省农林科学院科技创新专项 (2022KJCXZX-ZBS-5)
** 第一作者：李秀花，副研究员，从事线虫学研究，E-mail：lixiuhua727@163.com

商薯103、商薯20、商薯21、商薯22、商薯26、皖苏38、烟薯25、郑红22、冀紫3号、冀薯7号、冀薯8号、冀薯9号、白玉、澳洲紫白、玛莎利、商薯19、徐薯24、济薯26、普薯32、徐薯18、北京553）对南方根结线虫的抗性，结果表明：3个品种表现高抗，分别为商薯21、普薯32、济薯26；5个品种表现为抗病，分别为冀粉2号、宁紫4号、郑红22、玛莎莉、冀粉3号；其他品种为感病或高感品种，在高感品种中秦紫6号、宝鸡1477、烟薯25、商薯20最为敏感。

关键词：南方根结线虫；抗病性；甘薯；品种

甘肃省红芪孢囊线虫病病原鉴定

邢晓芳[1]**，刘永刚[2]，周 晨[1]，王亚玲[1]，刘变变[1]，李惠霞[1]***

（[1]甘肃农业大学植物保护学院，甘肃省农作物病虫害生物防治工程实验室，兰州 730070；
[2]甘肃省农业科学院植物保护研究所，兰州 730070）

Pathogen Identification of Astragalus Nematodes, Gansu Province

Xing Xiaofang[1]**, Liu Yonggang[2], Zhou Chen[1], Wang Yaling[1], Liu Bianbian[1], Li Huixia[1]***

([1]College of Plant Protection, Gansu Agricultural University, Biocontrol Engineering Laboratory of Crop Diseases and Pests of Gansu province, Lanzhou 730070, China; [2]Institute of Plant Protection, Gansu Academy of Agricultural Sciences, Lanzhou 730070, China)

摘 要：红芪为豆科植物多序岩黄芪（*Hedysarum polybotrys*），多年生草本植物，是甘肃特有的道地药材，具有很高的经济价值。近年来，由于农业产业结构的调整，加之栽培方式不合理等原因，药材病虫害频发，严重影响红芪的经济效益。本课题组于 2023 年 12 月对甘肃省陇南市红芪病害进行调查，发现红芪根系上须根增多，且出现大量白雌虫。采用简易漂浮法从根际土样分离得到线虫雌虫和孢囊，运用形态学和分子生物学相结合的方法进行种类鉴定。研究发现该孢囊呈梨形或柠檬形，颜色浅褐色至深褐色，阴门锥下方有较多明显的长形泡状突，具有双半膜孔，两膜孔间有发育良好的下桥，卵长椭圆形，卵壳光滑透明。二龄幼虫唇区缢缩，口针细长，尾圆锥形，透明尾明显。采用线虫 ITS-rDNA 通用引物TW81/AB28 对该孢囊线虫二龄幼虫 DNA 扩增，并将扩增产物进行测序。结果显示该孢囊线虫群体 ITS-rDNA 序列与大豆孢囊线虫（GenBank 登录号 HM560787、MG845030 等）相似度为99.78% ~ 99.89%，在系统发育树中形成独立的进化枝，置信度为 99%。利用 28S-rDNA D2/D3 区段通用引物 D2A/D3B 扩增红芪孢囊线虫群体线虫 DNA，28S-rDNA D2/D3 序列与大豆孢囊线虫（GenBank 登录号 MN736411）相似度为 100.00%，在系统发育树中形成独立的进化分支，置信度为 100%。综上，结合形态学和分子生物学，将危害红芪的孢囊线虫鉴定为大豆孢囊线虫（*Heterodera glycines*）。将该孢囊线虫接种于盆栽大豆品种中，可观察到红芪孢囊

---

* 基金项目：国家自然科学基金（32260654）
** 第一作者：邢晓芳，硕士研究生，从事植物线虫学基础研究，E-mail：1026837862@qq.com
*** 通信作者：李惠霞，教授，从事植物线虫分类及线虫病害综合防治技术研究，E-mail：lihx@gsau.edu.cn

线虫侵染大豆根系中并在室内完成生活史，完成一代所需要的时间约为 32 d。本研究首次发现大豆孢囊线虫可以侵染红芪，这将有助于解决红芪产量下降等问题，建议相关部门应采取相应的防治措施阻止其传播蔓延，从而创造更多的经济价值。
关键词：红芪；孢囊线虫；生活史

广西石蒜源生物碱对南方根结线虫的防治作用*

刘峥嵘[1]**，覃丽萍[2]，黄金玲[2]，陆秀红[2]***，吴海燕[1]***

([1]广西大学，南宁 530004；[2]广西壮族自治区农业科学院植物保护研究所，
农业农村部华南果蔬绿色防控重点实验室，广西作物病虫害生物学重点实验室，南宁 530007)

Effects of Alkaloids from *Lycoris guangxiensis* on *Meloidogyne incognita**

Liu Zhengrong[1]**, Qin Liping[2], Huang Jinling[2], Lu Xiuhong[2]***, Wu Haiyan[1]***

([1]*Guangxi University*, *Nanning* 530004, *China*;
[2]*Institute of Plant Protection*, *Guangxi Academy of Agricultural Sciences*/
South China Key Laboratory for Green Prevention and Control of Fruits and Vegetables, *Ministry of Agriculture and Rural Affairs*/
Guangxi Key Laboratory of Crop Disease and Pest Biology, *Nanning* 530007, *China*)

摘 要：根结线虫（*Meloidogyne* spp.）是一种重要的植物寄生线虫，能够侵害全球3 000多种植物，尤其对蔬菜类作物危害巨大。众多种类的杀线虫剂中低毒环保的剂型越来越受人们的重视。拥有良好生物活性的植物次生代谢物，往往可以作为有机合成化学农药的替代品。本文研究了广西当地种植的18种植物提取物或精油对南方根结线虫的室内毒杀作用，从中筛选出5种对南方根结线虫（*Meloidogyne incognita*）二龄幼虫具有较强毒杀作用的提取物或精油，其中活性最强的是广西石蒜（*Lycoris guangxiensis*），其提取物的LC_{50}为3.209‰。对广西石蒜提取物进一步分析发现，其所含生物碱浓度为37.25‰，所含8种生物碱中最重要的石蒜碱对南方根结线虫二龄幼虫具有很好的毒杀作用，其LC_{50}为116.01 μg/mL。盆栽试验证实，同等用量石蒜碱对根结线虫的防效与阿维菌素及苦参碱相当，石蒜碱施药量0.5 mg/株、1 mg/株和2 mg/株的处理组，相对防治效果分别达到了36.70%、38.78%和59.13%。

关键词：石蒜；石蒜碱；根结线虫；植物源杀线剂

---

* 基金项目：广西科技重大专项（桂科 AA22036001）；广西农业科学院基本科研业务专项（桂农科2021YT062）；广西作物病虫害生物学重点实验室项目（22-035-31-23ST05）
** 第一作者：刘峥嵘，硕士研究生，从事植物线虫研究，E-mail：triceps@163.com
*** 通信作者：陆秀红，博士，研究员，从事植物线虫综合防控技术研究，E-mail：447597587@qq.com
　　　　　　吴海燕，博士，教授，从事植物线虫综合防控技术研究，E-mail：wuhy@gxu.edu.cn

拟禾本科根结线虫种群密度与旱稻产量损失的关系*

肖卿艳[1]**，张露[1]，阳祝红[1]，彭德良[2]，叶姗[1]，丁中[1]***

（[1]湖南农业大学植物保护学院，长沙 410128；
[2]中国农业科学院植物保护研究所，植物病虫害综合治理国家重点研究室，北京 100193）

Relationships Between Population Densities of *Meloidogyne graminicola* and Yield Loss of Upland Rice*

Xiao Qingyan[1]**, Zhang Lu[1], Yang Zhuhong[1], Peng Deliang[2], Ye Shan[1], Ding Zhong[1]***

([1]*College of Plant Protection, Hunan Agricultural University, Changsha 410128, China;*
[2]*State Key Laboratory for Biology of Plant Diseases and Insect Pests, Institute of Plant Protection, Chinese Academy of Agricultural Sciences, Beijing 100193, China*)

摘 要：为明确土壤中拟禾本科根结线虫（*Meloidogyne graminicola*）初始种群密度与旱稻产量损失的关系，通过室外网室盆栽试验，在旱种旱管模式下测定了土壤不同初始种群密度对旱稻产量和线虫繁殖的影响。研究结果表明，在 2~200 个卵和二龄幼虫/100 cm^3 土的初始种群密度下，旱稻根长、根重、株高、分蘖数、穗长、千粒重和单盆谷粒重与土壤线虫初始种群密度呈极显著负相关，符合一元回归方程；旱稻产量随着土壤初始种群密度的增加，其损失率增加，在初始密度为 2 个卵和二龄幼虫/100 cm^3 土时，旱稻产量损失率为 28.4%，接种密度为 200 个卵和二龄幼虫/100 cm^3 土时，损失率最大，为 67.8%；随着线虫初始种群密度的增加，线虫的繁殖系数呈现降低的趋势。利用 Seinhorst 模型，初始线虫种群密度与相对产量的关系式为 $Y=0.24+0.76(0.3252)^{(P_i)}$。在旱种旱管模式下，拟禾本科根结线虫在 2~200 个卵和二龄幼虫/100 cm^3 土的初始种群密度下与旱稻产量损失呈极显著正相关，拟禾本科根结线虫对旱稻的危害风险性高。

关键词：拟禾本科根结线虫；初始种群密度；旱稻；产量损失；繁殖系数

---

* 基金项目：国家重点研发计划"作物重大线虫病灾变机制与可持续防控技术研究"（2023YFD14000400）
** 第一作者：肖卿艳，硕士研究生，研究方向为植物病理学，E-mail：2339789099@qq.com
*** 通信作者：丁中，教授，主要从事植物线虫学研究，E-mail：dingzh@hunau.net

长春地区大豆孢囊线虫种群发生动态规律初探*

陈伟鸿[1,2]**，李　英[1]，欧师琪[1]***，史树森[1]，彭　焕[2]，彭德良[2]

（[1]吉林农业大学植物保护学院，长春　130118；
[2]中国农业科学院植物保护研究所，植物病虫害
综合治理全国重点实验室，北京　100193）

摘　要：通过 2018—2023 年对吉林省长春市吉林农业大学大豆试验中心大豆轮作地（玉豆轮茬）和连作地小区进行土壤样品的采集，进行大豆孢囊线虫种群动态的研究。五点取样法采集大豆根系，通过染色法判断根部大豆孢囊线虫侵染时期，镜检并计数，每隔 7~10 d 采集 1 次。分析温湿度等环境因素与大豆孢囊线虫种群动态变化间的关系。结果表明：在吉林农业大学大豆试验中心无论连作地还是轮作地大豆孢囊线虫一年均可完成 3 代。连作地的 J2 和孢囊数量均高于轮作地，轮作地在大豆整个生长季中土壤 SCN 的 J2 和孢囊数量都保持较低的水平。连作地和轮作地土壤中卵孵化有 5 个高峰，分别出现在 4 月末、6 月末、7 月中旬、9 月中旬；土壤 SCN 的 J2 在 5 月 15 日左右出现第 1 次入侵高峰，然后是 7 月 10 日左右和 8 月 24 日左右，J2 侵入适宜温度 12~28 ℃，最适温度为 15~20 ℃，降水量在 25~120 mm。根内 J2、J3 和 J4 均出现 3 次高峰，J2 的第 2 次高峰与 J3 和 J4 第 1 次高峰均出现在 7 月 10 日左右，表明第 1 代与第 2 代世代重叠明显。可见长春地区 SCN 存在世代重叠现象，轮作不仅压低土壤中孢囊数量，孢囊内的 J2 幼虫孵化率和根内侵染量也较低，说明孢囊内残余卵的生命活力较弱，其具体原因有待进一步探究。

关键词：大豆孢囊线虫；种群动态；耕作方式；玉豆轮作

Study on the Pathogen of Maize Dwarf Disease in Jilin Province*

Chen Weihong[1,2]**, Li Ying[1], Ou Shiqi[1]***, Shi Shusen[1], Peng Huan[2], Peng Deliang[2]

（[1]College of Plant Protection, Jilin Agricultural University, Changchun　130118, China;
[2]Plant pests and diseases, Institute of Plant Protection, Chinese Academy of Agricultural Sciences
State Key Laboratory of Physics, Beijing　100193, China）

Abstract: Soil samples were collected from soybean rotation fields (soybean and maize rotation) and continuous cropping plots in the soybean Experimental Center of Jilin Agricultural University in

---

* 基金项目：国家重点研发计划"作物重大线虫病灾变机制与可持续防控技术研究"（2023YFD14000400）
** 第一作者：陈伟鸿，硕士研究生，从事植物病原线虫学研究，E-mail：1970548037@qq.com
*** 通信作者：欧师琪，副教授，从事植物病原线虫研究，E-mail：jlccosq@126.com

Changchun, Jilin Province from 2018 to 2023 to study the population dynamics of soybean cyst nematodes. The roots of soybean were collected by five-point sampling method, and the infection period of soybean cyst nematodes in the roots was determined by staining method, examined and counted by microscopy, and collected every 7 to 10 days. The relationship between environmental factors such as temperature and humidity and the dynamic change of soybean cyst nematode population was analyzed. The results showed that three generations of soybean cyst nematodes could be completed each year in the soybean experimental center of Jilin Agricultural University in both continuous cropping and rotation cropping fields. The number of J2 and cyst in soil SCN in continuous cropping field was higher than that in rotation field, and the level of J2 and cyst in soil SCN in rotation field remained low during the whole growing season of soybean. There were 5 peaks of egg hatching in soil of continuous cropping and rotation cropping, which occurred in late April, late June, mid-July and mid-September respectively. The first invasion peak of J2 in soil SCN occurred around May 15, followed by around July 10 and August 24. The optimum temperature of J2 intrusion was 12~28 ℃, the optimum temperature was 15~20 ℃, and the rainfall was 25~120 mm. There were three peaks in J2, J3 and J4, and the second peak of J2 and the first peak of J3 and J4 appeared around July 10, indicating that the first generation and the second generation overlapped significantly. It can be seen that generation overlap exists in SCN in Changchun area. Crop rotation not only reduces the number of cysts in soil, but also reduces the hatching rate of infective J2 in cysts, indicating that the viability of residual eggs in cysts were weak, and the specific reasons for this need to be further explored.

Key words: Soybean cyst nematode; Population dynamics; Farming methods; Soybean and maize rotation

玉米孢囊线虫 LAMP 检测技术开发*

李荣超**，王姿涵，刘晓凯，张凯硕，范亚亚，崔江宽***

（河南农业大学植物保护学院，郑州　450002）

Study on LAMP Detection Technology of *Heterodera zeae**

Li Rongchao**, Wang Zihan, Liu Xiaokai, Zhang Kaishuo, Fan Yaya, Cui Jiangkuan***

（*College of Plant Protection*, *Henan Agricultural University*, *Zhengzhou*　450002, *China*）

摘　要：玉米孢囊线虫（*Heterodera zeae*）主要危害禾本科作物，侵染玉米的根部，影响玉米植株的正常生长发育，造成玉米的产量和品质下降。玉米孢囊线虫目前已在我国广西、河南、四川等地报道发生。笔者收集 14 个玉米孢囊线虫及其近缘属种群作为材料，选取 13 条含有 10 个碱基的随机引物，采用 RAPD 技术对供试线虫进行多态性分析，筛选出玉米孢囊线虫特异性 RAPD 片段，并转化为环介导等温扩增引物（Loop-mediated isothermal amplification，LAMP）。通过对 RAPD 标记进行比对，发现随机引物能在玉米孢囊线虫基因组中扩增出一条 800 bp 的条带。根据引物序列，采用 https://primerexplorer.jp/进行引物设计，特异性检测结果表明，仅在玉米孢囊线虫群体中可以扩增出阶梯状条带，在其他线虫群体（菲利普孢囊线虫、禾谷孢囊线虫、大豆孢囊线虫、旱稻孢囊线虫、甜菜孢囊线虫、咖啡短体线虫、斯克里布纳短体线虫、桑尼短体线虫、南方根结线虫、北方根结线虫、花生根结线虫、爪哇根结线虫）中均没有扩增出目的条带。对该线虫检测技术进行灵敏度测试，结果表明该检测体系对玉米孢囊线虫和单个幼虫均较高灵敏度，检出值不低于 1/1 000 个孢囊和 1/1 000 条二龄幼虫。本研究开发的玉米孢囊线虫 LAMP 快速检测技术，对玉米孢囊线虫具有良好的特异性，对孢囊和二龄幼虫均具有灵敏的检测能力，检测方法准确、方便、快捷。

关键词：玉米；玉米孢囊线虫；环介导等温扩增

---

* 基金项目：国家自然科学基金（31801717）；河南省高等教育教学改革研究与实践项目（2024SJGLX 1090）

** 第一作者：李荣超，硕士研究生，从事植物线虫学研究，E-mail: rchli0805@163.com

*** 通信作者：崔江宽，副教授，主要从事植物与线虫互作机制研究，E-mail: jk_cui@163.com

马尾松根际细菌 DP2-30 的鉴定及其防治松材线虫病机理研究*

叶雯华，Waqar Ahmed，刘松松，潘继东，周 舜，季文霞，王福生，王 燕，王新荣**

(华南农业大学植物保护学院，广州 510642)

Study on Elucidating the Biocontrol Potential of *Luteibacter pinisoli* DP2-30 from Rhizosphere of *Pinus massoniana* Against Pine Wilt Disease Caused by *Bursaphelenchus xylophilus**

Ye Wenhua, Waqar Ahmed, Liu Songsong, Pan Jidong, Zhou Shun,
Ji Wenxia, Wang Fusheng, Wang Yan, Wang Xinrong**

(*College of Plant Protection, South China Agricultural University, Guangzhou 510642, China*)

摘 要：松材线虫病是由松材线虫引起的世界性森林病害，对我国森林的生态安全危害严重。生物防治符合生态安全要求，是亟待开发的松材线虫病防控技术。本研究通过对抗松材线虫病桐棉马尾松根际细菌的分离和纯化，测定菌株对松材线虫杀线活性。通过苗期灌根发酵液及微生物组分析，研究了 DP2-30 对松材线虫病的防治效果及防治的基本机理，为松材线虫病的生物防治提供基础。主要研究结果如下。

从抗松材线虫病马尾松根际土壤中分离出细菌 63 株，通过浸渍法筛选出 10 株细菌的发酵滤液具有杀松材线虫活性。经复筛后选出一株具有高效杀线虫活性的菌株 DP2-30。菌株 DP2-30 发酵滤液处理松材线虫 48 h 校正死亡率为 95.21%，其浸渍处理 36 h，对松材线虫卵孵化率和抑制率分别为 41.17%、49.38%。对 2 年生马尾松苗灌根发酵液 50 mL，10 d 后嫩梢表皮划伤接种法接入松材线虫。在 45 d 后，与对照组相比，发酵液对松材线虫病的防治效果为 62.5%。对苗期试验处理 45 d 后的马尾松进行微生物组分析。发现健康马尾松根部细菌菌落物种丰富度显著高于茎部，患病马尾松的细菌菌落物种丰富度显著低于健康马尾松。在菌株 DP2-30 发酵液灌根处理的马尾松中，菌株 DP2-30 增强了罗丹诺杆菌科 (Rhodanobacteraceae) 丰度，使其具有显著优势，成为马尾松内生菌的优势菌群。

关键词：松材线虫病；微生物组；马尾松；杀线虫机理；*Luteibacter pinisoli*

---

* 基金项目：国家林草局重点研发项目 (GLM〔2021〕)
** 通信作者：王新荣，教授，E-mail：xinrongw@scau.edu.cn

产黄青霉（*Penicillium chrysogenum*）Snef1216 诱导大豆抗孢囊线虫研究*

李元杰[1]**，夏诗宁[1]，王涵雨[1]，战晓泉[1]，姜佳玥[1]，
张广业[1]，刘淑梅[1]，王 惠[1]***，段玉玺[2]***

([1]沈阳农业大学生物科学技术学院，沈阳 110866；
[2]沈阳农业大学植物保护学院，沈阳 110866)

Study on the Mechanism of *Penicillium chrysogenum* Snef1216 Induced Soybean Resistant Soybean Cyst Nematode

Li Yuanjie[1]**, Xia Shining[1], Wang Hanyu[1], Zhan Xiaoquan[1], Jiang Jiayue[1],
Zhang Guangye[1], Liu Shumei[1], Wang Hui[1]*, Duan Yuxi[2]***

([1]*Shenyang Agricultural University, College of Bioscience and Biotechnology,
Shenyang 110866, China*; [2]*Shenyang Agricultural University,
College of Plant Protection, Shenyang 110866, China*)

摘 要：大豆 [*Glycine max* (L.) Merr.] 是我国重要的粮食作物之一。大豆孢囊线虫（*Heterodera glycines*, soybean cyst nematode, SCN）病是大豆上最严重的病害，我国的东北、黄淮海地区深受其害，对大豆产量造成了严重影响。大豆孢囊线虫二龄幼虫（J2）从根尖处侵入根部，在大豆幼根内寄生生活，造成组织损伤，导致植株矮小，产量下降。由于杀线虫剂的使用对环境造成污染，大量杀线剂现已鲜有使用。近年来使用微生物防治大豆孢囊线虫的方法已有大量报道，利用微生物防治大豆孢囊线虫是一种经济有效的防治策略。

植物在遭受病原菌感染时，通过一些重要的分子调控途径应对病原菌的侵染，如植物诱导抗性，可显著提高植物的防御能力。细胞壁是植物抵御外来病原菌侵染的重要物理屏障。线虫侵染大豆的过程中，通过调控细胞壁抗性抵御线虫侵染。木质素广泛存在于输导组织、木质化等组织的细胞壁中，在抵御生物和非生物胁迫方面发挥重要作用。实验室前期研究发现微紫青霉 Snef1650 提高了木质素合成过程中 CAD 表达含量，大豆抗线能力增强。

线虫侵染寄主时，木质素合成途径关键酶基因的相对表达量出现显著响应。肉桂酰辅酶A 还原酶（*CCR*）参与木质素合成下游途径，可催化还原 6 种羟基肉桂酸的 CoA 酯。*CCR* 对木质素的合成进行调控，而其他酶可以协同、辅助调控木质素的生物合成。在拟南芥、玉米、烟草、高粱等植物中已成功分离纯化出 *CCR*，证实其参与了木质素代谢途径和次生代

---

* 基金项目：国家重点研发计划项目（2023YFD1400404）
** 第一作者：李元杰，硕士研究生，从事生物化学与分子生物学研究，E-mail：2396457446@qq.com
*** 通信作者：王惠，博士，副教授，从事植物线虫学研究，E-mail：wanghui@syau.edu.cn
段玉玺，博士，教授，从事植物线虫学研究，E-mail：duanyx6407@163.com

谢途径，*CCR* 通过调控木质素通路响应生物和非生物胁迫。

产黄青霉（*Penicillium chrysogenum*）Snef1216 为本实验室前期大田试验筛选出来对线虫具有高毒杀作用的生防真菌。为了探究 Snef1216 诱导大豆抗 SCN 的具体作用机制，通过抑卵、触杀和裂根试验探究 Snef1216 诱导大豆抗孢囊线虫的效果；通过实时荧光定量 PCR 和亚细胞定位探究木质素合成关键酶肉桂酰辅酶 A 还原酶（*CCR*）在线虫侵染下的表达变化及定位。研究发现，所有 Snef1216 浓度（10%、25%、50%、75%和 100%）均能抑制虫卵的孵化，其中发酵原液分别对虫卵孵化和 J2 有显著的抑卵孵化作用和触杀作用。裂根试验表明 Snef1216 发酵液能够显著降低线虫侵染量。间苯三酚木质素染色表明，Snef1216 诱导了木质素参与 SCN 胁迫，染色部分更加明显。木质素含量测定发现经 Snef1216 处理后木质素含量上升。qPCR 显示 *GmCCR* 在线虫侵染 20 dpi 时表达量显著增加，亚细胞定位表明 *GmCCR* 表达产物定位在细胞核上。试验结果表明，SCN 胁迫下 Snef1216 通过诱导木质素合成抵御线虫侵染。因此，利用微生物防治线虫被认为是一种很有前景的防治策略，不仅对环境无污染，也达到可持续发展的目的。

关键词：产黄青霉；大豆孢囊线虫；微紫青霉 Snef1650；诱导抗性

桔绿木霉 Snef1910 生产杀线虫活性物质 TAA 代谢调控研究*

朱启义[1,2]**，高 婧[1]**，范海燕[1,2]，朱晓峰[1,2]，王媛媛[1,3]，赵 迪[1,4]，
杨 宁[1,2]，刘晓宇[1,5]，段玉玺[1,2]，陈立杰[1,2]***

([1] 沈阳农业大学北方线虫研究所，沈阳 110866；[2] 沈阳农业大学植物保护学院，沈阳 110866；
[3] 沈阳农业大学生物科学技术学院，沈阳 110866；[4] 沈阳农业大学分析测试中心，沈阳 110866；
[5] 沈阳农业大学理学院，沈阳 110866)

Metabolic Regulation of the Production of Nematicide Active Substance TAA by *Trichoderma citrinoviride* Snef1910*

Zhu Qiyi[1,2]**, Gao Jing[1]**, Fan Haiyan[1,2], Zhu Xiaofeng[1,2], Wang Yuanyuan[1,3],
Zhao Di[1,4], Yang Ning[1,2], Liu Xiaoyu[1,5], Duan Yuxi[1,2], Chen Lijie[1,2]***

([1] *Nematology Institute of Northern China, Shenyang Agricultural University, Shenyang 110866, China*; [2] *College of Plant Protection, Shenyang Agricultural University, Shenyang 110866, China*; [3] *College of Biological Science and Technology, Shenyang Agricultural University, Shenyang 110866, China*; [4] *Analytical Test Center, Shenyang Agricultural University, Shenyang 110866, China*; [5] *College of Sciences, Shenyang Agricultural University, Shenyang 110866, China*)

摘 要：木霉属真菌作为植物病害生物防治主要微生物资源之一，具有多种生防机制而广泛应用于植物寄生线虫病害防控。桔绿木霉 Snef1910（*Trichoderma citrinoviride*）是本课题组前期筛选并保存的高效杀线虫活性的生防菌株，同时通过物理和化学诱变获得一株对南方根结线虫毒性较低的突变株 C9。

本研究以筛选和调控桔绿木霉 Snef1910 发酵上清液中对南方根结线虫具有优异活性的代谢产物为目的，通过试验取得以下研究结果：①通过非靶向代谢组学对两株菌发酵上清液代谢物分析，注释到 2 290 个代谢物，其中差异代谢物 1 106 个，羧酸及其衍生物的差异化合物占比最多，部分有机酸标准品在低浓度条件下对南方根结线虫二龄幼虫具有优异毒性，其中反式乌头酸（TAA）毒杀活性最好，LC_{50} 为 243.4 mg/L；②HPLC 对 Snef910 发酵上清液中 TAA 定量结果显示，Snef1910 能分泌浓度为 12.08 mg/L 的 TAA，推测 Snef1910 具有合

---

* 基金项目：国家自然科学基金（32372481）；国家重点研发计划（2023YFD1400400）；财政部和农业农村部："国家现代农业产业技术体系资助"（CARS-04-PS13）；国家寄生虫资源（NPRC-2019-194-30）
** 第一作者：朱启义，博士研究生，从事植物线虫病害研究，E-mail：2022200155@stu.syau.edu.cn
高婧，硕士研究生，从事植物病理学研究，E-mail：2020220504@stu.syau.edu.cn
*** 通信作者：陈立杰，教授，从事植物线虫病害研究，E-mail：chenlj-0210@syau.edu.cn

成和分泌 TAA 的内源代谢途径。首先通过同源重组敲除顺式乌头酸脱羧酶基因 *TC2220*，消除衣康酸与反式乌头酸对底物顺式乌头酸的竞争抑制，TAA 的产量提升 20.86 mg/L，同时增强反式乌头酸异构酶 *TC1380* 表达，TAA 产量提高 2.88 倍，浓度达 34.81 mg/L，其发酵上清液对南方根结线虫的毒性提升 45.52%。研究表明转运蛋白及 TAA 合成前体积累对微生物生产 TAA 至关重要，Snef1910 中 TAA 的转运系统调控是否能获得更高 TAA 产量还需要进一步研究。

关键词：南方根结线虫；桔绿木霉；TAA；代谢调控

一株对马铃薯腐烂茎线虫具强致病力的掘氏梅里霉菌株

高 波, 马 娟, 李秀花, 王容燕, 陈书龙

(河北省农林科学院植物保护研究所,农业农村部华北北部作物有害生物综合治理重点实验室,
河北省农业有害生物综合防治技术创新中心,河北省作物有害生物
综合防治国际科技联合研究中心,保定 071000)

A Strain of *Drechslera* sp. with Strong Pathogenicity to *Ditylenchus destructor*

Gao Bo, Ma Juan, Li Xiuhua, Wang Rongyan, Chen Shulong

(*Plant Protection Institute of Hebei Academy of Agriculture and Forestry Sciences,
Key Laboratory of Integrated Pest Management on Crops in Northern Region of North China,
Ministry of Agriculture and Rural Affairs, P. R. China, IPM Innovation Center of Hebei Province,
International Science and Technology Joint Research Center on
IPM of Hebei Province, Baoding 071000, China*)

摘 要：马铃薯腐烂茎线虫（*Ditylenchus destructor*）是甘薯和马铃薯上的一种重要的迁移性植物内寄生线虫，也是国内外重要的检疫性线虫，严重制约着我国甘薯和马铃薯产业的健康发展。随着环保意识的提升和可持续发展目标的明确，生物农药作为一种绿色防控手段，正受到越来越多科研人员和农业生产者的青睐。目前，国内外研究者在利用植物提取物、生防细菌、食线虫真菌等防治马铃薯腐烂茎线虫方面进行了一些有益的尝试，但在生产上缺乏有效的生物防控产品与生防技术应用案例。尤其在利用寄生性真菌防治马铃薯腐烂茎线虫方面缺乏报道与应用。本研究从土壤中分离获得了一株定名为 NE-01 的新菌株，并通过形态学和分子生物学方法对该菌株进行了鉴定，形态学观察显示：NE-01 在 PDA 培养基上培养 4 周后，菌落呈奶白色，隆起，表面致密短绒毛状，背面为淡棕色或棕褐色，有色素渗透，扩散圈较大；菌落与培养基结合紧密，边缘培养基稍微下陷，平均生长速率为 0.923 mm（菌落直径）/d。显微镜下观察到该菌株分生孢子梗直立，瓶梗单生、对生或轮状排列于分生孢子梗或侧枝的端部，分生孢子单孢，橡实形，聚成头状，大小为（3.5~4.5）μm×（1.5~2）μm；瓶梗烧瓶状，基部膨大，长 12.5~15 μm。分子生物学鉴定结果显示：该菌株的 *rDNA-ITS*、*EF-1α*、*nrSSU* 和 *nrLSU* 4 个基因的 Blastn 比对结果及系统发育分析结果均

---

* 基金项目：国家甘薯产业技术体系（CARS-10）；河北省农林科学院科技创新专项（2022KJCXZX-ZBS5）；国家重点研发计划（2023YFD1400400）
** 第一作者：高波，副研究员，从事植物线虫学研究，E-mail: gaobo89@163.com
*** 通信作者：陈书龙，研究员，从事植物线虫学研究，E-mail: chenshulong65@163.com

将 NE-01 菌株归到了掘氏梅里霉属（*Drechmeria*）。最终结合形态学和分子生物学结果确认 NE-01菌株为掘氏梅里霉属的一个新种。以该菌株分生孢子悬浮液处理马铃薯腐烂茎线虫，7 d 的死亡率达到 90%以上，盆栽和田间试验结果显示该菌株的平均防效可达 72%和 64%，说明该菌株对马铃薯腐烂茎线虫具有较高的致病力，具有开发为生物农药的潜力。该生防菌的发现，将为新型生物农药的开发奠定基础，对马铃薯腐烂茎线虫的绿色防控，粮食安全、农产品质量安全以及农田生态安全均具有重要的意义。

关键词：马铃薯腐烂茎线虫；掘氏梅里霉；生防菌；生物农药

一株巨大普里斯特氏菌对拟禾本科根结线虫防治研究

叶 姗**，张若榆，阳祝红，丁 中***

（湖南农业大学植物保护学院，长沙 410128）

Study on the Control Effect of a *Priestia megaterium* YB-5 Against *Meloidogyne graminicola*

Ye Shan**, Zhang Ruoyu, Yang Zhuhong, Ding Zhong***

(*College of Plant Protection, Hunan Agricultural University, Changsha 410128, China*)

摘 要：当今，根结线虫病害严重影响粮食作物的生产，化学农药的过度使用对粮食安全与生态环境造成不良影响。为减少农业生产对化学农药的依赖，保护生态环境，生物防治逐渐在防治根结线虫方面发挥越来越重要的作用。本实验室前期从水稻根际土壤筛选出一株生防菌株YB-5，本文对该菌株杀线虫防效和功能进行相关研究。室内直接触杀法实验显示YB-5发酵上清液对拟禾本科根结线虫（*Meloidogyne graminicola*）具有显著毒杀活性。处理24 h 后，2×和5×发酵稀释液中线虫死亡率达到96.3%以上，10×稀释液中线虫死亡率为86.4%；处理48 h 后，2×稀释液中线虫死亡率为100.0%，10×稀释液中线虫死亡率为93.3%。同时温室盆栽结果显示2×稀释发酵液可显著减少水稻根结数，对拟禾本科根结线虫防治效果达到49.02%。二隔皿实验显示YB-5发酵液挥发物对拟禾本科根结线虫J2具有显著熏蒸活性，挥发物处理线虫48 h 后可达90.5%的致死率。双层盆栽结果显示菌株YB-5发酵液挥发物显著激活水稻根部抗病相关防御酶活性，并提高防御关键基因 *PR1a*、*WRKY45* 和 *JaMYB* 的表达量，从而提高水稻诱导抗性抵御根结线虫的侵染。经16S rRNA 和 *gryB* 基因序列联合分析鉴定，YB-5号菌为巨大普里斯特氏菌（*Priestia megaterium*）。结果显示YB-5对防控拟禾本科根结线虫具有良好的应用潜力。

关键词：生防菌；巨大普里斯特氏菌；根结线虫；生物防治

---

* 基金项目：国家自然科学基金（32001879）；国家重点研发项目（2023YFD1400400）
** 第一作者：叶姗，讲师，从事植物线虫和线虫生防资源研究，E-mail：yeshan@hunau.edu.cn
*** 通信作者：丁中，教授，从事植物线虫研究，E-mail：dingzh@hunau.net

枯草芽孢杆菌 ZWZ-19 对腐烂茎线虫的熏杀效果和酶活影响[*]

杨 帆[1**],赵远征[2],王 东[1***],周洪友[1***]

(^{1}内蒙古农业大学园艺与植物保护学院,呼和浩特 010018;
^{2}内蒙古自治区农牧业科学院植物保护研究所,呼和浩特 010031)

Effect of *Bacillus subtilis* ZWZ-19 on *Ditylenchus destructor* Fumigation Efficacy and Enzyme Activity[*]

Yang Fan[1**], Zhao Yuanzheng[2], Wang Dong[1***], Zhou Hongyou[1***]

(^{1}*Collage of Horticulture and Plant Protection*, *Inner Mongolia Agricultural University*, *Hohhot* 010018, *China*; ^{2}*Institute of Plant Protection*, *Inner Mongolia Academy of Agricultural & Animal Sciences*, *Hohhot* 010031, *China*)

摘 要:腐烂茎线虫(*Ditylenchus destructor*)是国际上公认的植物检疫性线虫,已知寄主多达 120 多种,在我国主要危害马铃薯和甘薯,可导致马铃薯减产 20%~50%,严重时可致马铃薯绝收,近年来腐烂茎线虫在我国呈现扩增的趋势,且在生产实践中缺乏有效的防治措施。枯草芽孢杆菌由于其广谱、低毒对环境友好的特点,受到广泛关注。本研究采用实验室前期筛选出来对腐烂茎线虫具有良好防治效果的菌株(枯草芽孢杆菌 ZWZ-19),探究其对腐烂茎线虫熏杀活性和主要酶活的影响,结果发现枯草芽孢杆菌 ZWZ-19 对腐烂茎线虫的 24 h 和 48 h 的熏杀致死率分别为 44.41% 和 62.06%,在酶活测定试验中,对腐烂茎线虫分别熏蒸处理 2 h、4 h、6 h、8 h、10 h,结果发现熏蒸过程中造成腐烂茎线虫 MDA 含量逐渐升高,抑制了 GST、AChE、POD 和 CAT 活性,促进了 CarE 和 SOD 的活性,结果表明菌株 ZWZ-19 对腐烂茎线虫有着较强的熏杀活性,且熏蒸过程中抑制了腐烂茎线虫神经、解毒以及抗氧化相关酶的活性。

关键词:枯草芽孢杆菌;腐烂茎线虫;熏蒸;酶活

---

[*] 基金项目:国家自然科学基金(32360697);内蒙古自治区重点研发项目(2023YFHH0087)
[**] 第一作者:杨帆,硕士研究生,从事植物线虫研究,E-mail:1330214926@qq.com
[***] 通信作者:王东,副教授,从事植物线虫研究,E-mail:wangdong19852008@163.com
　　　周洪友,教授,从事有害生物综合防治研究,E-mail:hongyouzhou2002@aliyun.com

坚粘孢亚隔指孢中毒力因子 *DHXT1* 功能的研究*

文兴福**，史婷婷，张亚琪，王思涵，向春梅，赵沛基***

（云南大学生物资源保护与利用国家重点实验室，昆明 650500）

Function of *Dactylellina haptotyla* Toxicity Factor *DHXT1**

Wen Xingfu**, Shi Tingting, Zhang Yaqi, Wang Sihan,
Xiang Chunmei, Zhao Peiji***

(*State Key Laboratory for Conservation and Utilization of Bio-Resources in Yunnan, School of Life Sciences, Yunnan University, Kunming 650500, China*)

摘　要：荚膜相关蛋白 10 基因（*CAP10*）对新型隐球菌（*Cryptococcus neoformans*）荚膜形成和毒力维持至关重要。然而，*CAP10* 基因在捕食线虫真菌中的功能尚未见报道。作为一种典型的捕食线虫真菌，坚粘孢亚隔指孢（*Dactylellina haptotyla*）能使用粘球有效地捕杀线虫，在植物寄生线虫的生物防治中具有潜在的应用价值。本研究通过对 *DHXT1* 的敲除和过表达、表型分析和代谢组学分析，发现 *DHXT1* 基因的敲除会导致捕器的数量明显减少；相反，*DHXT1* 基因的过量表达会导致捕器的数量大幅增加。有趣的是，代谢物的种类会随着 *DHXT1* 基因的缺失和过量表达而相应增加和减少。结果表明，*DHXT1* 通过参与捕器的形成和代谢物的合成从而影响菌株的致病性，是坚粘孢亚隔指孢的一个重要的毒力因子。

关键词：坚粘孢亚隔指孢；线虫；捕器；致病因子

---

* 基金项目：国家重点研发项目（2023YFD1400400）
** 第一作者：文兴福，硕士研究生，主要从事微生物生物防治，E-mail：wenxingfu0925@163.com
*** 通信作者：赵沛基，研究员，从事微生物代谢及生物防治研究，E-mail：pjzhao@ynu.edu.cn

解淀粉芽孢杆菌 Sneb709 生物膜形成能力相关基因的鉴定[*]

李思瑶[1][**]，陈立杰[1]，朱晓峰[1]，王媛媛[2]，杨 宁[1]，赵 迪[3]，
刘晓宇[4]，段玉玺[1]，范海燕[1][***]

([1]沈阳农业大学植物保护学院，沈阳 110866；[2]沈阳农业大学生命科学与技术学院，沈阳 110866；
[3]沈阳农业大学分析测试中心，沈阳 110866；[4]沈阳农业大学理学院，沈阳 110866)

Ldentification of Genes Related to the Biofilm-forming Ability of *Bacillus amyloliquefaciens* Sneb709 [*]

Li Siyao[1][**], Chen Lijie[1], Zhu Xiaofeng[1], Wang Yuanyuan[2], Yang Ning[1], Zhao Di[3],
Liu Xiaoyu[4], Duan Yuxi[1], Fan Haiyan[1][***]

(*[1]College of Plant Protection, Shenyang Agricultural University, Shenyang 110866, China;
[2]College of Bioscience and Biotechnology, Shenyang Agricultural University,
Shenyang 110866, China; [3]Analytical and Testing Center, Shenyang Agricultural University,
Shenyang 110866, China; [4]College of Science, Shenyang Agricultural University,
Shenyang 110866, China*)

摘 要：解淀粉芽孢杆菌（*Bacillus amyloliquefaciens*）具有生长快、易培养、抗逆性强等特点，是生防微生物的重要组成部分。近年来，国内外学者在解淀粉芽孢杆菌防治植物病害方面开展了一系列的研究，已有越来越多的解淀粉芽孢杆菌菌株被广泛应用于农业生产中。生物膜是细菌存在于自然界生物体或非生物体表面的一种重要形态。细菌可通过生物膜状态利用生物膜基质中的胞外聚合物（EPS）等使其获得竞争性优势。生防细菌的生物膜形成能力与菌株的定殖能力密切相关并进一步影响其发挥生防功能。研究菌株生物膜形成能力相关基因及其功能，有助于明确生防菌的定殖机制及生防作用机理。解淀粉芽孢杆菌 Sneb709 是本实验室从番茄上分离纯化得到的一株有益芽孢杆菌，在室内和田间条件下对番茄根结线虫病具有明显的防治效果，在番茄植株上有较稳定的定殖能力，已完成基因组测序，应用前景广阔。为了深入研究影响解淀粉芽孢杆菌 Sneb709 生物膜形成能力的基因，解析其调控生物膜形成的机制，本实验室前期成功构建了 Sneb709 Tn*YLB*-1 转座子随机插入突变体库。本研究以前期筛选获得的生物膜形成能力显著降低的突变体为基础材料，通过随机插入突变体的验

---

[*] 基金项目：中国博士后科学基金特别资助（站中）项目（2022T150442）；中国博士后科学基金面上（2021M692234）；国家自然科学基金面上项目（32372481）
[**] 第一作者：李思瑶，硕士研究生，植物线虫学研究，E-mail：1244500585@qq.com
[***] 通信作者：范海燕，副教授，研究方向为植物线虫学和植物病害生物防治，E-mail：fanhaiyan2017@syau.edu.cn

证、反向 PCR 和测序分析等生物学技术，鉴定转座子插入位点即解淀粉芽孢杆菌 Sneb709 中影响生物膜形成能力的候选基因。实验结果表明，转座子的插入位点分别位于 8 个基因中，其中参与氨基酸和无机离子转运与代谢的基因 3 个、响应调节剂 3 个、催化因子 1 个、sigma 重要调节因子 1 个。上述候选基因在解淀粉芽孢杆菌 Sneb709 生物膜形成中的作用还需要通过基因敲除和功能互补等技术手段结合生物膜表型检测等试验进行验证。本研究结果有助于解析解淀粉芽孢杆菌 Sneb709 生物膜形成途径，为深入研究该菌株的定殖奠定基础。

关键词：解淀粉芽孢杆菌；生物膜；基因

解有机磷细菌的分离及对根结线虫的抑制作用*

覃丽萍**，周 焰，黄金玲，李红芳，陆秀红***

（广西壮族自治区农业科学院植物保护研究所，农业农村部华南果蔬绿色
防控重点实验室，广西作物病虫害生物学重点实验室，南宁 530007）

Isolation of Organophosphate-solubilizing Bacteria and Its Inhibitory Effect on Root-knot Nematodes*

Qin Liping**, Zhou Yan, Huang Jinling, Li Hongfang, Lu Xiuhong***

(*Plant Protection Research Institute, Guangxi Academy of Agricultural Science/
Key Laboratory of Green Prevention and Control on Fruits and Vegetables in South China
Ministry of Agriculture and Rural Affairs/Guangxi Key Laboratory of Biology
for Crop Diseases and Insect Pests, Nanning 530007, China*)

摘 要：植物寄生线虫是农作物的重要病原物之一，目前的防治措施以施用化学杀线剂为主。在我国，化学杀线剂40%以上是有机磷农药，而有机磷农药的有效利用率仅有30%左右，绝大多数在环境中残留或在生物体中累积，破坏生态环境和危害人体健康。利用解磷微生物降解有机磷农药是治理有机磷农药污染的一种安全、有效的方法。解磷微生物中以解磷细菌所占的比重最大，在促进植物的生长、防治病虫害等方面发挥着积极作用。收集、利用解磷能力强且具杀线作用的细菌可同时达到消除有机磷残留和防治病虫害的目的。本文采用改良的NBRIP培养基通过溶磷圈法从火龙果根围土中分离解有机磷细菌，获得3株具有降解有机磷能力的菌株T_13、T_1B5、T_23。测定3株菌株菌体悬浮液对根结线虫二龄幼虫的致死作用，结果显示：T_23菌液处理48 h后二龄幼虫的校正死亡率最高，为50.10%；T_13和T_1B5菌液处理72 h后二龄幼虫的校正死亡率最高，分别为44.29%和16.21%。说明解磷细菌在防治线虫方面具有一定的潜力，值得进一步研究探讨。

关键词：解磷细菌；农药残留；根结线虫

---

* 基金项目：广西科技重大专项（桂科 AA22036001）；广西农业科学院基本科研业务专项（桂农科 2021YT062）；广西作物病虫害生物学重点实验室项目（22-035-31-23ST05）
** 第一作者：覃丽萍，副研究员，主要从事植物线虫病生物防治研究，E-mail: qlp961003@163.com
*** 通信作者：陆秀红，博士，研究员，从事植物线虫综合防控技术研究，E-mail: 447597587@qq.com

桔绿木霉 Snef1910 抗南方根结线虫转录组分析*

赵 迪[1]**，沈 丹[2]，范海燕[2]，朱晓峰[2]，王媛媛[3]，段玉玺[2]，陈立杰[2]***

（[1]沈阳农业大学，分析测试中心，沈阳 110866；[2]沈阳农业大学，植物保护学院，沈阳 110866；[3]沈阳农业大学，生物科学与技术学院，沈阳 110866）

RNA-Seq analysis of *Trichoderma citrinoviride* Snef1910 against *Meloidogyne incognita**

Zhao Di[1]**, Shen Dan[2], Fan Haiyan[2], Zhu Xiaofeng[2], Wang Yuanyuan[3], Duan Yuxi[2], Chen Lijie[2]***

([1]*Analysis and Testing Center, Shenyang Agricultural University, Shenyang 110866, China;* [2]*College of Plant Protection, Shenyang Agricultural University, Shenyang 110866, China;* [3]*College of Life Science and Technology, Shenyang Agricultural University, Shenyang 110866, China*)

摘 要：南方根结线虫（*Meloidogyne incognita*）作为植物病害的重要病原物之一，严重危害了农作物的生产。木霉（*Trichoderma* spp.）作为生物防治剂被应用于根结线虫病害防治。桔绿木霉 Snef1910 是本实验室前期筛选出具有高杀线虫活性的生防真菌。本研究利用化学—紫外诱变得到稳定的低毒力 Snef1910 菌株，进一步以桔绿木霉不同毒力菌株为基础，运用转录组学分析数据对其不同表型进行分析，并筛选出生防作用相关的功能基因及生防相关代谢调控通路，挖掘相关活性基因。通过对桔绿木霉菌株的 RNA-Seq 分析结果进行组装后，分别与 Pfam、GO、KEGG 和 NR 等数据库进行 blastX 比对，得到了 345 个差异表达基因，其中 206 个基因上调、139 个基因下调。通过桔绿木霉野生型和弱毒株的 GSEA 富集分析，野生型的基因集显著富集（NES≤-1）在过氧化物酶体、泛醌和其他萜类-醌生物合成和萜类骨架生物合成等代谢通路上，而弱毒株的基因集显著富集（NES≥1）在生物素代谢、ABC 转运体和苯丙氨酸、酪氨酸和色氨酸的生物合成等途径。分别在糖苷水解酶家族基因、ABC 转运家族和次生代谢产物合成基因中挖掘生防相关活性基因。经过 Blastx 比对，发现 32 个亚家族的糖苷水解酶基因，12 个 ABC 转录基因和 46 个可能参与次生代谢产物生物合成的基因。通过 q-PCR 验证了生防相关活性基因，包括：野生型的 4 个次生代谢产物合成相关基因，分别是甾醇 24-C-甲基转移酶（EVM0002394）、二烯合酶（EVM0002572）、次

---

* 基金项目：国家重点研发项目（2023YFD1400400）；国家寄生虫资源库项目（NPRC-2019-194-30）；沈阳农业大学引进人才专项博士科研启动项目（880416013）

** 第一作者：赵迪，博士，副教授，从事植物寄生线虫及生物防治研究，E-mail：2015500089@syau.edu.cn

*** 通信作者：陈立杰，博士，教授，从事植物寄生线虫及生物防治研究，E-mail：chenlj@syau.edu.cn

级代谢调节剂 LAE1（EVM0003953）和锌结合氧化还原酶 ToxD（EVM0006449）；弱毒株的 4 个在 ABC 转运和 MAPK 信号通路相关基因，分别为短链脱氢酶（EVM0006355）、丝氨酸/苏氨酸蛋白激酶（EVM0001662）、O-甲基转移酶（EVM0013339）和 NAD（P）结合蛋白（EVM0000916），其基因表达结果与 RNA-Seq 预测结果一致。

本研究结果为生防木霉在线虫防治上的研发与应用提供新的角度和视野。但本研究仅对其部分候选基因的表达量做了荧光定量验证，其他有效的转录组数据还有待于进一步挖掘。

关键词：南方根结线虫；桔绿木霉；生防真菌；转录组分析

施加生物炭对小麦菲利普孢囊线虫病的防治研究

许相奎,郑潜,赵文宇,李小莉,袁沛霖,崔江宽

(河南农业大学植物保护学院,郑州 450046)

摘 要:为探究田间自然情况下施加生物炭肥对菲利普孢囊线虫的防治效果。分别在小麦播种期、分蘖期、返青期和成熟期调查土壤线虫并测定小麦相关农艺性状指标。结果表明:施加生物炭肥在小麦不同生长期均可抑制土壤线虫增长量,且炭肥施加量与多个小麦农艺性状指标呈正相关。返青期和成熟期,不同炭肥处理株高、根长、穗长、旗叶长、鲜重、叶表面积都显著增加,其中分蘖数增加了 2.6%~23.3%;千粒重增加 0.7%~9.3%。炭肥施加量为 1 200 kg/hm² 时,土壤中线虫抑制率最高为 65.13%,土壤线虫减退率为 38.99%;孢囊减退率最高为 32.92%,亩产高达 591.96 kg,比对照增产 44.64%。综上所述,生物炭肥施加量为 1 200 kg/hm² 不仅对菲利普孢囊线虫具有良好的防治效果,同时也可以显著改善小麦农艺性状、提高产量。

关键词:生物炭;小麦;菲利普孢囊线虫;农艺性状

Effects of Biochar Application on the Control Effect of *Heterodera filipjevi* of Wheat

Xu Xiangkui, Zheng Qian, Zhao Wenyu, Li Xiaoli, Yuan Peilin, Cui Jiangkuan

(*College of Plant Protection, Henan Agricultural University, Zhengzhou 450002, China*)

Abstract: To investigate the control effect of biochar on *Heterodera filipjevi* under natural field conditions. Investigate soil nematodes during wheat sowing, tillering, greening and maturity stages, and measure several agronomic traits of wheat. The results showed that applying biochar at different stages of wheat growth could inhibit the growth of soil nematodes, and that the amount of biochar applied was positively correlated with several agronomic traits of wheat. At the tillering and maturity stages, different biochar treatments significantly increased plant height, root length, panicle length, flag leaf length, fresh weight and leaf surface area, with tillering number increasing by 2.6%–23.3%; 1 000 kernel weight increased by 0.7%–9.3%. When the application rate of biochar is 1 200 kg/hm², the highest inhibition rate of soil nematodes is 65.13% and the reduction

---

* 基金项目:国家重点研发计划(2023YFD1400400);河南省高等教育教学改革研究与实践项目(2024SJGLX1090)

** 第一作者:许相奎,硕士研究生,从事植物线虫学研究,E-mail: xuxiangkui2022@163.com

*** 通信作者:崔江宽,副教授,主要从事植物与线虫互作机制研究,E-mail: jk_cui@163.com

rate of soil nematodes is 38.99%; the highest cyst degeneration rate is 32.92%, with a yield of 591.96 kg/666 m^2, an increase of 44.64% compared to the control. In summary, when the application rate of biochar is 1 200 kg/hm^2, it can not only have a good control effect on *H. filipjevi*, but also significantly improve the agronomic traits of wheat and increase high yield.

Key words: Biochar; Wheat; *Heterodera filipjevi*; Agronomic traits

丙硫唑对根结线虫的室内毒力测定

赵津田[1]**，邓丽芬[2]，李忠彩[2]，邓龙飞[2]，于敬文[1]，余曦玥[1]，
于　清[1]，吴文翠[1]，刘雅琴[1]，黄文坤[1]***

([1] 中国农业科学院植物保护研究所，植物病虫害综合治理全国重点实验室，北京　100193

[2] 湖南省汉寿县农业农村局，汉寿　415900)

Toxicity Bioassay of Albendazole Against Rice Root-knot Nematode

Zhao Jintian[1]**, Deng lifen[2], Li Zhongcai[2], Deng Longfei[2], Yu Jingwen[1], Yu Xiyue[1],
Yu Qing[1], Wu Wencui[1], Liu Yaqin[1], Huang Wenkun[1]***

([1] The State Key Laboratory for Biology of Plant Disease and Insect Pests, Institute of
Plant Protection, Chinese Academy of Agricultural Sciences, Beijing　100193, China;
[2] Hanshou Bureau of Agriculture and Rural Affairs, Hunan Province, Hanshou　415900, China)

摘　要：水稻是世界上主要的粮食作物之一。水稻根结线虫是我国水稻种植系统中危害最大的病原线虫之一，危害水稻的多种根结线虫分布范围和寄主谱广，造成了严重的经济损失。化学防治是目前主要的防治手段，但具有对环境有害，成本高等缺点。因此，迫切需要筛选出对环境安全、低成本、高效率、安全的绿色控制技术来取代化学杀线虫剂。

根据我国农药毒性分类标准，丙硫唑属于低毒性农药，可作为杀线虫剂用于防治各种植物寄生线虫，大大降低对人类健康的风险。本研究采用两种不同粒径大小的丙硫唑，通过室内毒力生物测定，评价了其对二龄根结线虫的防治效果。结果表明，两种丙硫唑均对二龄幼虫具有较好的毒杀作用，丙硫唑的粒径越小毒力越高，不同粒径丙硫唑毒力差异显著。因此，减小杀线虫剂的粒径有利于提高对线虫的毒杀作用，研究结果对于研发新型杀线虫剂、保障农业生产安全具有重要意义。

关键词：丙硫唑；根结线虫；化学防治；毒性生物测定

---

* 基金项目：国家自然科学基金（32172382）

** 第一作者：赵津田，硕士研究生，从事植物线虫的致病机制研究，E-mail：jintianzhao2023@163.com

*** 通信作者：黄文坤，博士，研究员，从事植物和线虫互作机制研究，E-mail：wkhuang2002@163.com

柑橘园常见草本植物浸提液对柑橘半穿刺线虫的致死作用研究

彭永毅*，杨 鑫，肖 顺，刘国坤，程 曦**

（福建农林大学植物保护学院，福州 350002）

Study on the Lethal Effects of Common Herbaceous Plant Extracts in Citrus Orchards on *Tylenchulus semipenetrans*

Peng Yongyi*, Yang Xin, Xiao Shun, Liu Guokun, Cheng Xi**

（*College of Plant protection，Fujian Agriculture and Forestry University，Fuzhou 350002，China*）

摘 要：由柑橘半穿刺线虫（*Tylenchulus semipenetrans*）引起的柑橘慢衰病是我国目前分布最广、危害最重的柑橘线虫病害。柑橘产业的可持续发展，亟须绿色、环境友好、操作性强的柑橘慢衰病治理技术，在有效防控病害的同时减少或替代化学杀线剂的使用。果园的生草栽培对作物病原线虫种群发展具有抑制作用，是一项优良的生态栽培管理技术。为了初步明确柑橘园常见生草对于柑橘半穿刺线虫的防治效果，本研究在福建省柑橘园收集了11种常见一年生浅根系草本植物，包括紫云英、白三叶、藿香蓟、龙葵、莲子草、筋骨草、风轮菜、积雪草、水蜈蚣、牛筋草、狗尾草，并以其水浸提液对柑橘半穿刺线虫二龄幼虫（J2s）进行了室内生测。结果显示，紫云英和白三叶的水浸提液对柑橘半穿刺线虫J2s具有高致死率，紫云英和白三叶浸提液对柑橘半穿刺线虫J2s的最低致死浓度是0.2 g/mL，48 h校正死亡率分别为51.19%和48.46%；当紫云英和白三叶浸提液浓度为0.4 g/mL时，48 h校正死亡率分别达到86.02%和77.83%。本研究结果能为今后柑橘园生草栽培草种的选择提供参考依据，并为治理柑橘慢衰病提供了理论基础。

关键词：柑橘半穿刺线虫；植物浸提液；致死作用

---

* 第一作者：彭永毅，硕士研究生，从事植物病原线虫研究，E-mail：pengyongy@163.com
** 通信作者：程曦，博士，助理研究员，从事植物病原线虫研究，E-mail：schengxi@163.com

水稻干尖线虫室内活性测定与药剂浸种试验

毛 佳[1,2]**，王宏宝[1]***，王晓飞[1]，高 浩[1]，李 刚[1]

([1]江苏徐淮地区淮阴农业科学研究所，淮安 223001；
[2]江苏天丰种业有限公司，淮安 223001)

摘 要：【目的】本文研究了水稻干尖线虫室内活性测定与药剂浸种试验。【方法】室内试验4种常规药剂对线虫进行了室内离体活性测定，并从通过药剂浸种试验检测药剂对稻种带虫量的影响。【结果】50%氯溴异氰尿酸稀释500~2 000倍液对线虫活性高，致死率在94.67%以上，在$P_{0.05}$水平上差异显著；10%杀螟丹水剂稀释500~2 000倍液对线虫活性不高，对线虫致死率在16.33%~57.00%。药剂浸种能显著降低下代种子带虫量，50%氯溴异氰尿酸稀释2 000倍液对稻种带虫量减退率达到88.89%。【结论】药剂浸种是防治水稻干尖线虫的重要措施，不同药剂不同浓度进行浸种处理对稻种带虫量有较大影响。

关键词：水稻干尖线虫；药剂防治；水稻浸种

Indoor Activity Measurement and Pesticide Soaking Experiment of Rice Stem Tip Nematode*

Mao Jia[1,2]**, Wang Hongbao[1]***, Wang Xiaofei[1],
Gao Hao[1], Li Gang[1]

([1]*Huai Yin Institute of agricultural science*, Huaian 223001, China;
[2]*Tianfeng breeding industry Co.*, *Ltd.*, Huaian 223001, China)

Abstract: This study investigated the indoor activity measurement and pesticide soaking experiment of rice stem tip nematodes. 【Method】Four conventional pesticides were used in indoor experiments to determine the in vitro activity of nematodes, and the effect of pesticides on the amount of rice seeds carried by nematodes was detected through soaking experiments. 【Result】50% chlorobromoisocyanuric acid diluted at 500~2 000 times has high activity against nematodes, with a mortality rate of over 94.67%, and a significant difference at the $P_{0.05}$ level; The 10% water diluted with 500 to 2 000 times the concentration of imidacloprid has low activity against nematodes, with a mortality rate ranging from 16.33% to 57.00%. Soaking rice seeds with pesticides can significantly reduce the amount of pests carried by the next generation of seeds. The dilution of 50% chlorobromoisocyanuric acid at 2 000 times has a reduction rate of 88.89% in the amount of pests carried by rice seeds. 【Conclusion】Soaking rice seeds with

---

* 基金项目：江苏省现代农业（水稻）产业技术体系项目（JATS〔2021〕207）；淮安市农业科学研究院科研发展基金项目（HNY202122）
** 第一作者：毛佳，硕士，农艺师，主要从事植物保护方面的研究，E-mail：8079252@qq.com
*** 通信作者：王宏宝，硕士，高级农艺师，主要从事植物病原线虫防治方面研究，E-mail：61818925@qq.com

pesticides is an important measure for controlling rice stem tip nematodes. Soaking rice seeds with different concentrations of pesticides has a significant impact on the amount of nematodes carried by rice seeds.

Key words：Rice stem tip nematode；Chemical prevention and control；Rice soaking seeds

　　水稻是世界上重要的经济作物之一，也是我国重要的粮食作物，水稻持续稳定发展对保障国家粮食安全具有重要意义（尹成杰，2009）。水稻是江苏省第一大粮食作物，常年种植面积约 220 万 hm^2，总产 1 800 万 t，分别占全省粮食种植面积和总产的 40% 和 60%，占全国水稻种植面积和总产的 7% 和 10%（颜士敏，2014）。水稻生长过程中会受到 200 多种植物病原线虫的侵袭（Prot，1994）。随着节水栽培模式的推广，水稻寄生线虫病害变得日趋严重（De 等，2007），在全世界每年造成约 160 亿美元的损失（Jones 等，2011）。随着我国水稻耕作制度和品种布局的改变，水稻线虫病害将进一步加重，其中，水稻干尖线虫又称贝西滑刃线虫，是寄生和危害植物地上部的一种叶芽线虫，可以寄生 35 属 200 多种植物，水稻和草莓是水稻干尖线虫的重要寄主（Bridge 等，1990）。该线虫几乎在世界上所有水稻产区都有发生，可造成水稻产量损失 10%~71%（王小明等，2004；Jamali 等，2006）。近年来，该线虫的发生范围和危害程度又开始加大，目前，该线虫病害国内主要分布在安徽、江苏、福建、浙江等 24 个省（市）（王芳等，2017）。水稻干尖线虫病是一种种传病害，进行种子处理，切断干尖线虫传递链，是防治水稻干尖线虫病等种传病害最经济、高效的防治方法之一。彭德良（1998）提出，对于种传线虫病害，用热水处理病种子能收到很好的防治效果，将种子在 56~57 ℃ 热水中浸 10~15 min（即温汤浸种），可防治水稻干尖线虫。杨红福等（2018）用 20% 咪鲜胺·噻唑膦·戊唑醇悬浮剂浸种，可在防治干尖线虫的同时防治恶苗病。杨芳等（2021）发现噻唑膦乳油稀释液浸种可有效地防治水稻干尖线虫，是较理想的种子处理方法，缺点是处理后废弃药液排放不当会污染环境。因此，在浸种药剂选择方面，安全高效低毒低残留的浸种药剂依然是研究的热点。本文就淮安地区发生的水稻干尖线虫为研究对象，对水稻干尖线虫室内活性与药剂浸种开展试验，以期为生产上有效控制病害发生提供技术参考。

1　试验材料及方法

1.1　线虫取样及培养

　　线虫取样来自淮安水稻发病稻穗中分离鉴定后通过灰葡萄孢培养基培养，具体方法参照文献（刘维红等，2007）。

1.2　试验药剂

　　50% 氯溴异氰尿酸粉剂（南京南农农药科技发展有限公司）；21% 阿维·噻唑膦水乳剂（南京南农农药科技发展有限公司）；41.7% 氟吡菌酰胺（拜耳作物科学中国有限公司）；10% 杀螟丹水剂（原药稀释后自配）。以上药剂分别稀释 500 倍液、1 000 倍液、2 000 倍液处理。

1.3　离体活性测定

　　将从灰葡萄孢培养基中分离出的水稻干尖线虫配制成 2 000 条/mL 的线虫悬浮液，将配置好的药剂处理液吸取 2 mL 置于 24 孔生化培养板中，之后每孔吸取约 100 条线虫进行浸泡

24 h 后观察线虫存活状态，虫体僵直不活动者判为死虫，记录不同处理和对照死虫和活虫数目，计算校正死亡率。每个处理重复 3 次，取平均值。空白对照组为纯净水处理。线虫死亡率＝死亡线虫总数/处理线虫总数×100%；校正死亡率＝（处理线虫死亡率-对照线虫死亡率）/（1-对照线虫死亡率）×100%（杨芳等，2021）。

1.4 稻种浸种试验

试验药剂：50%氯溴异氰尿酸粉剂（南京南农农药科技发展有限公司）；21%阿维·噻唑膦水乳剂（南京南农农药科技发展有限公司）；10%杀螟丹水剂（自配）。将不同药剂稀释一定比例后按照质量比药液：稻种＝3：2进行浸种试验，浸泡 2 d 后捞出用水冲洗后落谷播种（秧田），之后统一移栽管理，苗期记录发病情况，收获后记录稻种带虫量。试验品种：淮糯 53、淮 655、淮 6372。

1.5 稻种带虫量检测

浸种前和收获后分别随机称取 10 g 稻种放置在一次性培养皿中，注入清水淹没稻种后在室温下浸泡 24 h 后进行线虫分离计数。

1.6 数据处理

采用 Excel 2019 和 DPS 7.05 软件进行数据统计和差异显著性分析。

2 试验结果

2.1 防控水稻干尖线虫药剂筛选试验

不同药剂对水稻干尖线虫活性测定见表 1，不同药剂对水稻干尖线虫活性测定差异较大，其中，50%氯溴异氰尿酸稀释 500~2 000 倍液对线虫活性高，致死率在 94.67%以上，在 $P_{0.05}$ 水平上差异显著；10%杀螟丹水剂稀释 500~2 000 倍液对线虫活性不高，对线虫致死率在 16.33%~57.00%。21%阿维·噻唑磷稀释 500~2 000 倍液对线虫活性较低，致死率在 6.33%~30.00%；41.7%氟吡菌酰胺稀释不同倍液下对水稻干尖线虫活性低，几乎无效果。

表 1 不同药剂对水稻干尖线虫活性测定

药剂	致死率/%		
	500 倍液	1 000 倍液	2 000 倍液
41.7%氟吡菌酰胺	7.00d	3.33d	1.33e
50%氯溴异氰尿酸	100.00a	100.00a	94.67a
21%阿维·噻唑磷	30.00c	14.67c	6.33d
10%杀螟丹	57.00b	42.33b	16.33c

注：不同小写字母表示在 0.05 水平上的差异显著性。

2.2 水稻稻种浸种前后带虫量检测

不同水稻品种浸种前后稻种线虫含量检测结果见表 2，试验前对种植基地水稻品种播种前进行镜检，选取带虫的 3 个品种进行药剂浸种试验，其中稻种带虫量最高的品种/品系淮 6372 为 1.8 条/g 稻种，其他两个品种/品系带虫量均为 1 条/g 稻种。试验过程中所有处理区水稻全生育期未发现典型的干尖和小穗头症状，水稻收获后对稻种线虫携带量进行测定显示，3个品种收获后稻种带虫量整体都不高，最高带虫量仅为0.3条/g稻种，试验结果显示，药剂浸种后对收获时期稻种带虫量控制效果较好，线虫虫口减退率在70.00%~88.89%。

表2 不同水稻品种浸种前后稻种线虫含量检测表

处理	水稻品种	面积/亩	种植前稻种带虫量/（条/10g）	处理药剂	稀释倍数	收获后带虫量/（条/10g）	线虫减退率/%
1	淮糯53	1.5	10	21%阿维·噻唑膦	1 000倍液	2	80.00
2	淮655	1.5	10	10%杀螟丹	1 000倍液	3	70.00
3	淮6372	1.5	18	50%氯溴异氰尿酸	2 000倍液	2	88.89

3 试验结论

杨芳等（2021）报道在品种比较和区域试验中，参试材料携带干尖线虫不仅影响其本身的产量表现，线虫随灌溉水传播也会污染试验基地其他材料。进行种子处理，切断干尖线虫传递链，是防治水稻干尖线虫病等种传病害最经济、高效的防治方法之一。张超然、宋双等研究已报道了药剂浸种防治水稻干尖线虫病的作用（张超然等，1984；宋双等，2011）。本试验对水稻干尖线虫进行室内药剂活性测定发现，50%氯溴异氰尿酸粉剂500~2 000倍液对线虫活性高；浸种试验发现，在稻种带虫量最高（1.8条/g）的水稻淮6372上使用50%氯溴异氰尿酸2 000倍液浸种后，收获期检测稻种带虫量减退率达88.89%，效果较好，浸种期间该药剂2 000倍液施用对水稻稻种无药害。室内活性测定发现杀螟丹单剂对线虫活性较低，因此如遇水稻干尖线虫发生较重的年份或稻种带虫量高的品种，建议使用对线虫活性高的药剂进行浸种处理。

参考文献

刘维红，林茂松，李红梅，等，2007. 人工接种测定水稻干尖线虫在水稻上的病害发展动态［J］. 中国农业科学，40（12）：2734-2740.

彭德良，1998. 种传线虫病及其治理措施［J］. 中国农业大学学报（S1）：93-96.

宋双，付立东，王宇，等，2011. 种子不同处理对水稻干尖线虫病危害的影响［J］. 北方水稻，41（2）：32-34.

王芳，张丽华，王彰明，2017. 叶鞘接种法在水稻干尖线虫致病力测定中的应用［J］. 中国植保导刊，37（10）：54-56.

王子明，周凤明，吕宏飞，等，2004. 江苏省水稻"小穗头"现象的发生与防治措施研究［J］. 江苏农业科学（3）：34-38.

颜士敏，2014. 江苏水稻机插秧发展现状与技术对策［J］. 中国稻米，20（3）：48-49，53.

杨芳，谢家廉，潘存红，等，2021. 不同处理方法对水稻种传干尖线虫控制的影响［J］. 西南农业学报，34（6）：1229-1233.

杨红福，束兆林，陈宏州，等，2018. 20%咪鲜胺·噻唑膦·戊唑醇悬浮剂对水稻种传病害防治效果

[J]. 农药 (7): 25.

尹成杰, 2009. 粮安天下: 全球粮食危机与中国粮食安全[J]. 杭州通讯 (下半月) (2): 56.

张超然, 吴汉章, 王法明, 1984. 种子处理防治水稻干尖线虫病 [J]. 江苏农业科学 (4): 22-24.

BRIDGE J, LUC M, PLOWRIGHT R A, 1990. Nematode parasites of rice [M] // LUC M, SIKORA R A, BRIDGE J. Plant parasitic nematodes in subtropical and tropical agriculture. Wallingford UK: CAB International: 69-76.

DE WAELE D, ELSEN A, 2007. Challenges in tropical plant nematology [J]. Annual Review of Phytopathology, 45 (1): 457-485.

JAMALI S, POURJAM E, ALIZADEH A, et al., 2006. Incidence and distribution of *Aphelenchoides besseyi* in rice areas in Iran [J]. J Agric Technol, 2 (2): 337-344.

JONES J, GHEYSEN G, FENOLL C, 2011. Genomics and molecular genetics of plant-nematode interactions [M]. Dordrecht: Springer: 517-541.

PROT J C, 1994. Combination of nematodes, *Sesbania rostrata*, and rice: the two sides of the coin [J]. International Rice Research Notes, 19 (3): 30-31.

山桃仁杀线虫活性成分的分离纯化及鉴定

左婷[1]**,王万芳[2],吴萍[2],魏孝义[2],邱燕婷[1],文艳华[1]***

([1] 华南农业大学植物保护学院植物线虫研究室,广州 510642;[2] 中国科学院华南植物园,广州 510650)

Studies on the Purification and Identification of Nematicidal Activity Compounds from the *Prunus davidiana* Kernel

Zuo Ting[1]**, Wang Wanfang[2], Wu Ping[2], Wei Xiaoyi[2], Qiu Yanting[1], Wen Yanhua[1]***

([1] Lab of Plant Nematology, College of Plant Protection, South China Agricultural University, Guangzhou 510642, China
[2] South China Botanical Garden, Chinese Academy of Sciences, Guangzhou 510650, China)

摘 要:植物寄生线虫是农业生产上的重要病原物,通过筛选高效且对环境友好的植物源杀线活性成分来防治线虫是一种符合现代植保理念的研究方向。本文以山桃 (*Prunus davidiana*) 仁为材料,采用有机溶剂萃取分部、薄层层析、硅胶柱层析等分离技术对山桃仁乙醇粗提物各部位进行分离纯化,结合杀线虫活性追踪,共得到3个具有强杀线虫活性的单体化合物,分别为化合物 Z3-A、Z1-B-3 和 Y2-2,测定 ^{1}H-NMR、^{13}C-NMR 和 HMBC 等数据并与文献数据进行对比,最终确定化合物 Z3-A 为野黑樱苷 (Prunasin),Z1-B-3 为苦杏仁苷 (Amygdalin),化合物 Y2-2 为 D-扁桃酸 (D-Mandelic acid)。

通过室内杀线活性测定,3种单体化合物对南方根结线虫 (*Meloidogyne incognita*) 二龄幼虫及卵孵化均有较好的毒杀及抑制作用,且 Y2-2 对二龄幼虫的毒杀线活性强于 Z3-A 和 Z1-B-3,而 Z3-A 对卵孵化的抑制活性最强。化合物 Y2-2 对南方根结线虫、爪哇根结线虫 (*M. javanica*) 及象耳豆根结线虫 (*M. enterolobii*) 的二龄幼虫处理 96 h (清水复苏 24 h) 的 LC_{50} 值分别为 0.111 mg/mL、0.150 mg/mL、0.096 mg/mL;化合物 Z3-A 相应的 LC_{50} 值分别为 0.470 mg/mL、0.601 mg/mL、0.519 mg/mL、1.181 mg/mL;化合物 Z1-B-3 相应的 LC_{50} 值分别为 0.520 mg/mL、0.535 mg/mL、0.576 mg/mL;化合物 Z3-A 在 1.25 mg/mL 浓度时处理南方根结线虫卵 9~14 d,抑制率均在90%以上。

采用水溶液灌根法,初步探究了化合物 Z3-A 和苦杏仁苷(商品)及扁桃酸(商品)

---

* 基金项目:国家重点研发计划"作物重大线虫病灾变机制与可持续防控技术研究"(2023YFD1400400)
** 第一作者:左婷,硕士研究生,E-mail:541374736@qq.com
*** 通信作者:文艳华,副教授,从事植物线虫学研究,E-mail:yhwen@scau.edu.cn

对黄瓜根结线虫病盆栽防治效果。用 0.5 mg/mL 浓度两次灌根处理盆栽黄瓜，化合物 Z3-A 及苦杏仁苷的防效分别为 42.32% 和 25.77%；而 2 mg/mL 浓度扁桃酸处理的防效可达 79.62%，但对植株有一定副作用，此外，化合物 Z3-A 和苦杏仁苷均对黄瓜地上部生长及结实有明显促进作用，对根部重量无明显影响。

关键词：山桃仁；杀线虫活性；根结线虫；D-扁桃酸

不同山药样本的植物寄生线虫种类鉴定

战 炜*，陈 聪，廖澳琳，陈 晨，徐天禹，秦 鑫，史雨琪，王 暄**

（南京农业大学，农作物生物灾害综合治理教育部重点实验室，南京 210095）

Species Identification of Plant-parasitic Nematodes on Different Samples of Yams

Zhan Wei*, Chen Cong, Liao Aolin, Chen Chen, Xu Tianyu, Qin Xin, Shi Yuqi, Wang Xuan**

(*Key Laboratory of Integrated Management of Crop Diseases and Pests, Ministry of Education, Nanjing Agriculture University, Nanjing 210095, China*)

摘 要：山药（*Dioscorea opposita*）具有较高的营养价值和食用价值，是食品加工及中药材的重要原料，而植物寄生线虫是危害山药生产的主要制约因素之一，因此，确认鉴定山药植物寄生线虫的种类，对于保障山药的高产稳产具有重要意义。

本研究对采集自江西、山东、河南山药种植区的 10 个山药样本进行线虫的分离，利用形态学和分子生物学方法进行了种类鉴定，结果显示：来自河南温县的 HNWX1、HNWX3、HNWX6、HNWX7 4 个样本和江西瑞昌的 JXRC2 样本中分离到南方根结线虫，而山东菏泽 SDHZ4、SDHZ5 样本，以及河南沁阳 HNQY8 样本、温县 HNWX9 的样本中鉴定到咖啡短体线虫，此外，在河南温县 HNWX10 样本中同时分离到咖啡短体线虫和南方根结线虫两种植物病原线虫，表明南方根结线虫和咖啡短体线虫分别为上述山药产区的线虫优势种群。此外，在对山药土样的分离过程中，在河南温县 HNWX6、HNWX7 样本中同时也分离到了盘旋线虫，在 HNQY8 样本中分离到了螺旋线虫，在 HNWX9 样本中分离到了锥科线虫，但上述线虫数量相对较少，与根结线虫和短体线虫相比，其对山药造成的危害有限。

关键词：山药；根结线虫；短体线虫

---

*第一作者：战炜，硕士研究生，从事植物线虫病害研究，E-mail：1737205275@qq.com
**通信作者：王暄，教授，从事植物线虫学研究，E-mail：xuanwang@njau.edu.cn

根系分泌物对线虫孵化的刺激作用及应用

余曦玥[1]**，吴文翠[1]，于敬文[1]，于 清[1]，陈 敏[2]，李永青[2]，
刘雅琴[1]，邓丽芬[3]，李忠彩[3]，邓龙飞[2]，黄文坤[1]***

([1] 中国农业科学院植物保护研究所，植物病虫害综合治理全国重点
实验室，北京 100193；[2] 云南省昭通市植保植检站，昭通 657009；
[3] 湖南省汉寿县农业农村局，汉寿 415900)

Stimulation and Application of Root Exudates on Egg Hatching of Nematodes

Yu Xiyue[1]**, Wu Wencui[1], Yu Jingwen[1], Yu Qing[1], Chen Min[2], Li Yongqing[2],
Liu Yaqin[1], Deng Lifen[3], Li Zhongcai[3], Deng Longfei[2], Huang Wenkun[1]***

([1] *The State Key Laboratory for Biology of Plant Disease and Insect Pests, Institute of Plant Protection, Chinese Academy of Agricultural Sciences, Beijing 100193, China*; [2] *Plant Protection and Quarantine Station of Zhaotong City, Yunnan Province, Zhaotong 657009, China*; [3] *Hanshou Bureau of Agriculture and Rural Affairs, Hunan Province, Hanshou 415900, China*)

摘 要：根系分泌物是植物在生长过程中由根系向土壤中释放的有机化合物和无机离子的统称，是刺激植物寄生线虫卵孵化的一个重要因素。近年来，根系分泌物的化感作用逐渐成为各国学者的研究热点。国内外研究表明，寄主植物的根系分泌物更能有效刺激线虫卵的孵化，其中感病品种的根系分泌物比抗病品种更能有效刺激线虫卵的孵化。

不同植物的根系分泌物对孢囊线虫的孵化刺激存在差异。玉米品种沈玉18的根系分泌物对大豆孢囊线虫卵孵化刺激作用强，与大豆轮作能有效降低田间大豆孢囊线虫的密度。马铃薯根系分泌物中的Solanoeclepin A、α-Solanine 和 α-Chaconine 能有效刺激马铃薯孢囊线虫孵化。利用寄主根系分泌物中的有效物质破坏田间线虫的生命周期进行"自杀式孵化"，将是一种经济有效的防治手段。通过研究根系分泌物对线虫孵化的刺激作用，合理利用轮作、种植诱捕植物和根系分泌物进行"自杀式孵化"等手段，可有效降低线虫的危害程度，为线虫的绿色防控和作物安全生产提供理论基础。

关键词：根系分泌物；线虫孵化；刺激作用

---

* 基金项目：国家自然科学基金 (32172382)；国家重点研发计划 (2021YFC2600404)
** 第一作者：余曦玥，硕士研究生，从事植物线虫病害研究，E-mail：yuxiyue22@163.com
*** 通信作者：黄文坤，研究员，从事植物线虫病害防治与致病机理研究，E-mail：wkhuang2002@163.com

兼治水稻干尖线虫病与恶苗病的药剂配方的筛选

迟元凯*，孙 丹，赵 伟，戚仁德**

（安徽省农业科学院植物保护与农产品质量安全研究所，合肥 230031）

Screening of Pesticide Formula for Control of *Aphelenchoides besseyi* and Rice Bakanae Disease

Chi Yuankai*, Sun Dan, Zhao Wei, Qi Rende**

(*Institute of Plant Protection and Agro-products Safety, Anhui Academy of Agricultural Sciences, Hefei 230031, China*)

摘 要：水稻是我国的主要粮食作物之一，其生产安全关乎国计民生。水稻干尖线虫病和水稻恶苗病是水稻生产上的2种主要种传病害，而浸种或拌种是防治种传病害的有效方法。从安徽省各地共采集了水稻恶苗病样本146份，经病原菌分离和分子鉴定，获得能引起恶苗病的镰孢菌54株，其中藤仓镰孢菌（*Fusarium fujikuroi*）51株、层出镰孢菌（*F. proliferatum*）3株，未分离到拟轮枝镰孢菌（*F. verticillioides*）和新知镰孢菌（*F. andiyazi*），表明藤仓镰孢菌是引起安徽省水稻恶苗病的主要病原菌。采用直接触杀法测定三氟吡啶胺对水稻干尖线虫的毒力，该药剂2 h、12 h和24 h的LC_{50}分别为5.78 μg/mL、3.36 μg/mL、1.67 μg/mL，触杀效果显著；同时，用菌丝生长速率法测定了三氟吡啶胺和种菌唑对藤仓镰孢菌和层出镰孢菌菌丝生长的抑制效果，其EC_{50}分别为：0.97 μg/mL、1.70 μg/mL、0.97 μg/mL和1.70 μg/mL；根据室内毒力测结果，使用共毒系数法评价种菌唑与三氟吡啶胺复配对藤仓镰孢菌和层出镰孢菌的防治效果，结果表明2种药剂在17∶500和29∶500比例复配时具有明显的增效作用。通过室内盆栽试验评价了种菌唑与三氟吡啶胺复配后对藤仓镰孢菌和层出镰孢菌引起的水稻恶苗病的防治效果分别为88.46%和87.99%，对水稻干尖线虫的防治效果为81.48%和81.24%。以上结果表明，种菌唑与三氟吡啶胺复配可对水稻干尖线虫病与恶苗病有较好兼治效果。

关键词：水稻干尖线虫病；水稻恶苗病；种菌唑；三氟吡啶胺；增效作用

---

* 第一作者：迟元凯，副研究员，从事植物线虫学研究，E-mail：chi20051128@163.com
** 通信作者：戚仁德，研究员，从事土传病害综合防控技术研究，E-mail：rende7@126.com

土壤性质和温度对甜菜孢囊线虫侵染和发育的影响以及抗性甜菜品种的筛选[*]

张梦涵[1**]，乔精松[1,2]，彭　焕[1***]

(^{1}中国农业科学院植物保护研究所，植物病虫害综合治理全国重点实验室，北京　100193；
^{2}云南农业大学，昆明　650201)

The Impact of Soil Factors and Temperature on the Infection and Development of *Heterodera schachtii* and the Screening of Resistant Sugar Beet Varieties[*]

Zhang Menghan[1**], Qiao Jingsong[1,2], Peng Huan[1***]

(^{1}*State Key Laboratory for Biology of Plant Diseases and Insect Pests*, *Institute of Plant Protection*, *Chinese Academy of Agricultural Sciences*, *Beijing*　100193, *China*;
^{2}*Yunnan Agricultural University*, *Kunming*　650201, *China*)

摘　要：甜菜孢囊线虫（*Heterodera schachtii*）是对甜菜生产造成严重毁灭性破坏的有害生物，也是我国对外重要的进境检疫性有害病原物。2015年，中国新疆首次发现了这种危险的线虫病，但对其生物学特性尚无相关研究报道。通过测定甜菜孢囊线虫在不同土壤性质、温度及pH值条件下的侵染和发育进程，对其主要的发病规律进行了测定。通过对甜菜品种和油菜品种进行人工接种，旨在筛选出抗甜菜孢囊线虫的甜菜品种。结果表明，在甜菜孢囊线虫的侵染和发育过程中，最适沙土比为1∶0和6∶1，最适温度为25 ℃，最适pH值为5~9，有4个甜菜品种（ADV0401、Beta866、Cofco1001、H7IM15）表现出对甜菜孢囊线虫的抗性。该研究结果为进一步明确甜菜孢囊线虫在中国的发生规律、制定科学的防控策略奠定了基础。

关键词：甜菜孢囊线虫；土壤因子；温度；pH值；抗性品种

---

[*] 基金项目：国家重点研发项目（2023YFD1400400）
[**] 第一作者：张梦涵
[***] 通信作者：彭焕，博士，研究员，主要从事植物与线虫互作机制研究，E-mail：hpeng83@126.com

细辛根浸液对设施番茄根围土壤线虫群体多样性影响*

赵芷骄[1]**，王媛媛[2]，朱晓峰[1]，范海燕[1]，刘晓宇[3]，杨　宁[1]，陈立杰[1]，段玉玺[1]***

([1]沈阳农业大学植物保护学院，沈阳　110866；[2]沈阳农业大学生命科学与技术学院，沈阳　110866；[3]沈阳农业大学理学院，沈阳　110866)

Effects of *Asarum sieboldii* Root Extract on the Diversity of Soil Nematode Communities in Greenhouse Tomato*

Zhao Zhijiao[1]**, Wang Yuanyuan[2], Zhu Xiaofeng[1], Fan Haiyan[1], Liu Xiaoyu[3], Yang Ning[1], Chen Lijie[1], Duan Yuxi[1]***

([1]*College of Plant Protection, Shenyang Agricultural University, Shenyang　110866, China;*
[2]*College of bioscience and biotechnology, Shenyang Agricultural University, Shenyang　110866, China;*
[3]*College of science, Shenyang Agricultural University, Shenyang　110866, China*)

摘　要：番茄是设施栽培中重要的蔬菜作物之一，受保护地密闭、高温、高湿等因素影响，蔬菜线虫病发生逐年加重，其根围土壤线虫的变化尤其是植物病原线虫的积累影响番茄的产量和品质。土壤线虫是土壤动物群落的重要组成部分，目前国际上号召应用绿色农药替代传统农药，植物源农药因其本身具有的大量优点使其成为新型绿色农药的研究热点。我国植物资源丰富，在研发植物源杀虫剂方面拥有极大的优势。细辛（*Asarum sieboldii*）是我国重要的中草药，因其含有杀菌抑菌性挥发油，常被用作杀菌剂和杀虫剂。为研究细辛根浸液对设施番茄根围土壤线虫群体多样性的影响，采用离体试验和盆栽试验，依据线虫形态分类学，对番茄根围土壤线虫的群落组成及多样性进行分析。番茄根围土壤线虫最常见线虫为根结属线虫、短体属线虫、螺旋属线虫、滑刃属线虫、拟丽突属线虫等；离体试验结果表明，经细辛根浸液处理48 h 的土壤中，细辛根浸液对植物线虫有一定的毒杀作用，其中对于植物寄生线虫的毒杀效果最为明显，对根结属线虫和短体属线虫毒杀作用最强，但对食细菌性线虫没有明显的毒杀作用；盆栽试验结果表明，与对照相比，细辛根浸液处理15 d、45 d 后均降低了植物寄生线虫、食真菌线虫和杂食/捕食性线虫的相对丰度，提高了有益线虫——食细菌类线虫的小杆线虫属和拟丽突线虫属的相对丰度。

综上所述，细辛根浸提液会降低番茄根围土壤线虫的多样性，对于植物寄生线虫有明显的抑制作用，可作为一种有潜力的植物源杀线虫剂资源加以利用，其有效杀线虫成分还需进一步研究。

关键词：细辛；番茄；土壤线虫；多样性；高通量测序

---

* 基金项目：国家重点研发计划（2023YFD1400400）；国家自然科学基金（32272499）；财政部和农业农村部：国家现代农业产业技术体系（CARS-04-PS13）；国家寄生虫资源（NPRC-2019-194-30）
** 第一作者：赵芷骄，博士研究生，植物线虫学研究，E-mail：2022200152@stu.syau.edu.cn
*** 通信作者：段玉玺，教授，从事植物线虫学研究，E-mail：duanyx6407@163.com

4种物质对蔬菜根结线虫病防治效果的初步研究

刘春国[1]*,杨文梅[2],贾 粉[2],王金团[2],林丽飞[2]**,杨艳梅[3],胡先奇[3]

([1] 红河州植保植检站,蒙自 661199;
[2]云南省农作物优质高效栽培与安全控制重点实验室,云南红河学院,蒙自 661199;
[3]云南农业大学省部共建云南生物资源保护与利用国家重点实验室,昆明 650201)

Preliminary Study on the Control Effect of Four Substances on Root Knot Nematode Disease of Vegetable

Liu Chunguo[1]*, Yang Wenmei[2], Jia Fen[2], Wang Jintuan[2], Lin Lifei[2]**
Yang Yanmei[3], Hu Xianqi[3]

([1] *Plant Protection and Quarantine Station of Honghe State, Mengzi 661199, China;*
[2]*Key Laboratory for Crop High-Quality Cultivation and Security Control of Yunnan Province,*
Yunnan Honghe University, Mengzi 661199, China;
[3]*State Key Laboratory for Conservation and Utilization of Bio-Resources,*
Yunnan Agricultural Unirersity, Kunming 650201, China)

摘 要:本研究通过室内杀线虫试验及盆栽试验对印楝油等4种物质防治根结线虫病的效果进行初步研究,采用线虫液体法以及盆栽实验法,探究印楝油等4种物质在不同浓度及配方下对根结线虫的防治效果,并分析其对番茄生长发育的影响。主要研究结果如下:首先在室内测定的杀线虫实验中,采用线虫液体法对印楝油、木霉(*Trichodema* spp.)、枯草芽孢杆菌(*Bacillus subtilis*)、茶渣废弃液4种物质对抗线虫活性的浓度进行初步筛选。初筛和复筛得到的最优浓度为70%印楝油、50 g/L茶渣废弃液、10^8木霉悬浮液、10^7枯草芽孢杆菌悬浮液。依据上述4种浓度,再将4种药液进行正交实验,得到共16种处理。之后再次进行室内杀线虫实验经过筛选得到的最佳配比有6种:a. 印楝油+茶渣废弃液;b. 印楝油+木霉;c. 印楝油+枯草芽孢杆菌;d. 印楝油+茶渣废弃液+木霉;e. 印楝油+茶渣废弃液+枯草芽孢杆菌;f. 印楝油+茶渣废弃液+木霉+枯草芽孢杆菌。

结束室内筛选之后,采用盆栽试验将上述6种配比分别处理番茄苗,通过对番茄根结指数、根结百分比、株高、茎粗、根长、过氧化氢酶(CAT)含量、叶绿素含量等生理生化指标的测定。分析各种制剂的配比及浓度对于番茄的生长影响。结果表明,在接种14 d后6种处理的根结百分比分别为:0、30%、15%、4%、3%、3%,大部分都低于对照(CK)的

---

*第一作者:刘春国,本科生,从事植物保护等方面的研究,E-mail:896234649@qq.com
**通信作者:林丽飞,教授,从事植物线虫病害研究,E-mail:llf_biology2@126.com

根结百分比80%，6种处理对番茄根结线虫有显著抑制作用。接种14 d后a、b、c、d、e、f、CK根结指数分别为：0、3、3、1、1、1、7。通过对不同处理的番茄生理指标分析，4种处理c、d、e、f的番茄长势如株高、根长、茎粗要优于CK。分析不同处理的番茄CAT酶活性，a、b、c、d、e、f番茄CAT酶活性均高于CK，分别为20.05 U/(g·min)、14.77 U/(g·min)、11.9 U/(g·min)、14.83 U/(g·min)、15.09 U/(g·min)、10.57 U/(g·min)、7.92 U/(g·min)。

关键词：印楝油；生防菌；根结线虫病；防治

外源脯氨酸对南方根结线虫胁迫下灯盏花生理生化的影响

游 湖[1]*, 谭复娜[2], 刘春国[3], 杨继湘[1], 林丽飞[1]**, 杨艳梅[4], 胡先奇[4]

([1] 云南省农作物优质高效栽培与安全控制重点实验室, 云南红河学院, 蒙自 661100;
[2] 中国农业科学院作物科学研究所, 北京 100081; [3] 红河州植检植保站, 蒙自 661100;
[4] 云南农业大学植物保护学院, 省部共建云南生物资源保护与
利用国家重点实验室, 昆明 650201)

Effects of Proline on Physiology and Biochemistry of *Erigeron breviacapus* under *Meloidogyne incognita* Stress

You Hu[1]*, Tang Funa[2], Liu Chunguo[3], Yang Jixiang[1],
Lin Lifei[1]**, Yang Yanmei[4], Hu Xianqi[4]

([1] Key Laboratory for Crop High Quality Cultivation and Security Control of Yunnan Province,
Yunnan Honghe University, Mengzi 661100, China;
[2] Institute of Crop Sciences, Chinese Academy of Agricultural Sciences, Beijing 100081, China;
[3] Honghe State Plant Inspection and Plant Protection Station, Mengzi 661100, China;
[4] College of Plant Protection, Yunnan Agricultural University/State Key Laboratory for
Conservation and Utilization of Bio-Resources in Yunnan, Kunming 650201, China)

摘 要: 根结线虫 (*Meloidogyne* spp.) 是一类种类多、寄主范围广、发生危害面积大、经济损失严重的植物病原物。为进一步解决植株根结线虫胁迫危害植株问题, 促进我国灯盏花种植经济可持续发展, 探索开发出新型杀线物质。

该研究以灯盏花为材料, 在人工接种南方根结线虫 1 500 头的条件下, 喷施不同浓度外源脯氨酸 (Pro) 溶液, 测定 3 个时期植株生理、几种抗性酶活性, 测定植株根际土壤数量及在线虫侵染植株 45 d 时进行一次防效调查, 分析脯氨酸对灯盏花在线虫胁迫下的缓解效应及其机理。结果表明: 喷施脯氨酸溶液对根结线虫侵染灯盏花有抑制效应、降低植株根结个数、提高植株 PPO、POD、PAL 活性和总抗氧化能力, 高浓度脯氨酸效果较为明显, 低浓度脯氨酸 (20.0 mg/L、40.0 mg/L) 对植株总抗氧化能力与感病组不存在显著性差异 ($P<0.1$); 100.0 mg/L 浓度的 Pro 在受到线虫胁迫后第二个时期 (30 d) 时抑制根结效率最大, 抑制根结效率达到 75.0%; 在 100.0 mg/L 的 *L*-脯氨酸溶液处理下对根结线虫防治效果达到 83.04%。

南方根结线虫会对灯盏花根部组织造成过氧化损伤, 使得细胞膜结构和功能上受到损

---

* 第一作者: 游湖, 本科生, 从事植物保护等方面的研究, E-mail: 473405610@qq.com
** 通信作者: 林丽飞, 教授, 从事植物线虫病害研究, E-mail: llf_biology2@126.com

伤，而施加外源 Pro 可缓解此种损伤，能显著增加灯盏花植株高度、鲜重和主根长，显著降低根结数，对根结形成具有较强的抑制力；喷施外源脯氨酸可增加植株根际土壤中放线菌、真菌的数量和丰富度，增强植株根系活动强度，对线虫具有防治效果，防治效果随脯氨酸浓度增加而出现增强趋势，分析脯氨酸根结线虫的防效表现为两个方面：一是增强灯盏花抗根结线虫侵染能力，使植株不易被线虫侵染；二是脯氨酸具杀线能力，在植株被侵染后降低发病效果，抑制根结线虫繁殖、虫卵孵化，从而减少植株根部根结线虫数量，减轻危害。

关键词：脯氨酸；灯盏花；南方根结线虫；调控能力

2 种栽培模式下的柑橘根际微生物与线虫群落结构差异*

樊敬辉**，黄泓晶，潘　静，肖　顺，程　曦，刘国坤***

（福建农林大学生物农药与化学生物学教育部重点实验室，福州　350002）

Community Structure of Microbes and Nematodes in Citrus Rhizosphere Soils Under Two Different Cultivation Patterns*

Fan Jinghui**, Huang Hongjing, Pan Jing, Xiao Shun, Chen Xi, Liu Guokun***

(*Key Laboratory of Biopesticide and Chemical Biology, Ministry of Education, Fujian Agriculture and Forestry University, Fuzhou　350002, China*)

摘　要：由柑橘半穿刺线虫（*Tylenchulus semipenetrans*）引起的柑橘慢衰病是我国柑橘上危害最为严重的线虫病害，生产上防控困难。作者针对柑橘慢衰病区中，前期发现健身栽培模式（多年施用有机肥与生草栽培，简称 OS 模式）对柑橘半穿刺线虫种群发展具有抑制作用。作者针对 OS 模式与传统栽培模式（多年施用化肥为主与果园除草剂清耕，简称 CC 模式）下的早熟蜜橘线虫群落结构与根际微生物进行分析，OS 模式下柑橘根部植物寄生线虫、食真菌线虫以及捕食-杂食性线虫相对丰度、香农指数、均匀度指数、丰富度指数以及营养类群多样性指数均显著高于 CC 模式，说明了生草栽培模式下的土壤线虫更具多样性与稳定性；基于高通量测序技术研究，结果显示 OS 模式下土壤细菌的 Chao1 指数、物种数、香农指数以及真菌的香农指数明显高于 CC 模式，说明生草栽培下土壤微生物拥有更高的多样性，其中细菌具有更高的丰富度，这反映了生草栽培模式下柑橘根际微生态更加健康，有利于树体健壮。OS 模式下柑橘根际土壤中担子菌门（Basidiomycota）、绿弯菌门（Chloroflexi）、Latescibacteria 以及硝化螺旋菌门（Nitrospirae）相对丰度明显高于 CC 模式，而变形菌门（Proteobacteria）和 Saccharibacteria 的相对丰度在 OS 模式中则明显更低。研究结果为柑橘线虫病的生态治理提供了防控依据。

关键词：柑橘半穿刺线虫；生草栽培；根际微生物；线虫群落结构

---

* 基金项目：福建省星火计划（2022S0019）；福建省现代农业（水果）产业技术体系（2019—2022）
** 第一作者：樊敬辉，硕士研究生，从事植物病原线虫研究，E-mail：1310716954@qq.com
*** 通信作者：刘国坤，教授，从事植物病原线虫研究，E-mail：liuguok@126.com

8种常见菌菇对南方根结线虫的室内毒力

王家哲**，张　锋，李英梅，付　博***

（陕西省生物农业研究所，陕西省植物线虫学重点实验室，西安　710043）

Indoor Activity of 8 Common Mushroom Species Against *Meloidogyne incongnita*

Wang Jiazhe**, Zhang Feng, Li Yingmei, Fu Bo***

(*Bio-Agriculture Institute of Shaanxi, Shaanxi Key Laboratory of Plant Nematology, Xi'an　710043, China*)

摘　要：将平菇、口蘑、杏鲍菇、海鲜菇、香菇、白玉菇、羊肚菌和金针菇8种常见菌菇分别制成无菌发酵液上清和浸提液，室内条件下测定其对南方根结线虫二龄幼虫的毒力和对卵孵化的抑制作用。试验结果显示，平菇和口蘑2种菌菇发酵上清液对二龄幼虫具有较好的活性，24 h校正死亡率分别为100%和83.98%，48 h校正死亡率分别为100%和86.46%；平菇、口蘑和羊肚菌3种菌菇发酵上清液对卵孵化具有较好的抑制作用，4 d卵孵化抑制率分别为93.06%、78.83%和75.49%。杏鲍菇、金针菇、海鲜菇和平菇4种菌菇浸提液对二龄幼虫具有较好的活性，24 h校正死亡率分别为100%、97.14%、92.20%和62.64%，48 h校正死亡率分别为100%、98.71%、95.32%和91.90%；8种菌菇浸提液对卵孵化均具有很好的抑制作用，4 d卵孵化抑制率为96.06%～99.49%。研究结果表明，不同品种菌菇及不同方式制备的活性滤液对南方根结线虫的毒力具有明显差异，其中平菇无菌发酵滤液和杏鲍菇浸提液对南方根结线虫的毒力效果最佳，可作为防控南方根结线虫的潜在优质资源，本研究为南方根结线虫的绿色防控提供了新思路。

关键词：菌菇；南方根结线虫；室内毒力

淡紫紫孢菌在水肥一体化中对番茄根结线虫病的生防潜力研究*

匡 超[1,2]**，肖炎农[1,2]，王高峰[1,2]，肖雪琼[1,2]***

(^{1}农业微生物资源发掘与利用全国重点实验室，武汉 430070；
^{2}华中农业大学植物科学技术学院，武汉 430070)

Biocontrol Potential of *Purpureocillum lilacinum* Against Tomato Root-knot Nematode Under Water-fertilizer Integration System*

Kuang Chao[1,2]**, Xiao Yannong[2], Wang Gaofeng[1,2], Xiao Xueqiong[1,2]***

(^{1}*National Key Laboratory of Agricultural Microbial Resources Discovery and Utilization, Wuhan 430070, China;* ^{2}*College of Plant Science & Technology of Huazhong Agricultural University, Wuhan 430070, China*)

摘 要：生防真菌淡紫紫孢菌（*Purpureocillum lilacinum*），旧称淡紫拟青霉，能高效寄生线虫的卵，其代谢产物也可以毒杀线虫，是目前我国农药登记次数最多的作物线虫病害生物防治农药。淡紫紫孢菌田间应用主要采用灌根、撒施和穴施等费时费力的方式，需要建立更加高效轻简化的施用方法。笔者以淡紫紫孢菌菌株36-1防治番茄根结线虫病为例，分析了淡紫紫孢菌在水肥一体化中轻简化应用的潜力。对市面上常见的水溶肥进行筛选，发现淡紫紫孢菌与无机的大量元素水溶肥兼容性较好，而测试的几种有机水溶肥对其有抑制性。例如，与水对照相比，无机水溶肥史丹利、沃生等可以促进菌株36-1产孢，且水溶肥史丹利、莱绿士、阿法姆和美乐棵均可显著提高菌株36-1的孢子存活率。合适的水溶肥与菌株36-1混合可使其对线虫卵的寄生率显著增高，例如，阿法姆处理后的菌株36-1对线虫卵寄生率达到86.7%。利用盆栽试验分析淡紫紫孢菌与水溶肥复配后的生防潜力。结果表明水溶肥莱绿士和美乐棵分别和菌株36-1复配使用，均显著增加了番茄地上部鲜重，株高和防治根结线虫病的效果。在田间利用水肥药一体化技术施用菌株36-1和水溶肥复合物，发现菌株36-1分别与美乐棵和莱绿士分别复配处理，均可以显著降低番茄根系的卵块数量和土壤中的虫口密度，且番茄单株产量最高可分别达到空白对照组的2.2倍和2.3倍。综上所述，该研究表明可以将淡紫紫孢菌与合适的水溶肥合理组合施用，从而建立水肥药一体化的植物线虫病害轻简化绿色防治技术。

关键词：根结线虫；淡紫紫孢菌；生物防治；水肥药一体化；水溶肥

---

* 基金项目：国家重点研发计划"作物重大线虫病灾变规律与可持续控制技术研究"（2023YFD1400400）；武汉市知识创新专项（2023020201010103）
** 第一作者：匡超，硕士研究生，研究方向为植物线虫病害绿色防治
*** 通信作者：肖雪琼，副教授，研究方向为植物与病原物互作、植物病害生物防治，E-mail: xiaoxueqiong@mail.hzau.edu.cn

5,8-二氯吡啶并 [3,2-d] 哒嗪的杀线虫活性*

蔡庆峰**，陆思彧，张　延，陈吉祥***

（贵州大学绿色农药全国重点实验室，贵阳　550025）

Nematicidal Activity of 5,8-Dichloropyridine [3,2-d] Pyridazine*

Cai Qingfeng**, Lu Siyu, Zhang Yan, Chen Jixiang***

(*Guizhou University, Sate Key Laboratory of Green Pesticide, Guiyang　550025, China*)

摘　要：植物寄生线虫（PPN）是土壤环境中最普遍的生物，有超过 4 000 种 PPN 对几种重要经济作物造成破坏性影响。植物寄生线虫导致全球农作物减产，每年造成超 1 500 亿美元的经济损失。甘薯茎线虫（*Ditylenchus destructor*）通常会使甘薯产量降低，松材线虫（*Bursaphelenchus xylophilus*）会导致松木大范围死亡，水稻干尖线虫（*Aphelenchoides besseyi* Christie）造成水稻减产，南方根结线虫（*Meloidogyne incognita*）也对经济作物造成巨大损失，严重威胁农业的可持续发展。化学防治是植物寄生线虫病害防治的主要手段之一，当前最常使用的杀线虫剂是噻唑磷和阿维菌素。尽管许多新型的杀线虫剂也陆续在市面上出现，如氟烯线砜、三氟杀线酯、三氟吡啶胺、三氟咪啶酰胺和氟吡菌酰胺，但依然不能满足杀线虫剂市场需求。因此，开发新的高效低毒的杀线虫剂仍是亟待解决的问题。为了发现新型杀线虫剂，笔者筛选了大量结构简单的化合物的杀线虫活性。结果发现化合物 C1 具有良好的杀线虫活性，它对 *B. xylophilus*、*A. besseyi* 和 *D. destructor* 的 LC_{50} 值分别为 36.1 mg/L、9.9 mg/L 和 13.9 mg/L。此外，当浓度为 100 mg/L 时，化合物 C1 对 *M. incognita* 的杀线虫活性为 64.8%。5,8-二氯吡啶并 [3,2-d] 哒嗪可作为一种新型的杀线虫骨架，未来笔者会以先导化合物 C1 进一步设计合成新的 5,8-二氯吡啶并 [3,2-d] 哒嗪类化合物并开展杀线虫活性研究。

关键词：5,8-二氯吡啶并 [3,2-d] 哒嗪；杀线虫活性

---

* 基金项目：国家自然科学基金（32360687）
** 第一作者：蔡庆峰，硕士研究生，E-mail：QingfengC119@163.com
*** 通信作者：陈吉祥，副教授，主要从事绿色杀线虫剂创制与防控研究，E-mail：jxchen@gzu.edu.cn

海南水稻孢囊线虫鉴定及其孵化特性研究*

孙燕芳**,龙海波***,裴月令,陈 园,冯推紫

(中国热带农业科学院环境与植物保护研究所,海口 571101)

Identification and Hatching Characteristics of *Heterodera chengmaiensis* n. sp. Associated with Rice (*Oryza sativa* L.) in Hainan*

Sun Yanfang**, Long Haibo***, Pei Yueling, Chen Yuan, Feng Tuizi

(*Environment and Plant Protection Institute, Chinese Academy of Tropical Agricultural Sciences, Haikou 571101, China*)

摘 要:水稻是世界上最主要的粮食作物之一,在我国大部分省份均有种植,产量居世界首位。植物寄生线虫可以危害几乎所有的农作物,其中孢囊线虫是经济危害最严重的植物寄生线虫之一,目前已报道有6种孢囊线虫可以寄生水稻。2018年,笔者对海南省作物线虫病害的发生情况进行了全面调查,从海南澄迈县的水稻根系和稻田土壤中分离到一种孢囊线虫,并对其进行了鉴定和孵化特性的研究。结果显示,其形态学特征为:雌成虫白色,虫体柠檬形,有短颈和末端锥;二龄幼虫口针粗壮,尾部细长,尾端尖呈圆锥形,尾部透明区明显;雄虫蠕虫状,细长,尾端钝圆,交合刺一对互相对称,呈弧形;卵长椭圆形无色透明,卵壳无花纹;孢囊褐色至暗褐色,阴门锥的阴门区为双膜孔,有下桥结构,且有少量不规则排列的褐色的凸起囊泡。二龄幼虫($n=20$)测量指标为平均体长456.3 μm,平均体宽23.1 μm,口针长约17.4 μm,尾长约50.0 μm。雄虫($n=20$)测量指标为平均体长1 195.7 μm,平均体宽41.9 μm,交合刺长约27.7 μm。卵($n=30$)平均体长81.2 μm,平均体宽37.5 μm。综合分子鉴定的ITS、D2D3和mtDNA序列测序及比对结果表明,该孢囊线虫为一种未描述的孢囊线虫新种。孢囊孵化特性显示:28~34 ℃是海南孢囊线虫孵化的最佳温度,其中32 ℃下孵化率最高,可达50.8%,在该温度下初孵幼虫的存活率为82.8%。水稻土壤浸液、水稻40倍根汁和4 mmol/L 氯化锌对海南孢囊线虫孵化均具有刺激作用。

关键词:海南;水稻;孢囊线虫;鉴定;孵化特性

---

* 基金项目:海南省自然科学基金项目(321QN292)
** 第一作者:孙燕芳,硕士,助理研究员,从事植物寄生线虫综合防控研究,E-mail:syf18289369980@163.com
*** 通信作者:龙海波,博士,副研究员,从事植物线虫病害研究,E-mail:longhb@catas.cn

海藻糖-6-磷酸合成酶与海藻糖-6-磷酸磷酸酶介导的海藻糖积累在南方根结线虫和象耳豆根结线虫响应低温中发挥重要作用*

潘 嵩**，魏佩瑶，刘 晨，常 青，赵梦鑫，
陈志杰，张 锋，李英梅***

（陕西省生物农业研究所，陕西省植物线虫学重点实验室，西安 710043）

Trehalose-6-phosphate Synthase TPS and Trehalose-6-phosphate Phosphatase TPP-mediated Trehalose Accumulation is Important for Low-temperature Tolerance in the Tropical Root-Knot Nematodes, *Meloidogyne incognita* and *Meloidogyne enterolobii**

Pan Song**, Wei Peiyao, Liu Chen, Chang Qing, Zhao Mengxin,
Chen Zhijie, Zhang Feng, Li Yingmei***

(*Bio-Agriculture Institute of Shaanxi, Shaanxi Key Laboratory of Plant Nematology, Xi'an 710043, China*)

摘 要：海藻糖作为一类在细菌和真核生物中广泛存在的非还原性双糖，其功能与耐受非生物逆境相关。在真核生物中，海藻糖主要是通过海藻糖-6-磷酸合成酶（Trehalose-6-phosphate synthase，TPS）、海藻糖-6-磷酸磷酸酶（Trehalose-6-phosphate phosphatase，TPP）途径进行合成的。以南方根结线虫和象耳豆根结线虫为代表的热带根结线虫是一类在多种作物上造成严重危害的植物寄生性线虫。目前的研究表明，一些种类的热带根结线虫已经在温度更低的区域成功侵染并定殖。然而在这些线虫中，只有极少与低温耐受相关的基因得到鉴定并进行了功能研究。在本研究中，我们发现两种热带根结线虫，南方根结线虫和象耳豆根结线虫的二龄幼虫在经过适宜温度的低温驯化后，其低温耐受能力出现了明显的提高，并且伴随着线虫体内海藻糖含量的显著积累。对线虫体内的 TPS 以及 TPP 进行鉴定和

---

* 基金项目：国家重点研发计划"作物重大线虫病灾变规律及可持续防控技术研究"（2023YFD1400400）；陕西省科学院科技计划研究项目（2022K-11）；陕西省科学院科技计划研究项目（2022K-02）；植物线虫病害监测与防控创新团队（2024RS-CXTD-73）

** 第一作者：潘嵩，助理研究员，从事植物线虫生物学研究，E-mail：letusgo2007@163.com

*** 通信作者：李英梅，研究员，从事植物线虫生物学研究，E-mail：liym@xab.ac.cn

克隆，发现在两种线虫中，TPS 和 TPP 的氨基酸序列、编码结构域和蛋白结构均比较保守，且与主要热带根结线虫中的同源蛋白相似度较高，与其他植物病原线虫中同源蛋白相似度较低。基因表达结果显示，在经过低温处理后，TPS 和 TPP 可以在包括卵、二龄幼虫和雌虫在内的线虫不同发育阶段得到诱导表达。进一步的研究结果显示，TPS 和 TPP 的高表达主要发生在低温处理初期，同时伴随着体内单位蛋白中 TPS 和 TPP 活性的提高，并最终促使两种线虫体内海藻糖含量出现明显积累。线虫体外基因沉默结果显示，对 TPS 和 TPP 分别进行单基因和双基因沉默后，均会特异性降低相应基因的表达量，促使线虫体内海藻糖含量出现明显降低，并导致两种根结线虫的低温耐受能力出现显著下降。其中双基因共沉默的干扰效果要显著高于两个基因单独沉默的效果。综上所述，TPS 和 TPP 通过调控体内海藻糖含量积累，在南方根结线虫和象耳豆根结线虫响应低温胁迫过程中发挥着重要作用。

关键词：海藻糖-6-磷酸合成酶；海藻糖-6-磷酸磷酸酶；南方根结线虫；象耳豆根结线虫；低温响应

Cis-3-Indoleacrylic Acid: A Novel Nematicidal Compound from *Streptomyces youssoufiensis* YMF3.862 as V-ATPase Inhibitor on *Meloidogyne incognita**

Chen Min[1], Zhao Peiji**, Mo Minghe***

(*State Key Laboratory for Conservation and Utilization of Bio-Resources in Yunnan, Yunnan University, Kunming 650500, China*)

Abstract: Application of the bionematicides developed by microbiological metabolites represents a promising strategy for management of the root-knot nematodes. In survey of new bionematicide with the potential to replace chemical nematicides, a novel compound, *cis*-3-indoleacrylic acid (Z-IAA) with high activity against *Meloidogyne incognita* was isolated from *Streptomyces youssoufiensis* YMF3.862. The nematicidal activity of Z-IAA against the second-stage juveniles of *M. incognita* was 100% at 50 μg/mL with an LC_{50} value of 16.31 μg/mL. Moreover, Z-IAA showed a significant inhibition on egg incubation. Microscopically, Z-IAA caused a swollen bodies of nematodes with obvious cracks on cuticle surface. Z-IAA at 20 μg/mL concentration significantly inhibited the expression of V-ATPases and remarkably decreased the enzyme activity by 84.41%. Function as an inhibitor of V-ATPases, Z-IAA caused significant H^+ accumulation in nematode bodies, and then resulted higher intracellular pH values and lower extracellular pH values of *M. incognita*. Furthermore, application of 50 μg/mL Z-IAA effectively suppressed the invasion of *M. incognita* into tomatoes with a control efficiency up to 71.06%. Combination results of this study suggested that Z-IAA can be developed as a natural nematicide for controlling *M. incognita* on crops.

Key words: *Cis*-3-indoleacrylic acid; Root-knot nematode; *Streptomyces youssoufiensis*; V-ATPase; Tomato

---

* Funding: National Key R&D Program of China (2023YFD 1400400)
** Corresponding authors: Zhao Peiji, E-mail: pjzhao@ynu.edu.cn
  Mo Minghe, E-mail: minghemo@163.com

柠檬醛对南方根结线虫的转录组学研究

王 丽**，简 恒，刘 倩***

（中国农业大学植物病理学系，北京 100193）

Transcriptome Analysis of *Meloidogyne incognita* by Citral

Wang Li**, Jian Heng, Liu Qian***

(*Department of Plant Pathology, China Agricultural University, Beijing 100193, China*)

摘 要：根结线虫是一种重要的植物寄生线虫，对农业生产造成了巨大损失，在我国以南方根结线虫危害最为严重。植物源的活性成分及其衍生物可用作线虫的抑制剂，是目前对线虫病害进行防控的一种有效方法。山苍子（*Litsea cubeba*）是樟科木姜子属的一种植物，其果皮中所含多种芳香油，山苍子精油是从山苍子果实中提取的天然香精油，在食品行业、医药和化工等行业中都有广泛的应用。

本实验室之前从精油中共鉴定出 30 种挥发性化合物，主要成分为柠檬醛、7-甲基-3-亚甲基和石竹烯等。其中，纯度为 95% 的柠檬醛对南方根结线虫二龄幼虫致死中浓度（LC_{50}）为 4.12 mg/mL。为了探究柠檬醛处理南方根结线虫后对其基因表达的影响，进行了转录组测序，比较差异表达的基因以及相关的调控通路。转录组测序结果表明，柠檬醛处理过的南方根结线虫与对照组相比总共有 560 个基因发生变化，其中有 245 个基因表达上调，有 315 个基因表达下调。通过 KEGG 数据库的分析和比对发现上调的差异表达基因显著富集在谷胱甘肽代谢、甘油脂代谢、精氨酸和脯氨酸代谢、花生四烯酸代谢和异源物质代谢的细胞色素 P450 这些信号通路上，下调的差异表达基因显著富集在自噬-动物、FoxO 信号通路、MAPK 信号通路、寿命调节通路和轴突再生这些通路上。

关键词：南方根结线虫；柠檬醛；转录组

---

* 基金项目：国家重点研发计划"作物重大线虫病灾变规律及可持续控制技术研究"（2023YFD1400400）
** 第一作者：王丽，博士研究生，从事植物寄生线虫防控技术研究，E-mail：1910350892@qq.com
*** 通信作者：刘倩，博士，副教授，从事植物寄生线虫致病机理和防控技术研究，E-mail：liuqian@cau.edu.cn

陕西省西甜瓜根结线虫的发生现状、种类鉴定及对田间主栽品种的侵染能力研究[*]

魏佩瑶[**]，潘 嵩，刘 晨，陈志杰，张 锋，李英梅[***]

（陕西省生物农业研究所，陕西省植物线虫学重点实验室，西安 710043）

Occurrence and Identification of Root-Knot Nematodes on Watermelon and Melon in Shaanxi and Their Aggressiveness to the Field Cultivars[*]

Wei Peiyao[**], Pan Song, Liu Chen, Chen Zhijie, Zhang Feng, Li Yingmei[***]

(Bio-Agriculture Institute of Shaanxi, Shaanxi Key Laboratory of Plant Nematology, Xi'an 710043, China)

摘 要：陕西省是我国西瓜（*Citrullus lanatus*）和甜瓜（*Cucumis melo*）生产大省之一，栽培总面积为7.33万 hm^2，有7个县被农业部列为"西北西瓜甜瓜优势区"，且"同兴西瓜""大荔西瓜""阎良甜瓜"等都被列为国家农产品地理标志。但随着设施西甜瓜连年重茬种植，根结线虫病发生面积不断扩大，危害逐年加重，严重制约西甜瓜产业高质量发展。2021—2022年，对陕西省8个市西甜瓜主栽区的69个田块根结线虫发生情况进行调查，整体发生率为66.7%，其中长期大面积种植西甜瓜的渭南市和西安市，发生率分别为86%和80%。采集所有主栽区发病的西甜瓜样品及根系周围0~30 cm土壤带回实验室进行根结线虫种类鉴定。所分离得到的雌虫会阴花纹具有较高的背弓，缺乏明显的侧线。提取单头雌虫 DNA，对基因组 rDNA 区域与线粒体 *Nad5* 基因进行扩增并将所得片段进行序列比对，结果显示所分离得到的根结线虫均为南方根结线虫。采用 SCAR 特异性引物以所分离线虫 DNA 为模板进行扩增，结果同样显示所分离线虫为南方根结线虫。选取陕西省7个西甜瓜主栽品种，室内接种南方根结线虫二龄幼虫，所接种品种的 GI 值为3.1~4.8，RF 值为7.9~27.3，表明陕西省常见的西甜瓜栽培品种均易感南方根结线虫，其中甜瓜比西瓜更易受侵染。本研究初步明确了陕西省西甜瓜根结线虫的发生情况、病原种类及其对主栽品种的侵染能力，为陕西省西甜瓜根结线虫的综合防治和品种布局提供了重要的理论依据。

关键词：西瓜；甜瓜；陕西省；南方根结线虫；种类鉴定

---

[*] 基金项目：国家重点研发计划"作物重大线虫病灾变规律及可持续防控技术研究"（2023YFD1400400）；陕西省科学院科技项目（2022K-02）；植物线虫病害监测与防控创新团队（2024RS-CXTD-73）；西安市农业重点产业链关键技术攻关项目（23NYGG0009）

[**] 第一作者：魏佩瑶，助理研究员，从事植物线虫学研究，E-mail：weipy@xab.ac.cn

[***] 通信作者：李英梅，研究员，从事植物线虫学研究，E-mail：liym@xab.ac.cn

陕西省豨莶草根结线虫病病原鉴定

杨艺炜[**]，张　锋，李英梅，常　青[***]

(陕西省生物农业研究所，陕西省植物线虫学重点实验室，西安　710043)

Pathogen Identification of *Siegesbeckia orientalis* L. Root-knot Nematode Disease in Shaanxi, China

Yang Yiwei[**], Zhang Feng, Li Yingmei, Chang Qing[***]

(*Bio-Agriculture Institute of Shaanxi, Shaanxi Key Laboratory of Plant Nematology, Xi'an　710043, China*)

摘　要：豨莶草 (*Siegesbeckia orientalis* L.) 是一种菊科一年生草本植物。由于其具有抗风湿、免疫抑制、抗肿瘤及抗菌等多种已被证实的药理作用，因此，豨莶草在临床上被广泛应用。目前，豨莶草不仅在我国吉林、河北、辽宁、甘肃、山西、陕西、浙江、安徽、湖北、四川、贵州、云南及西藏等地种植，在日本、韩国、越南等国家也有着普遍种植与分布。2022 年 8 月，笔者团队在陕西省商洛市洛南县发现了多处植株明显矮化且叶片枯萎的豨莶草病田，从病田中采集到了根部带有明显根结的豨莶草植株。对相关植株根系进行根结线虫分离，观察分离到的根结线虫雌成虫会阴花纹特征，并利用 rDNA 的 ITS 区序列和 28S rDNA 的 D2/D3 区序列进行分子鉴定。结果表明，该病原线虫雌成虫会阴花纹呈椭圆形，背弓较低，侧线明显，肛门附近有刻点，符合北方根结线虫 (*Meloidogyne hapla*) 的特征。该病原线虫 rDNA 的 ITS 区序列和 28S rDNA 的 D2/D3 区序列与 NCBI 数据库中已登录的北方根结线虫相应序列相似度最高，系统发育分析结果也显示该病原线虫 rDNA 的 ITS 区序列、28S rDNA 的 D2/D3 区序列与北方根结线虫聚在同一分枝。综合形态学和分子生物学鉴定结果，陕西省豨莶草根结线虫病的病原种类为北方根结线虫。

关键词：豨莶草；根结线虫病；北方根结线虫

---

[*] 基金项目：国家重点研发计划"作物重大线虫病灾变规律及可持续防控技术研究" (2023YFD1400400)；陕西省科学院科技计划研究项目 (2022K-02)；西安市农业重点产业链项目 (2023JH-NYCL-0040)；陕西省科技创新团队 (2024RS-CXTD-73)

[**] 第一作者：杨艺炜，助理研究员，从事植物线虫综合防控研究，E-mail：yangyw@xab.ac.cn

[***] 通信作者：常青，副研究员，从事植物线虫综合防控技术研究，E-mail：changq@xab.ac.cn

温度对象耳豆根结线虫和南方根结线虫存活和繁殖的影响*

裴月令**，孙燕芳，陈 园，冯推紫，车海彦，龙海波***

（中国热带农业科学院环境与植物保护研究所，海口 571101）

Influence of Temperature on the Survival and Reproduction of *Meloidogyne enterolobii* and *M. incognita**

Pei Yueling**, Sun Yanfang, Chen Yuan, Feng Tuizi, Che Haiyan, Long Haibo***

(*Environment and Plant Protection Institute, Chinese Academy of Tropical Agricultural Sciences, Haikou 571101, China*)

摘 要：象耳豆根结线虫（*Meloidogyne enterolobii*）和南方根结线虫（*M. incognita*）是危害华南热带地区果蔬作物的主要病原根结线虫种类。本研究测定了不同温度条件下以上两种根结线虫在卵孵化和致死率、幼虫（J2）致死率及寄生繁殖力的差异。研究结果表明，在10 ℃、15 ℃、20 ℃、25 ℃、30 ℃、35 ℃、40 ℃温度下，*M. enterolobii* 的 J2 的存活率和卵孵化率均显著高于 *M. incognita*。在 45 ℃、50 ℃、55 ℃的高温条件下，*M. enterolobii* J2 的平均半致死时间分别为 1 283 min、31 min 和 6 min，显著长于 *M. incognita* 的 554 min、22 min 和 2 min。在卵孵化率方面，低温（10 ℃、15 ℃、20 ℃）和高温（35 ℃、40 ℃）条件下 *M. enterolobii* 的孵化率显著高于 *M. incognita*，且 *M. enterolobii* 卵的孵化率在 35 ℃达到最大值，而 *M. incognita* 的卵孵化率在 30 ℃达到最大值。在繁殖力方面，在 10 ℃和 15 ℃下接种后 38 d，两种根结线虫在番茄上均不能形成卵囊；20 ℃条件下，*M. incognita* 在番茄根上形成极少量的卵囊；在 25~35 ℃，*M. enterolobii* 产生的卵囊数显著多于 *M. incognita*。由此可见，*M. enterolobii* 相对 *M. incognita* 具有更强的温度耐受性。

关键词：*M. enterolobii*；*M. incognita*；死亡率；繁殖力；孵化率

---

* 基金项目：海南省自然科学基金（321QN291）
** 第一作者：裴月令，助理研究员，研究方向为植物病害研究，E-mail：peiyueling@126.com
*** 通信作者：龙海波，博士，副研究员，主要从事植物寄生线虫综合防控研究，E-mail：longhb@catas.cn

象耳豆根结线虫效应蛋白 MeCUPE 在线虫寄生中的作用

单小玲[**]，林柏荣，黄秋玲，廖金铃，卓 侃[***]

（华南农业大学植物保护学院，广州 510642）

Roles of the *Meloidogyne enterolobii* Effector MeCUPE During Nematode Parasitism

Shan Xiaoling[**], Lin Borong, Huang Qiuling, Liao Jinling, Zhuo Kan[***]

(*College of Plant Protection, South China Agricultural University, Guangzhou 510624, China*)

摘 要：象耳豆根结线虫（*Meloidogyne enterolobii*）对热带和亚热带地区农作物造成严重的经济损失。该线虫可分泌效应蛋白促进自身侵染和寄生，因此研究效应蛋白在线虫寄生中的功能不仅有利于了解线虫的致病机理，也可为利用分子手段防控根结线虫提供理论支持。

本研究从象耳豆根结线虫转录组中筛选到 1 个新的象耳豆根结线虫效应蛋白 MeCUPE，通过原位杂交、龄期发育表达、RNAi、平衡透析法结合邻甲酚酞络合酮比色法和免疫检测等研究它们在线虫寄生中的作用，获得以下结果：序列分析表明 MeCUPE 含分泌信号肽及钙/钙调蛋白依赖性蛋白结构，但不含跨膜结构域；原位杂交表明该基因在象耳豆根结线虫侵染前二龄幼虫背食道腺特异表达；qRT-PCR 检测发现 MeCUPE 在寄生阶段二龄幼虫中表达量最高，进入三龄幼虫阶段之后表达显著下降；离体 RNAi 实验表明，与经 eGFP 双链 RNA 和 ddH$_2$O 处理的象耳豆根结线虫相比，经 MeCDUP 双链 RNA 处理后的线虫侵染辣椒的能力显著下降；植物免疫检测发现 MeCUPE 能抑制 flg22 介导的活性氧爆发和胼胝质的沉积；平衡透析法结合邻甲酚酞络合酮比色法发现 MeCUPE 具有结合钙离子的能力。

综上，MeCUPE 可能在线虫寄生早期阶段通过与植物中游离钙离子结合，从而抑制寄主防卫反应，促进线虫寄生。本研究为象耳豆根结线虫的分子调控提供了新的靶标。

关键词：象耳豆根结线虫；效应蛋白；钙离子；防卫反应

---

[*] 基金项目：国家重点研发项目"作物重大线虫病灾变规律与可持防控技术研究"（2023YFD1400400）

[**] 第一作者：单小玲，硕士研究生，从事植物线虫学研究，E-mail：1668504836@qq.com

[***] 通信作者：卓侃，教授，从事植物线虫学研究，E-mail：zhuokan@scau.edu.cn

象耳豆根结线虫效应子 401CC 的功能研究*

张笑寒**，刘　倩***

（中国农业大学植物病理学系，北京　100193）

The functional Study of 401CC Effector of *Meloidogyne enterolobii**

Zhang Xiaohan**, Liu Qian***

(*Department of Plant Pathology, China Agricultural University, Beijing 100193, China*)

摘　要：象耳豆根结线虫（*Meloidogyne enterolobii*）是国际上公认危害性极大的植物病原线虫，随着我国大棚设施的推广，象耳豆根结线虫对农作物的危害面积也越来越广，目前缺乏针对象耳豆根结线虫的高效的防治方法，急需解析其致病机理，从而制定防治新策略。

本研究发现，象耳豆根结线虫效应子 401CC 定位于线虫的背食道腺，且在侵染后表达量最高。相对于野生型拟南芥，异源表达 401CC 拟南芥对象耳豆根结线虫更敏感，401CC-RNAi 拟南芥对象耳豆根结线虫敏感性显著降低，表明 401CC 在线虫寄生致病过程中发挥重要作用。401CC 能抑制植物胼胝质的积累，且 401CC 异源表达拟南芥株系中植物抗性相关基因表达量显著降低，说明 401CC 能抑制植物的免疫反应。经免疫共沉淀和萤光素酶互补实验证明，401CC 与拟南芥 AtHsp90.3 蛋白互作。据报道，Hsp90 可以通过互作微调控植物内源性 SA 和 IAA 水平，从而调节植物对病原的防御。所以我们推测，象耳豆根结线虫效应子 401CC 通过与宿主 Hsp90.3 相互作用，从而调节植物的免疫反应，促进线虫寄生。

关键词：象耳豆根结线虫；效应子 401CC；免疫反应；AtHsp90.3

---

* 基金项目：国家重点研发计划"作物重大线虫病灾变规律及可持续控制技术研究"（2023YFD1400400）
** 第一作者：张笑寒，博士研究生，从事植物寄生线虫致病机理研究，E-mail：xiaohz18@163.com
*** 通信作者：刘倩，副教授，从事植物寄生线虫致病机理和防控技术研究，E-mail：liuqian@cau.edu.cn

一氧化氮稳态调控大豆孢囊线虫抗性的机制研究

邓苗苗[**]，李文豪，郭晓黎[***]

（华中农业大学植物科学技术学院，农业微生物资源发掘与利用全国重点实验室，武汉　430070）

The Role of Nitric Oxide Homeostasis in the Regulation of Soybean Cyst Nematode Resistance

Deng Miaomiao[**], Li Wenhao, Guo Xiaoli[***]

(State Key Laboratory of Agricultural Microbiology, College of Plant Science and Technology, Huazhong Agricultural University, Wuhan　430070, China)

摘　要：大豆孢囊线虫病害作为大豆生产上危害较为严重的土传性病害，是限制大豆产量和品质提高的重要因素。利用寄主抗性和作物轮作是防控大豆孢囊线虫病害的有效策略，其中 *Rhg1* 和 *Rhg4* 两个主效抗性位点已在大豆商业化品种中被广泛应用。由于大豆抗病基因不足以及线虫种群变异，导致现有品种的抗性容易丧失，防治效果降低。因此，发掘新的抗线基因资源是有效防控线虫病害的重要途径。

本研究对非共生血红蛋白 *PGB1* 及其调控的一氧化氮（NO）活性信号分子在大豆与大豆孢囊线虫互作中的功能进行了探究。通过在大豆中过表达和敲除 *GmPGB1* 证实其作为敏感因子促进大豆孢囊线虫的寄生，可以作为基因编辑靶点提高大豆孢囊线虫（*Heterodera glycines*）抗性。此外利用水稻突变体 *pgb1* 及病毒诱导的基因沉默番茄中的 *SlPGB1* 并进行根结线虫抗性鉴定，发现 *PGB1* 基因编辑或沉默可以显著提高水稻和番茄对拟禾本科根结线虫和南方根结线虫的抗性。通过 NO 供体 SNP 和 NO 清除剂 HB 外源预处理植物，调控根中内源 NO 浓度并接种线虫，发现 NO 能增强寄主植物对大豆孢囊线虫、拟禾本科根结线虫和南方根结线虫的抗性。此外通过 RT-qPCR 以及 H_2O_2 和乙烯含量分析发现 NO 正调控 ROS 和乙烯的合成。综上，本研究发现 NO 能激活 ROS 和乙烯的合成，并能增强植物对多种植物寄生线虫的抗性。而 *PGB1* 作为 NO 的关键代谢酶，负调控寄主对作物寄生线虫的抗性，可作为线虫病害抗性分子育种的重要基因靶点。

关键词：大豆；大豆孢囊线虫；NO；*GmPGB1*

---

[*] 基金项目：国家重点研发项目"作物重大线虫病灾变规律与可持续防控技术研究"（2023YFD1400400）
[**] 第一作者：邓苗苗，博士研究生，从事作物抗线虫机制研究，E-mail：dengmiao@webmail.hzau.edu.cn
[***] 通信作者：郭晓黎，教授，从事作物与植物线虫互作研究，E-mail：guoxi@mail.hzau.edu.cn

水稻抗拟禾本科根结线虫种质资源的发掘和抗病相关位点的鉴定*

包竹君[1]**，谢华斌[2]，王加峰[2]，谢 辉[1]，徐春玲[1]***

（[1] 华南农业大学植物保护学院，广州 510642；[2] 华南农业大学农学院，广州 510642）

Exploration of Rice Germplasm Resources Resistant to *Meloidogyne graminicola* and Identification of Resistance Loci in Rice*

Bao Zhujun[1]**, Xie Huabin[2], Wang Jiafeng[2], Xie Hui[1], Xu Chunling[1]***

([1] College of Plant Protection, South China Agricultural University, Guangzhou 510642, China; [2] College of Agriculture, South China Agricultural University, Guangzhou 510642, China)

摘 要：水稻（*Oryza sativa* L.）作为一种重要的粮食作物在世界范围内广泛种植，是全球一半人口的主食。拟禾本科根结线虫（*Meloidogyne graminicola*）通过侵染植物根部进行寄生从而造成植物长势不佳以及减产的专性内寄生植物病原线虫。近年来，随着种植模式的改变，拟禾本科根结线虫的发生和危害已有扩散蔓延的趋势，严重威胁着水稻的生产安全，筛选和发现有价值的抗拟禾本科根结线虫种质资源及抗性相关 QTL 逐渐受到更多科学家的关注。本研究利用盆栽种植水稻并接种拟禾本科根结线虫二龄幼虫的方法，根据根结指数从 198 份水稻材料中初步筛选到 10 份抗线种质；利用全基因组关联分析方法（GWAS）对接种水稻后产生的雌虫平均数、计算获得的根结指数以及抗病等级等 3 个表型数据进行分析，共关联到 229 SNPs，129 个区间，其中显著关联的有 6 个 QTL；通过不同算法定位和文献信息相结合的方法，确定了 13 个重要的 QTL；选择 3 个抗线水稻种质进行转录组测序，并与 GWAS 进行共定位关联分析，共鉴定出 9 个抗拟禾本科根结线虫病候选基因，通过单倍型分析和 qRT-PCR 验证，最终获得 3 个重要的拟禾本科根结线虫病抗病性候选基因。研究结果为进一步研究基因的抗线分子机制提供了科学依据和相关材料。

关键词：拟禾本科根结线虫；GWAS；转录组测序；抗线位点

---

* 基金项目：国家重点研发计划（2023YFD1400205，2023YFD1400400）
** 第一作者：包竹君，硕士研究生，从事植物线虫学研究，E-mail：2252226931@qq.com
*** 通信作者：徐春玲，副研究员，从事植物线虫学研究，E-mail：xuchunling@scau.edu.cn

水稻烯酰-辅酶 A 异构酶基因 OsECI 克隆与功能验证

艾婧瑜*，张连虎，李京玲，曾　荣，刘焱琨，孙晓棠，崔汝强**

（江西农业大学农学院，南昌　330045）

Cloning and Functional Validation of Rice Enoyl CoA Isomerase Gene OsECI

Ai Jingyu*, Zhang Lianhu, Li Jingling, Zeng Rong, Liu Yankun, Sun Xiaotang, Cui Ruqiang**

(College of Agronomy, Jiangxi Agricultural University, Nanchang 330045, China)

摘　要：水稻是世界重要粮食作物之一，种植面积广泛。拟禾本科根结线虫（Meloidogyne graminicola）致病力强，被认为是严重危害水稻生产的重要寄生线虫。目前，拟禾本科根结线虫病害防治难度高，施药难度大。因此，为了寻找更加高效安全的防治方法，了解水稻抗病机理十分重要。

本研究通过中花 11-拟禾本科根结线虫侵染前后转录组数据进行筛选，获得编码烯酰-辅酶 A 异构酶的差异表达上调基因 OsECI 并通过 RT-qPCR 再次验证，发现线虫侵染后，OsECI 表达量明显升高。利用基因克隆技术成功扩增 OsECI 基因 CDS 序列全长，并通过基因编辑构建敲除突变体水稻进行人工接虫，结果表明，相同天数敲除突变体水稻线虫侵染量显著高于对照组。同时观察根部染色结果图及统计水稻根部虫瘿数，发现突变体水稻线虫和虫瘿数量明显增多，再次证明敲除突变体水稻更易受到线虫侵染。

综上，OsECI 基因在水稻抗拟禾本科根结线虫机制中正向调控，敲除突变会促进线虫侵染。这一结果可以为该基因进一步研究及培育新型抗病水稻提供思路和理论依据。

关键词：水稻；拟禾本科根结线虫；烯酰-辅酶 A 异构酶；OsECI；敲除突变体

---

*第一作者：艾婧瑜，硕士研究生，从事植物线虫病害研究，E-mail：3397360040@qq.com
**通信作者：崔汝强，教授，从事植物线虫病害研究，E-mail：cuiruqiang@jxau.edu.cn

转录因子 OsWRKY53 调控水稻抗拟禾本科根结线虫机制解析

刘焱琨*，张连虎，李京玲，艾婧瑜，吴 琼，孙晓棠，崔汝强**

(江西农业大学农学院，南昌 330045)

Mechanism Analysis of Transcription Factor OsWRKY53 Regulating Rice Resistance to *Meloidogyne graminicola*

Liu Yankun*, Zhang Lianhu, Li Jingling, Ai Jingyu, Wu Qiong, Sun Xiaotang, Cui Ruqiang**

(*College of Agronomy, Jiangxi Agricultural University, Nanchang 330045, China*)

摘 要：水稻（*Oryza sativa* L.）是我国重要的粮食作物之一，但在生产过程中极易遭受拟禾本科根结线虫（*Meloidogyne graminicola*）的侵染危害，对产量及质量造成严重影响。在目前的农业生产中，还没有对拟禾本科根结线虫具有较高抗性的水稻品种，因此筛选水稻抗性基因可以为防治该线虫病害提供一定的参考价值。

本研究通过对水稻品种 ZH11 进行根结线虫侵染后的转录组测序，通过对转录组数据综合分析和 qRT-PCR 验证发现，当线虫侵染水稻后 OsWRKY53 基因的表达量升高。创建 OsWRKY53 基因的敲除转基因水稻和过表达转基因水稻进行接虫测试，结果表明敲除转基因植株的线虫感染水平明显上升，过表达转基因植株的线虫感染水平明显下降。通过接虫结果可表明 OsWRKY53 基因正调控水稻对根结线虫的抗性。OsWRKY53 基因敲除转基因水稻和野生型水稻的转录组数据分析发现，OsWRKY53 基因的缺失影响水稻的代谢途径、水杨酸和 MAPK 途径等信号通路相关基因的表达，减少了次生代谢产物的积累，从而降低水稻的抗性反应。

研究表明，转录因子 OsWRKY53 正向调控水稻对拟禾本科根结线虫的抗性，这一研究结果揭示了水稻与根结线虫的相互作用，为培育水稻抗性品种提供了一定的理论依据和基础。

关键词：水稻；*Meloidogyne graminicola*；转录因子；OsWRKY53

---

* 第一作者：刘焱琨，博士研究生，从事植物线虫病害研究，E-mail：liuyk18@163.com
** 通信作者：崔汝强，教授，从事植物线虫病害研究，E-mail：cuiruqiang@jxau.edu.cn

真核延伸因子 *OsEF1D2* 在调控水稻抗尖细潜根线虫的功能研究

曾 荣[1,2]**，张连虎[1]，李京玲[1]，孙晓棠[1]，孙 杨[2]，崔汝强[1]***

([1]江西农业大学农学院，南昌 330045；[2]江西省农业科学院植物保护研究所，农业面源污染防控与废弃物综合利用江西省重点实验室，南昌 330200)

Functional Analysis of Eukaryotic Translation Elongation Factor *OsEF1D2* in Regulating Rice Resistance to *Hirschmanniella mucronata*

Zeng Rong[1,2]**, Zhang Lianhu[1], Li Jinglin[1], Sun Xiaotang[1], Sun Yang[2], Cui Ruqiang[1]***

([1] College of Agronomy, Jiangxi Agriculture University, Nanchang 330045, China; [2] Jiangxi Provincial Key Laboratory of Agricultural Non-point Source Pollution Control and Waste Comprehensive Utilization, Institute of Plant Protection, Jiangxi Academy of Agricultural Sciences, Nanchang 330200, China)

摘　要：尖细潜根线虫（*Hirschmanniella mucronata*）是一种严重危害水稻的迁移性内寄生线虫，给水稻生产带来了重大经济损失，种植抗病品种是目前最经济最有效的防治措施，通过探究水稻对潜根线虫的抗性机制，可为水稻抗性品种的培育提供理论依据。真核延伸因子（eEFs）是一种多功能调控蛋白，其中 eEF1B 蛋白是一种鸟嘌呤核苷酸交换因子，与 eEF1A·GDP 结合，在蛋白质生物合成过程中发挥着重要作用。

本实验组前期研究结果表明 OsEF1A1 负调控水稻抗潜根线虫，OsEF1A1 缺失可改变 ABA、SA、JA 途径中相关基因的表达，增强了水稻的抗性。本研究通过 RT-qPCR 发现，水稻尖细潜根线虫侵染水稻植株 7 d 后，*OsEF1Bβ* 基因在转录水平显著上调，表明其可能也是水稻抗潜根线虫的一个负调控因子。为了进一步研究 *OsEF1Bβ* 在水稻抗潜根线虫的分子机制，本文从水稻中克隆了一个 *EF1Bβ* 基因，命名为 *OsEF1D2*，该基因 cDNA 全长 681 bp，共编码 226 个氨基酸。氨基酸同源性分析发现，*OsEF1D2* 具有高度保守性；烟草亚细胞定位结果显示，*OsEF1D2* 定位于细胞膜上，与预测结果一致；成功构建了原核表达载体 pGEX4T-3-OsEF1D2，并转化到大肠杆菌 BL21（DE3）菌株中，原核表达结果表明，最佳诱导条件为 0.1 mmol/L IPTG 在 28 ℃下诱导 12 h，为进一步研究其与重要功能性蛋白的相互作用和探究水稻对潜根线虫的抗性机制奠定了基础。

关键词：水稻；*OsEF1D2*；尖细潜根线虫（*Hirschmanniella mucronata*）；负调控因子

---

* 基金项目：国家自然科学基金（32060607，31860494）

** 第一作者：曾荣，博士研究生，助理研究员，从事植物线虫病害研究，E-mail：zengrong9420@163.com

*** 通信作者：崔汝强，教授，从事植物线虫病害研究，E-mail：cuiruqiang@jxau.edu.cn

转录因子 *OsMADS1* 影响水稻抗潜根线虫的机制研究

李京玲*，张连虎，刘焱琨，曾　荣，孙晓棠，崔汝强**

（江西农业大学，南昌　330045）

Mechanism of Transcription Factor *OsMADS1* Influencing *Oryza sativa* Resistance to *Hischmanniella mucronata*

Li Jingling*, Zhang Lianhu, Liu Yankun, Zeng Rong, Sun Xiaotang, Cui Ruqiang**

(*College of Agronomy, Jiangxi Agricultural University, Nanchang　330045, China*)

摘　要：水稻（*Oryza sativa* L.）是世界上最重要的粮食作物之一，在我国粮食生产中占有极其重要的地位。水稻潜根线虫是一类寄生于水稻根部的分布广泛、危害严重的寄生于水稻根部的迁移性内寄生线虫。前期研究对水稻尖细潜根线虫 *HM501* 基因进行了克隆及功能分析，原位杂交试验结果显示，*HM501* 表达定位于水稻尖细潜根线虫亚腹食道腺中，推测 *HM501* 是一个新的候选效应蛋白基因。*HM501* 基因编码蛋白的亚细胞定位于内质网，推测 HM501 蛋白经线虫亚腹食道腺合成，由口针分泌至植物内质网发挥作用。后续进行了 HM501 蛋白与水稻根总蛋白的 pull-down 试验，筛选得到了多个与 HM501 蛋白可能存在互作关系的水稻根蛋白。本研究通过酵母双杂验证得到一个与 HM501 蛋白存在互作关系的 OsMADS1 蛋白。为进一步探究该基因的功能，获得了 Ri-MADS1 突变体植株，利用 PCR 技术鉴定 Ri-MADS1 突变体阳性纯合植株。对生长 2 周的水稻幼苗 ZH11 和 Ri-MADS1 进行线虫侵染实验，并在线虫侵染后 7 d、14 d、28 d 提取水稻根部的总 RNA，利用 RT-qPCR 技术进行水稻尖细潜根线虫基因的表达量测定。结果显示，与野生型水稻 ZH11 相比较，在 Ri-MADS1 突变体水稻中水稻尖细潜根线虫的侵染量呈上升趋势，推测 OsMADS1 蛋白在水稻被尖细潜根线虫侵染时具有正调控功能。

关键词：尖细潜根线虫；水稻；酵母双杂；转录因子

---

*第一作者：李京玲，硕士研究生，从事植物线虫病害研究，E-mail：1647982840@qq.com
**通信作者：崔汝强，教授，从事植物线虫病害研究，E-mail：cuiruqiang@jxau.edu.cn

效应子 AbPFN3 促进水稻干尖线虫对水稻的寄生*

黄 欣[1,2]**，迟元凯[1]，赵 伟[1]，许建军[2]，黄文坤[3]，彭德良[3]***，戚仁德[1]***

([1]安徽省农业科学院植物保护与农产品质量安全研究所，合肥 230031；[2]新疆农业科学院植物保护研究所，乌鲁木齐 830091；[3]中国农业科学院植物保护研究所，植物病虫害综合治理全国重点实验室，北京 100193)

A Novel Effector of *Aphelenchoides besseyi*, AbPFN3, Interacts with Multiple Host Proteins to Assist Parasitic Nematode and Maintain Infection in Rice

Huang Xin[1,2]**, Chi Yuankai[1], Zhao Wei[1], Xu Jianjun[2], Huang Wenkun[3], Peng Deliang[3]***, Qi Rende[1]***

([1] *Institute of Plant Protection and Agro-products Safety, Anhui Academy of Agricultural Sciences, Hefei 230031, China*; [2] *Institute of Plant Protection, Xinjiang Academy of Agricultural Sciences, Urumqi 830091, China*; [3] *State Key Laboratory for Biology of Plant Diseases and Insect Pests, Institute of Plant Protection, Chinese Academy of Agricultural Sciences, Beijing 100193, China*)

摘 要：水稻干尖线虫（*Aphelenchoides besseyi*）可侵染水稻、大豆、棉花等多种作物，给农业生产造成严重损失。目前水稻干尖线虫效应子的研究较少，该线虫的侵染分子机制仍不明确。因此，研究线虫的致病分子机理，找到致病的关键靶标，对于植物寄生线虫的绿色防控具有重要的意义。本研究对水稻干尖线虫的一个关键致病效应子 AbPFN3 进行了功能研究。通过 qPCR 证实了 *AbPFN3* 在幼虫中高表达，使用原位杂交的方法得出 *AbPFN3* 的表达部位是线虫的食道腺。使用 Co-IP/MS、pull-down 和 BiFC 等方法在水稻中获得了 4 个与 AbPFN3 互作的蛋白，分别是 OsRGA2、OsAAC1、OsBAP31 和 OsSAUR50。亚细胞定位实验证实 AbPFN3 与互作蛋白的作用位点有内质网和叶绿体。构建过表达 AbPFN3 的拟南芥植株并检测互作基因的表达量，结果发现转基因拟南芥中 *AAC1* 和 *BAP31* 基因的表达量显著上调，相反 *RGA2* 和 *SAUR50* 的表达量显著下调。综上所述，本研究证实水稻干尖线虫 AbPFN3 是一个由食道腺分泌的效应子，其通过与多个寄主蛋白建立互作关系，可能通过影响寄主的细胞发育、防卫反应、能量运输等过程促进水稻干尖线虫的侵染。

关键词：水稻干尖线虫；profilin 3；蛋白互作

---

* 基金项目：国家重点研发项目"作物重大线虫病灾变规律与可持续防控技术研究"（2023YFD1400400）
** 第一作者：黄欣，E-mail：huangxin0924@126.com
*** 通信作者：彭德良，E-mail：dlpeng@ippcaas.cn
　　　　　　戚仁德，E-mail：rende7@126.com

嘧啶类化合物对南方根结线虫的杀线虫活性测试*

杜婷婷**，祝宗楠，朱梅，陈吉祥***

（贵州大学绿色农药全国重点实验室，贵阳 550025）

Nematicidal Activity of Pyrimidine Compounds Against *Meloidogyne incognita**

Du Tingting**, Zhu Zongnan, Zhu Mei, Chen Jixiang***

(*Guizhou University, Sate Key Laboratory of Green Pesticide, Guiyang 550025, China*)

摘　要：植物病原线虫是种类繁多、危害严重的侵染性病害之一，每年给全球农业造成的经济损失高达1 570亿美元，具有传播速度快、分布广泛、传染性和适应性极强等特点。例如，根结线虫可寄生的超过3 000种植物，侵染植物根系，从而导致植株生长衰弱，甚至死亡，给我国粮食、蔬菜、水果等经济作物产量造成巨大损失。其中，危害最为严重的是南方根结线虫（*Meloidogyne incognita*）。当前，使用化学杀线虫剂仍然是线虫治理中主要的方法之一，但传统杀线虫剂的长期重复使用会导致线虫抗药性增加。因此，开发低毒、高效、作用机制独特的新型杀线虫剂仍是亟待解决的问题。为了发现高效低毒的新型杀线虫剂，我们筛选了大量嘧啶类化合物的杀线虫活性。例如，在浓度分别为50 mg/L和100 mg/L时，化合物AB111对 *M. incognita* 的杀线虫活性为82.1%和100%。此外，它对 *M. incognita* 的LC_{50}值为18.3 mg/L。因此，AB111可以作为潜在的先导化合物来设计合成新的嘧啶类化合物并开展杀线虫活性测试。

关键词：嘧啶；杀线虫活性；结构优化

---

* 基金项目：国家自然科学基金（32360687）；国家重点研发项目（2023YFD1400400）
** 第一作者：杜婷婷，硕士研究生，E-mail：gs.ttdu23@gzu.edu.cn
*** 通信作者：陈吉祥，副教授，主要从事绿色杀线虫剂创制与防控研究，E-mail：jxchen@gzu.edu.cn

吡啶并哒嗪类化合物的杀线虫活性研究*

蔡庆峰**，祝宗楠，朱 梅，陈吉祥***

(贵州大学绿色农药全国重点实验室，贵阳 550025)

Studies on the Nematicidal Activity of Pyrido-pyridazine Compounds*

Cai Qingfeng**, Zhu Zongnan, Zhu Mei, Chen Jixiang***

(Guizhou University, Sate Key Laboratory of Green Pesticide, Guiyang 550025, China)

摘 要：植物寄生线虫是土壤环境中最普遍的生物之一，有超过4 000种植物寄生线虫能够威胁农作物的安全生产。全球每年因植物寄生线虫造成的经济损失超1 500亿美元。其中，松材线虫（*Bursaphelenchus xylophilus*）传播迅速，每年都造成松木大范围的死亡，给松树造成了毁灭性的打击。此外，南方根结线虫（*Meloidogyne incognita*）是危害最严重的根结线虫之一，严重威胁着蔬菜产业的可持续发展。化学防治仍然是植物线虫病害防治的主要手段之一，当前市场上最常使用的杀线虫剂是噻唑膦和阿维菌素。近年来，尽管发现了一些新的杀线虫剂，如氟烯线砜、三氟杀线酯、三氟吡啶胺、三氟咪啶酰胺和氟吡菌酰胺，但依然不能满足杀线虫剂市场的巨大需求。因此，开发高效低毒的杀线虫剂仍是线虫病害防控中亟待解决的问题。在杀线虫活性筛选中，我们发现化合物C1（5,8-二氯吡啶并[3,2-*d*]哒嗪）具有良好的杀线虫活性，化合物C1对*B. xylophilus*的LC50值为36.1 mg/L。此外，当浓度为100 mg/L时，化合物C1对*M. incognita*的杀线虫活性为64.8%。化合物C1可作为一种杀线虫的先导化合物来进一步优化化合物的化学结构，以期发现新的杀线虫剂

关键词：吡啶并哒嗪；杀线虫活性

---

*基金项目：国家重点研发计划（2023YFD1400400）；国家自然科学基金（32360687）
**第一作者：蔡庆峰，硕士研究生，E-mail：QingfengC119@163.com
***通信作者：陈吉祥，副教授，主要从事绿色杀线虫剂创制与防控研究，E-mail：jxchen@gzu.edu.cn

哒嗪类化合物对南方根结线虫的杀线虫活性*

陆思彧**，朱 梅，祝宗楠，陈吉祥***

(贵州大学绿色农药全国重点实验室，贵阳 550025)

Nematicidal Activity of Pyridazine Compounds Against *Meloidogyne incognita**

Lu Siyu**, Zhu Mei, Zhu Zongnan, Chen Jixiang***

(*Guizhou University, Sate Key Laboratory of Green Pesticide, Guiyang 550025, China*)

摘 要：植物线虫病害导致全球农作物减产，每年造成超 1 500 亿美元的经济损失。根结线虫 (*Meloidogyne* spp.) 被列为全球十大植物寄生线虫之首，其分布广、寄主范围宽、危害严重且极难防治。90%以上的植物根结线虫病由南方根结线虫 (*M. incognita*)、北方根结线虫 (*M. hapila*)、爪哇根结线虫 (*M. javanica*) 和花生根结线虫 (*M. arenaria*) 引起，其中以南方根结线虫的危害最为普遍。南方根结线虫能够危害许多作物，导致发病植株矮化、黄化，并在根上形成根结。目前，根结线虫病害防治虽然综合了抗病品种、物理防治、化学防治、生物防治及科学规范化田间作业等多种手段，但化学防治仍然是主要的防治手段之一。而在化学防治中应用最多的是土壤熏蒸剂和触杀性杀线虫剂，但是由于长期重复使用导致根结线虫抗药性的增加，防治效果不理想。因此，开发高效且作用机制独特的杀线虫剂对线虫的高效治理极为重要。为了发现新型杀线虫剂，笔者筛选了一系列哒嗪类化合物的杀线虫活性。结果发现化合物 LS81 在浓度为 100 mg/L 和 50 mg/L 时，对 *M. incognita* 的致死率均为 100%。此外，化合物 LS81 对 *M. incognita* 的 LC50 值为 3.4 mg/L。在浓度为 40 mg/L 时，化合物 LS81 对 *M. incognita* 虫卵孵化有明显的抑制作用。

关键词：哒嗪；杀线虫活性；先导化合物

---

* 基金项目：国家自然科学基金 (32360687)
** 第一作者：陆思彧，硕士研究生，E-mail: sy9lulu@163.com
*** 通信作者：陈吉祥，副教授，主要从事绿色杀线虫剂创制与防控研究，E-mail: jxchen@gzu.edu.cn

吡唑并嘧啶类化合物的杀线虫活性[*]

张　延[**]，朱　梅，祝宗楠，陈吉祥[***]

(贵州大学绿色农药全国重点实验室，贵阳　550025)

Nematicidal Activity of Pyrazolopyrimidine Compounds[*]

Zhang Yan[**], Zhu Mei, Zhu Zongnan, Chen Jixiang[***]

(Guizhou University, Sate Key Laboratory of Green Pesticide, Guiyang　550025, China)

摘　要：植物寄生线虫是危害农作物的重要病原之一，在世界上广泛分布，寄主种类繁多，目前植物寄生线虫种类有 4 100 多种。植物寄生线虫病害严重影响作物的产量和品质，每年在全球作物上大约造成 10% 以上的产量损失，经济损失高达约 1 370 亿美元。其中，松材线虫病是由松材线虫(*Bursaphelenchus xylophilus*)入侵引起松树病变的一种病害，这种病害被称为"松树癌症"。该病借助媒介昆虫松褐天牛(*Monochamus alternatus*)传播，松树感染松材线虫后，针叶会迅速失水、褪绿，继而变褐、萎蔫，而后变成黄褐色至红褐色，最后整株松树枯死会迅速枯萎死亡，对我国松林造成极大的危害。目前，植物寄生线虫病最常见的防治措施有化学防治、生物防治和抗病品种应用等，其中，化学防治是常用的防治措施之一，但长期使用化学高毒杀线虫剂会给生态环境造成严重威胁。因此，研发高效、低毒的杀线虫剂对线虫病害的防治尤为重要。为了发现新的杀线虫剂，我们测试了一系列吡唑并嘧啶类化合物的杀线虫活性，大部分化合物表现出很好的杀线虫活性。其中，化合物 ZL31 对 *B. xylophilus* 的 LC_{50} 为 7.8 mg/L。

关键词：吡唑并嘧啶；杀线虫活性；结构改造

---

[*] 基金项目：国家重点研发计划(2023YFD1400400)；国家自然科学基金(32360687)
[**] 第一作者：张延，硕士研究生，E-mail：m18285211623@163.com
[***] 通信作者：陈吉祥，副教授，主要从事绿色杀线虫剂创制与防控研究，E-mail：jxchen@gzu.edu.cn

含酰胺片段的新型 1,2,4-噁二唑衍生物的设计、合成及杀线虫活性[*]

欧玉勤[**]，郭 雪，张 琪，甘秀海[***]

（贵州大学绿色农药全国重点实验室，贵阳 550025）

Design, Synthesis and Nematicidal Activity of New 1,2,4-oxadiazole Derivatives Containing Amide Fragments[*]

Ou Yuqin[**], Guo Xue, Zhang Qi, Gan Xiuhai[***]

(*State Key Laboratory of Green Pesticide, Guizhou University, Guiyang 550025, China*)

摘 要：植物寄生线虫已成为植物的第二大病原物，全球每年由植物寄生线虫造成的危害严重威胁着世界农业的安全生产，每年导致的经济损失高达 1 570 亿美元。对于植物线虫病害的防控措施中，化学防治仍然是高效、快速的手段，阿维菌素和噻唑膦是当前市场上使用频繁且用量较大的杀线虫剂，但它们长期重复使用使线虫的抗性增加，导致防治效果不理想。尽管近年来有多个新型杀线虫剂进入市场，比如氟吡菌酰胺、三氟吡啶酰胺以及三氟咪啶酰胺等，都对植物寄生线虫具有很好的防治效果，但其中，氟吡菌酰胺在田间应用成本较高，难以实现大面积的施用。因此，开发新型、高效、低风险的杀线虫剂仍然是线虫防治的关键科学问题。基于课题组前期的研究基础，我们设计合成了一系列含酰胺片段的 1,2,4-噁二唑衍生物，并评价了其杀线虫活性。结果发现化合物 C3 对松材线虫、水稻干尖线虫和甘薯茎线虫具有良好的杀线虫活性，其 LC_{50} 值分别为 37.2 μg/mL、36.6 μg/mL 和 43.4 μg/mL，此外，通过对松材线虫琥珀酸脱氢酶酶活测定实验结果可知，化合物 C3 对琥珀酸脱氢酶具有一定的抑制效果，其 LC_{50} 值为 45.5 μmol/L。因此，含酰胺片段的 1,2,4-噁二唑衍生物可以被认为是开发新型杀线虫剂的候选先导结构。

关键词：植物寄生线虫；酰胺；1,2,4-噁二唑衍生物；杀线虫活性

---

[*] 基金项目：国家重点研发项目（2023YFD140000）；国家自然科学基金（32060622）
[**] 第一作者：欧玉勤，硕士研究生，E-mail：Ou022102@163.com
[***] 通信作者：甘秀海，教授，主要从事绿色杀线虫剂创制与防控研究，E-mail：gxh200719@163.com

作物间作模式下马铃薯孢囊线虫病防治的化感作用

张 琪[**]，欧玉勤，郭 雪，甘秀海[***]

(贵州大学绿色农药全国重点实验室，贵阳 550025)

Allelopathic Effects of Potato Cyst Nematode Control Under Crop Intercropping Mode

Zhang Qi[**], Ou Yuqin, Guo Xue, Gan Xiuhai[***]

(*State Key Laboratory of Green Pesticide, Guizhou University, Guiyang 550025, China*)

摘 要：马铃薯 (potato) 是世界第四大主粮作物，但其生产过程中受到马铃薯孢囊线虫 (potato cyst nematode, PCN) 的影响，包括马铃薯金线虫 (*Globodera rostochiensis*) 和马铃薯白线虫 (*Globodera pallida*)。马铃薯孢囊线虫入侵寄主根系后，植株对水分和营养物质的吸收能力降低，地上部表现矮化、黄化和缺水缺肥等症状，发生严重区域，可造成马铃薯减产 80%。目前对于马铃薯孢囊线虫病的防治主要依靠高毒化学农药，但化学杀线虫剂的长期使用给环境带来了严重影响。因此，采用作物间作的园艺方式是马铃薯孢囊线虫病害防治的有效措施。通过对 15 种经济作物与马铃薯间作的室内试验、盆栽试验和田间试验筛选，发现鱼腥草和茴香能有效防控马铃薯孢囊线虫病害。鱼腥草挥发油对马铃薯孢囊线虫具有的较强的体外杀线虫活性和盆栽灌根对 PCN 的抑制效果，在浓度为 12.5 μg/mL 时，可显著减少马铃薯的根系侵入线虫数；当浓度为 25 μg/mL 时，土壤孵化线虫数与对照组有显著差异。此外，通过利用 LC-MS/MS、GC-MS/MS 对其化感物质进行具体分析并进行体外杀线虫活性测试，筛选出了 15 种杀线虫活性较好的化合物，其中化合物 g1 对 PCN 具有良好的杀线虫活性，其 LC_{50} 值为 31.52 μg/mL，超过了阳性对照药剂阿维菌素 (LC_{50}>200 μg/mL) 和噻唑磷 (LC_{50}>350 μg/mL)。结果表明，鱼腥草根系分泌的化感物质及其高活性化合物 g1 可以有效防治马铃薯孢囊线虫病。

关键词：马铃薯孢囊线虫病；杀线虫活性；间作；化感物质

---

[*] 基金项目：国家自然科学基金 (32060622)

[**] 第一作者：张琪，硕士研究生，E-mail：zhangqiqi0406@163.com

[***] 通信作者：甘秀海，教授，主要从事植物线虫病害与防控研究，E-mail：gxh200719@163.com

98%棉隆微粒剂土壤熏蒸防控马铃薯金线虫（*Globodera rostochiensis*）的效果[*]

彭德良[1**]，许翀[2]，宋家雄[2]，朱波汁[1]，江如[1]，
冯晓东[3]，王晓亮[3]，陈敏[2]，李永青[2]，彭焕[1]，
黄文坤[1]，黄立强[1]

([1] 中国农业科学院植物保护研究所植物病虫害综合治理全国重点实验室，北京 100193；
[2] 云南省昭通市植保植检站，昭通 657000；
[3] 全国农业技术推广服务中心植保植检处，北京 100026)

The Effect of 98% Dazomet Microgranule Soil Fumigation Tocontrol of Potato Golden Nematode (*Globodera rostohiensis*) in China

Peng Deliang[1], Xu Chong[2], Song Jiaxiong[2], Zhu Bozhi[1], Jiang Ru[1], Feng Xiaodong[3], Wang Xiaoliang[3], Chen Min[2], Li Yongqing[2], Peng Huan[1], Huang Wenkun[1], Huang Liqiang[1]

([1] *State Key Laboratory for Biology of Plant Diseases and Insect Pests, Institute of Plant Protection, Chinese Academy of Agricultural Sciences, Beijing 100193, China*；
[2] *Plant Protection and Quarantine Station of Zhaotong City, Zhaotong 657009, China*；
[3] *The National Agro-Tech Extension and Service Center, Beijing 100026, China*)

摘 要：马铃薯金线虫（*Globodera rostochiensis*）是国际公认的重要检疫性有害生物，严重危害马铃薯，且还寄生番茄、茄子等126种茄科植物。马铃薯金线虫发生一般对马铃薯造成20%~30%的产量损失，发病严重时损失可高达80%~90%，甚至绝收。由于其危害严重，美国、欧盟、欧洲和地中海植物保护组织（European and Mediterranean Plant Protection Organization，EPPO）和中国在内的全球106个国家和组织将其列为进境植物检疫性有害生物。2018年我国在贵州省首次发现马铃薯金线虫，目前已在云南、贵州、四川3省7个县市发现该线虫的发生危害。2020年，我国已将马铃薯金线虫纳入《全国农业植物检疫性有害生物名单》。为了有效控制和遏制金线虫在我国云南、贵州、四川马铃薯产区的扩散蔓延和危害，探索有效防治和扑灭金线虫的应急化学防控措施，对于马铃薯金线虫新侵入地区和

---

[*] 基金项目：国家重点研发计划（2023YFD1400400）；政府购买服务（152307085）；云南省彭德良专家工作站（2023-126）；昭通市科学技术局彭德良专家工作站（2021 ZTYX03）；中国农业科学院科技创新工程（ASTIP-02-IPP-15）
[**] 第一作者和通信作者：彭德良，研究员，E-mail：pengdeliang@caas.cn

种薯基地的应急控制尤为重要。2021—2023 年，我们连续 3 年在云南省昭通市昭阳区西魁坪子开展了 98%棉隆微粒剂土壤熏蒸应急防控金线虫的试验。2021 年 12 月 16 日，用 98%棉隆微粒剂分别 20 kg/亩、30 kg/亩、40 kg/亩熏蒸处理马铃薯土壤 80 d，2022 年 3 月初调查土壤的孢囊数及孢囊内的卵存活情况，土壤中金线虫孢囊内活卵数分别减少 71.72%、83.78%和 90.71%。2022 年 10 月 29 日测产调查，98%棉隆微粒剂 20 kg/亩、30 kg/亩、40 kg/亩剂量小马铃薯金线虫的防治效果分别达到 89.37%、98.42%和 100%，增产率分别达到 77%、129%和 119.5%。2023 年在 2021 年 12 月棉隆处理的小区不做任何处理，在处理小区原位种植青薯 9 号和宣薯 2 号，观察棉隆对金线虫的持续控制效果，经过棉隆熏蒸处理后的地块，孢囊的繁殖系数都显著低于对照地块，对照区孢囊繁殖系数达到了 7.14，棉隆 3 个处理区繁殖系数只有 3.76~4.28，对金线虫有明显的抑制效果。3 个剂量的熏蒸剂处理区，防治效果分别为 43.98%、40.06%和 47.34%。经过棉隆熏蒸处理过后的地块，青薯 9 号马铃薯产量增产明显，增产率分别为 7.6%、44.24%和 39.74%。宣薯 2 号马铃薯产量增产更为明显，分别为 22.95%、50.20%和 29.50%。对金线虫新发生区和种薯基地，棉隆是一种非常好的应急处置措施。

棉隆（dazomet）是熏蒸性硫代异硫氰酸甲酯类杀线虫剂，并兼治真菌、地下害虫和杂草。1952 年美国施多福公司（Stauffer Chemical Co.）开发棉隆，商品名称为必速灭（Basamid），化学名称是四氢-3,5-二甲基-1,3,5-噻二唑-2-硫酮。按我国农药毒性分级标准，棉隆属于低毒杀菌杀线虫剂。98%棉隆微粒剂，在土壤中能分解成有毒的异硫氰酸甲酯、硫化氢和甲醛等，作为播前土壤熏蒸剂使用，对短体线虫、矮化线虫、纽带线虫、剑线虫、根结线虫、孢囊线虫、茎线虫、地下害虫、真菌和杂草也有防治效果，可防治马铃薯、花生、蔬菜（番茄、豆类、胡椒）、草莓、烟草、茶、果树、林木等作物的多种线虫和土传病害。药剂施入土壤后，受土壤湿度、温度和土壤结构影响较大；为了保证获得良好的防效和避免产生药害，土壤温度应保持在 6 ℃以上，以 12~18 ℃最适宜，土壤的含水量保持在 40%以上。棉隆对鱼有毒，水田应慎用。棉隆可用于温室、苗床、育种室、混合肥料、盆栽植物基质及大田等土壤处理。棉隆施药前先松土，然后浇水湿润土壤，并且保湿 5~7 d（湿度 40%~70%，以手捏成团，掉地后能散开为标准）。施药方法根据不同需要，有效地撒施、沟施、条施等。施药时，应使用橡皮手套和靴子等安全防护用具，避免皮肤直接接触药剂，一旦接触皮肤，应立即用肥皂、清水彻底冲洗。应避免吸入药雾。施药后应彻底清洗用过的衣服和器械。作物播种前、定植前施药。施药后马上混匀土壤，深度为 20 cm 以上，用药到位。密闭消毒：混土后立即覆以不透气塑料膜，用新土封严塑料膜四周，压实，以避免棉隆产生气体泄漏。密闭消毒时间、松土通气时间和土壤温度有关系。棉隆使用后与作物种植应有一个安全间隔期，一般在作物种植前 14~21 d 使用，揭膜散气 14 d。

关键词：棉隆；土壤熏蒸；马铃薯金线虫

棉隆熏蒸防控马铃薯金线虫田间操作方法*

宋家雄[1]**，许 翀[1]***，陈 敏[1]，李永青[1]，朱波汁[2]，
普松权[1]，王 琴[1]，李才荣[1]，罗道瑛[1]，梅 焱[1]，
杨毅娟[1]，彭德良[2]

([1]云南省昭通市植保植检站，昭通 657000；
[2]中国农业科学院植物保护研究所，植物病虫害综合治理全国重点实验室，北京 100193)

Field Operation Method of Dazomet Fumigation for Preventing and Controlling Potato Golden Nematode (*Globodera rostohiensis*) *

Song Jiaxiong[1]**, Xu Chong[1]***, Chen Min[1], Li Yongqing[1], Zhu Bozhi[2], Pu Songquan[1],
Wang Qin[1], Li Cairong[1], Luo Daoying[1], Mei Yan[1], Yang Yijuan[1], Peng Deliang[2]

([1]*Plant Protection and Quarantine Station of Zhaotong City*, *Zhaotong* 657009, *China*;
[2]*State Key Laboratory for Biology of Plant Diseases and Insect Pests*, *Institute of Plant Protection*, *Chinese Academy of Agricultural Sciences*, *Beijing* 100193, *China*)

摘 要：通过3年研究发现，每亩用棉隆20 kg、30 kg、40 kg土壤熏蒸消杀防控马铃薯金线虫，分别取得不同的防治效果，增产十分显著。但若操作不当，则药效差异很大，甚至会失败或产生药害。为确保防控安全、高效和增产显著，笔者现总结出一套操作方法，供各地参考应用。

棉隆是低毒的固态熏蒸剂，遇水会产生异硫氰酸甲酯，对真菌、线虫、杂草、地下害虫等均有较好活性，已在我国生姜、三七、番茄、花卉等作物上进行登记使用，是中国农业行业标准《绿色食品 农药使用准则》(NY/T 393—2020)允许使用的农药。为了消杀防控马铃薯金线虫，云南省昭通市植保植检站与中国农业科学院植物保护研究所合作，引进98%棉隆粉剂于2022年在昭阳区靖安镇西魁坪子进行了3个剂量5次重复的防治试验。结果表明：每亩用20 kg、30 kg、40 kg该药平均防效达到77.4%、79.0%和87.9%(最高的达100%)，亩产量为2 238.4kg、2 499.8 kg和3 209.8 kg，比对照亩产1 302.2 kg，分别增产66.77%~139.13%。通过3年的试验示范发现，要让该药发挥出较好的消杀效果，需要遵守必要的操作方法，否则药效差异很大，甚至失败或发生药害。由于国内尚无棉隆熏蒸防控马铃薯金线虫的田间操作方法报道，现总结如下。

---

* 基金项目：云南省彭德良专家工作站(2023-126)；昭通市科学技术局彭德良专家工作站(2021ZTYX03)；政府购买服务项目(15190025)
** 第一作者：宋家雄，农技推广研究员，主要从事植物保护等工作，E-mail：869335659@qq.com
*** 通信作者：许翀，高级农艺师，E-mail：ynztxc@126.com

（1）清洁田园：将枯枝、烂根等影响整地的病残体清除。

（2）施农家肥：施入待植作物生长季节所需的全部农家肥（有条件的可这样，没条件的农户可按常规施肥）。

（3）平整土地：翻耕深度不低于 30 cm（经测查），平整耙细土地。

（4）土壤湿度：药前 3~7 d 喷灌水或利用下雨，选择耕作层土壤湿度沙土 60%~70%（经测查）、壤土 50%~60% 时方可作业。

（5）匀撒药剂：亩用量 98% 棉隆 40 kg+5% 阿维菌素 500 g，均匀撒药。

（6）翻地耙均：将药品与土壤旋耕耙细，1~2 次，将药剂充分混匀，除去翻出的植物残体，确保土表平整。

（7）盖膜熏蒸：内侧压土法（压土膜宽 30 cm 以上）密闭压实 30 d 以上，安排人员定期巡查，发现被风吹开或破损，及时补盖，用土压实薄膜。

（8）揭膜散气：在播种前揭膜散气，揭膜后再旋耕 1 次，旋耕深度 25~30 cm，散气 14 d 以上，确保气体充分散尽，不会影响出苗；揭膜时要及时检查，若发现土中残余棉隆颗粒，需要全田浇透水，让棉隆彻底分解，才能消除药害隐患。

（9）安全保证：做安全发芽试验成功后方可移栽或播种。

（10）添加菌肥：恢复有益微生物，适时施入复合微生物菌剂（如宝地生 KS100，1 kg/亩）。

关键词：棉隆；土壤熏蒸；防控；马铃薯金线虫；方法

棉隆熏蒸和噻唑膦穴施对马铃薯孢囊线虫的防控效果及对马铃薯产量的影响[*]

易 军[1][**]，邵宝林[2]，符慧娟[1]，曾铄程[1]，张海婷[1]，李星月[1][***]

（[1]四川省农业科学院植物保护研究所，成都 610066；[2]成都市海关技术中心，成都 610041）

Impact of Dazomet Fumigation and Fosthiazate Hole Application on Potato Cyst Nematode Infestation and Potato Yield[*]

Yi Jun[1][**], Shao Baolin[2], Fu Huijuan[1], Zeng Shuocheng[1], Zhang Haiting[1], Li Xingyue[1][***]

([1]*Institute of Plant Protection, Sichuan Academy of Agricultural Sciences, Chengdu* 610066, *China*; [2]*Technical Center of Chengdu Customs, Chengdu* 610041, *China*)

摘　要：马铃薯孢囊线虫是一种对马铃薯危害性极强的植物病原线虫。为了控制马铃薯孢囊线虫对马铃薯的侵染危害，亟须开展马铃薯孢囊线虫田间防治措施研究。试验采用了棉隆熏蒸和噻唑膦穴施两种防治措施，通过测定马铃薯的叶片 SPAD 值与氮含量、株高、植株重量、成熟期产量及播种前、开花期、成熟期的马铃薯孢囊线虫数量，分析了不同防治措施对马铃薯生产指标的影响及马铃薯孢囊线虫的防治效果。研究表明，噻唑膦穴施处理和棉隆熏蒸处理对植株株高有显著促进作用，对叶片光合作用均有增强效果。同时，防治措施减轻了马铃薯孢囊线虫对根系的侵染，其中，棉隆土壤熏蒸处理新生孢囊平均防效为 91.07%，显著高于噻唑膦穴施和对照处理。与对照相比，棉隆熏蒸处理平均增产 20.13%，噻唑膦穴施处理平均增产 9.69%。棉隆土壤熏蒸较噻唑膦穴施更能有效抑制马铃薯孢囊线虫对马铃薯根系的侵染，且显著提高了马铃薯大薯率和产量。

关键词：棉隆；噻唑膦；马铃薯孢囊线虫；防控效果

---

[*] 基金项目：四川省科技计划项目（2021YFN0009）；科技成果中试熟化与示范转化项目（2024ZSSFGH06）
[**] 第一作者：易军，博士，助理研究员，主要从事有害生物综合防治研究，E-mail：donnyj123@163.com
[***] 通信作者：李星月，博士，研究员，从事有害生物综合防治研究，E-mail：michelle0919lee@126.com

昭通市马铃薯金线虫发生情况

李永青[1]**，许翀[1]，宋家雄[1]，黄文坤[2]，杨毅娟[1]，李才荣[1]，
姚光禄[1]，彭德良[2]，陈敏[1]***

([1]云南省昭通市植保植检站，昭通 657000；
[2]中国农业科学院植物保护研究所 植物病虫害综合治理全国重点实验室，北京 100193)

Occurrence of *Globodera rostochiensis* of Potato in Zhaotong City, Yunnan Province

Li Yongqing[1]**, Xu Chong[1], Song Jiaxiong[1], Huang Wenkun[2], Yang Yijuan[1],
Li Cairong[1], Yao Guanglu[1], Peng Deliang[2], Chen Min[1]***

([1]*Plant Protection and Quarantine Station of Zhaotong City, Zhaotong 657000, China;*
[2]*State Key Laboratory for Biology of Plant Diseases and Insect Pests, Institute of Plant Protection, Chinese Academy of Agricultural Sciences, Beijing 100193, China*)

摘 要：马铃薯是昭通第二大粮食作物，2023 年马铃薯种植面积约 15.78 万 hm²，产量 54.58 万 t，占全省马铃薯种植面积的 23.4%，在全市粮食生产、农民增产增收中发挥着重要作用。而马铃薯金线虫是近年来在昭通马铃薯部分种植区新发生的重要检疫性有害生物。为了掌握马铃薯金线虫在昭通发生情况，昭通市植保植检站对全市马铃薯种植区开展了马铃薯金线虫监测调查。结果显示，目前马铃薯金线虫在昭通鲁甸和大关两县发生，发生面积为 7 360 亩。

马铃薯金线虫是我国进境性和国内检疫性有害生物，发生后通常会造成马铃薯减产 25%~50%。2019 年首次在云南省昭通市鲁甸县发现该线虫，2020 年 11 月农业农村部首次将其列入《全国农业植物检疫性有害生物名录》。

马铃薯金线虫一般在土温达到 10 ℃，金线虫开始活动，孵化的最适温度为 20 ℃，幼虫侵入和发育的最适温度为 20~25 ℃，在土壤湿度达 50% 以上时有利于马铃薯金线虫的发生。而昭通市地处乌蒙山区，马铃薯主要种植区大部分分布在海拔 2 200 m 以上山区和二半山区，气候阴冷潮湿，这些区域因气温低、湿度大、也最适于马铃薯金线虫发生危害。目前马铃薯金线虫在昭通市鲁甸县水磨镇和大关县靖安镇发生，其中鲁甸县水磨镇发生面积 5 200 亩，大关县靖安镇发生面积 2 160 亩。摸清掌握马铃薯金线虫在我市发生情况，将为控制马铃薯金线虫进一步传播和扩散起到重要作用。

关键词：马铃薯；马铃薯金线虫；发生情况

---

* 基金项目：彭德良专家工作站（2021ZTYX03）；云南省彭德良专家工作站（202305AF150210）
** 第一作者：李永青，农艺师，从事农作物病虫害防治研究，E-mail：792466204@qq.com
*** 通信作者：陈敏，高级农艺师，从事农作物病虫害防治研究工作，E-mail：928218887@qq.com

昭通市马铃薯金线虫防控对策*

李永青[1]**，许翀[1]，宋家雄[1]，普松权[1]，黄文坤[2]，邓磊[1]，罗道瑛[1]，
郭威[3]，付启春[4]，彭德良[2]，陈敏[1]***

([1]云南省昭通市植保植检站，昭通 657000；
[2]中国农业科学院植物保护研究所植物病虫害综合治理全国重点实验室，北京 100193；
[3]云南省昭通市鲁甸县农业技术推广中心，昭通 657100；
[4]云南省昭通市大关县植保植检站，昭通 657400)

Prevention and Managment of *Globodera rostochiensis* of Potato in Zhaotong City, Yunnan Province*

Li Yongqing[1]**, Xu Chong[1], Song Jiaxiong[1], Pu Songquan[1], Huang Wengkun[2], Deng Lei[1],
Luo Daoying[1], Guo Wei[3], Fu Qichun[4], Peng Deliang[2], Chen Min[1]***

([1]*Plant Protection and Quarantine Station of Zhaotong City, Zhaotong 657000, China;*
[2]*State Key Laboratory for Biology of Plant Diseases and Insect Pests,
Institute of Plant Protection, Chinese Academy of Agricultural Sciences, Beijing 100193, China;*
[3]*Agricultural Technology Extension Center of Ludian County, Zhaotong 657100, China;*
[4]*Plant Protection and Quarantine Station of Daguan County, Zhaotong 657400, China*)

摘 要：马铃薯金线虫（*Globodera rostochiensis*）是我国国内检疫性有害生物，严重威胁马铃薯生产安全。2019年马铃薯金线虫在我市鲁甸县首次发现，根据2020—2023年对全市马铃薯金线虫监测和调查，目前在昭通鲁甸和大关两县发生，发生面积共计7 360亩。为控制马铃薯金线虫发生和蔓延，开展马铃薯金线虫综合防控是一项必不可少的防治对策。

马铃薯金线虫主要综合防控措施如下。一是严格检疫。马铃薯金线虫同时是我国国内和进境性检疫性有害生物，要加强海关和国内检疫部门对马铃薯种薯和商品薯的监管，严防死守马铃薯金线虫传入未发生区域。二是种植抗病品种。抗病品种的种植是目前马铃薯金线虫最经济环保的防治方法，针对我市马铃薯主栽品种，目前已筛选出云薯505、宣薯5号、会薯15号和会薯19号4个高抗品种，可在全市马铃薯金线虫发生区进行推广种植。三是化学药剂防治。在马铃薯金线虫发生区，马铃薯播种前可选用41.7%氟吡菌酰胺悬浮剂、10%噻唑膦颗粒剂、11%阿维·噻唑膦颗粒剂、1%阿维菌素颗粒剂等非熏蒸杀线虫剂做种薯处理或穴施，防治马铃薯金线虫，或者采用土壤熏蒸杀线虫剂防治，可选用如棉隆、威百亩等药

---

* 基金项目：彭德良专家工作站（2021ZTYX03）；云南省彭德良专家工作站（202305AF150210）
** 第一作者：李永青，农艺师，从事农作物病虫害防治研究工作，E-mail：792466204@qq.com
*** 通信作者：陈敏，高级农艺师，从事农作物病虫害防治研究工作，E-mail：928218887@qq.com

剂，如马铃薯播种前可用98%棉隆微粒剂450~600 kg/hm²，旋耕到地里覆膜30~60 d后揭膜后再种植。四是生物防治。生物菌剂淡紫拟青霉（*Purpureocillium lilacinum*）、厚垣轮枝孢菌（*Verticillium chlamydosporium*）、哈茨木霉菌（*Trichoderma harzianum*）、伯克霍尔德氏菌（*Burkholderia cepacia*）均对马铃薯金线虫具有较好的防治效果。五是轮作。马铃薯金线虫的主要寄主是茄科作物，且具有专性寄生特性，在马铃薯金线虫发生区，可将马铃薯与非茄科作物如苏麻、荞麦、燕麦、甘蓝等作物轮作2~3年再种植马铃薯，可抑制马铃薯金线虫孵化，从而降低土壤中马铃薯金线虫数量。

关键词：马铃薯金线虫；综合防控；对策

新疆蔬菜根结线虫的发生分布与遗传多样性分析

周军辉[1]**，赵雨璇[2,3]**，罗文芳[1]**，邵蝴蝶[4]，何伟[1]，王惠卿[5]，任琛荣[5]，
彭德良[2]，黄文坤[2]，赵洪海[3]，许建军[1]***，彭焕[1,2]***

（[1] 新疆农业科学院植物保护研究所，农业农村部西北荒漠绿洲作物有害生物综合治理
重点实验室，乌鲁木齐 830091；
[2] 中国农业科学院植物保护研究所，植物病虫害综合治理全国重点实验室，北京 100193；
[3] 青岛农业大学植物医学学院，山东省植物病虫害综合防控重点实验室，青岛 266109；
[4] 浙江农林科技大学林业与生物技术学院，杭州 311300；
[5] 新疆维吾尔自治区植物保护站，乌鲁木齐 830000）

The Occurrence and Genetic Diversity of Vegetable Root-knot Nematodes in Xinjiang

Zhou Junhui[1]**, Zhao Yuxuan[2,3]**, Luo Wenfang[1]**, Shao Hudie[4],
He Wei[1], Wang Huiqing[5], Ren Chenrong[5], Peng Deliang[2], Huang Wenkun[2],
Zhao Honghai[3], Xu Jianjun[1]***, Peng Huan[1,2]***

([1] Key Laboratory of Integrated Pest Management on Crop in Northwestern Oasis, Ministry of Agriculture, Institute of Plant Protection, Xinjiang Academy of Agricultural Sciences, Scientific Observing and Experimental Station of Korla, Ministry of Agriculture, Urumqi 830091, China;
[2] State Key Laboratory for Biology of Plant Diseases and Insect Pests, Institute of Plant Protection, Chinese Academy of Agricultural Sciences, Beijing 100193, China;
[3] Key Lab of Integrated Crop Pest Management of Shandong Province, College of Plant Health and Medicine, Qingdao Agricultural University, Qingdao 266109, China;
[4] College of Forestry and Biotechnology, Zhejiang A & F University, Hangzhou 311300, China;
[5] Xinjiang Plant Protection Station, Urumqi 830000, China)

Abstract: Root-knot nematodes (RKNs) are the most economically damaging plant-parasitic nematodes globally. Xinjiang Uygur Autonomous Region, encompassing one-sixth of China's landmass, currently lacks comprehensive data regarding the occurrence, distribution, and genetic

---

* 基金项目：农业农村部西北荒漠绿洲作物有害生物综合治理重点实验室开放课题（KFJJ202102）；新疆维吾尔自治区科技重大专项（2022A02005-3）；新疆维吾尔自治区天池人才引进计划；新疆维吾尔自治区"小组团"援疆项目；中国农业科学院科技创新工程

** 第一作者：周军辉，赵雨璇，罗文芳

*** 通信作者：许建军，研究员，从事蔬菜病虫害研究，E-mail：Xjj72@163.com
彭焕，研究员，从事植物线虫研究，E-mail：penghuan@caas.cn

variation of RKNs infecting vegetables within its borders. Hence, identifying RKNs species and genetic diversity is crucial for devising comprehensive management strategies. Between 2021 and 2023, We presentted a survey of 130 samples, collected from 86 counties across 14 cities in Xinjiang, aiming to comprehensively understand the occurrence, distribution, damage, and species of vegetable RKNs. The results indicated that 57 out of 130 samples collected from the cities of Hami, Tulufan, Ili, Bayingol, Hotan, Aksu, Kashgar, and Kizilsu in Xinjiang were infected by RKNs, suggesting an expansion of RKN disease in the vegetable – producing regions of Xinjiang. The infected vegetable roots were found to harbor *Meloidogyne incognita* and *M. hapla*, with *M. incognita* being the most prevalent species. A phylogenetic analysis targeting the ITS and COI regions revealed significant evolutionary and genetic disparities between Xinjiang and Southeast China populations. Haplotype analysis of the COI gene revealed that *M. incognita* populations are categorized into three major lineages: Asia, Europe, and a combined lineage encompassing both America and Africa. Notable gene flow patterns were observed among *M. incognita* populations, with significant migrations from Europe and America to Asia, specifically from Southeast China towards Xinjiang population. This study's findings indicate a consistent increase in the detrimental effects of vegetables production caused by RKNs in Xinjiang. Implementing effective prevention and control measures is crucial to mitigate the spread of RKNs.

Key words: Root-knot nematodes; *Meloidogyne incognita*; *Meloidogyne hapla*; Occurrence; Genetic diversity; Xinjiang Uygur Autonomous Region

对香豆酸：从甘蔗渣中提取的潜在的绿色根结线虫驱避剂*

张羲，王帅，孙然锋**

（海南大学热带农林学院植物保护系，热带农林生物灾害绿色防控教育部重点实验室，海口 570228）

P-Coumaric Acid: A Potential Green Nematicide Derived from Sugarcane Bagasse*

Zhang Xi, Wang Shuai, Sun Ranfeng**

(Department of Plant Protection, College of Tropical Agriculture and Forestry, Hainan University; Key Laboratory of Green Prevention and Control of Tropical Agroforestry Biodisasters, Ministry of Education, Haikou 570228, China)

摘 要：鉴于根结线虫对农作物造成的严重危害，开发新型绿色防控策略显得尤为迫切。在本研究中运用之前建立的快速定量评估体系，对多种植物提取物进行了根结线虫趋化行为的筛选。筛选结果显示，甘蔗制糖副产物——甘蔗渣，具备了显著的驱避根结线虫的生物活性。进一步提纯和结构鉴定确认活性成分为对香豆酸。离体趋化活性实验结果显示，50 μg/mL浓度的对香豆酸能有效驱避根结线虫。盆栽和田间试验结果进一步证实了对香豆酸的剂量依赖性效果，200 μg/mL浓度下对番茄和辣椒的根结线虫防治效果超过50%，并且显著提高了作物产量。因此，对香豆酸作为一种潜在的绿色防控剂，不仅展现出显著的防控效果，还有助于提高作物产量，预示着其在农业领域具有广阔的应用前景。

关键词：根结线虫；对香豆酸；甘蔗渣；绿色防控

---

* 基金项目：海南省自然科学基金项目（324QN207）；海南大学科研启动基金项目（RZ2200001238）；海南省植物病虫害防控重点实验室开放课题（KF2022HN03）

** 通信作者：孙然锋，教授，从事绿色生物源农药创制研究，E-mail: srf18@hainanu.edu.cn

大豆 m6A RNA 甲基化对大豆孢囊线虫抗性的调控机制

秦瑞峰[1,2]**，黄铭慧[1]，姜野[1,2]，王明哲[3]，田中艳[3]，李春杰[1]***，王从丽[1]***

([1] 中国科学院东北地理与农业生态研究所，中国科学院大豆分子设计育种重点实验室，哈尔滨 150081；
[2] 中国科学院大学，北京 100049；[3] 黑龙江省农业科学院，大庆 163316)

Mechanism of Soybean m6A RNA Methylation Regulating Soybean Cyst Nematode Resistance*

Qin Ruifeng[1,2]**, Huang Minghui[1], Jiang Ye[1,2], Wang Mingzhe[3], Tian Zhongyan[3],
Li Chunjie[1]***, Wang Congli[1]***

([1]*Key Laboratory of Soybean Molecular Design Breeding, Northeast Institute of Geography and Agroecology, Chinese Academy of Sciences, Harbin 150081, China;*
[2]*University of Chinese Academy of Sciences, Beijing 100049, China;*
[3]*Heilongjiang Academy of Agricultural Sciences, Daqing 163316, China*)

摘 要：大豆孢囊线虫是大豆生产上的毁灭性病害。本研究选择大豆孢囊线虫 4 号生理小种 (SCN4) 侵染及未侵染 3 d 的抗病种质 11-452 进行甲基化免疫沉淀测序和转录组测序，结果表明甲基化修饰、microRNA 和选择性剪接可能互作共同调控大豆的抗感反应；差异甲基化峰和关联差异表达基因分析揭示了 SCN4 侵染抗病种质后能够抑制大豆 m6A 甲基化修饰；利用 KEGG 和 GO 分析建立了大豆 m6A 对线虫抗性的调控网络模型一个，并在 SCN 抗感种质中获得具有差异表达的甲基化酶基因 *GmFIP37* 和 *GmHAKAIX3*；烟草亚细胞定位表明这两个基因在内质网膜和细胞核上表达，并且两个基因在感病品种东生 1 中对 SCN4 和 SCN5 的抗性呈正调控，而在高抗性种质 11-452 中干扰 *GmFIP37* 对抗性水平没有明显影响。

关键词：m6A 修饰；大豆孢囊线虫；RNA-seq；植物免疫；甲基化酶

---

* 基金项目：国家自然科学基金 (31772139, 32272501)；中国科学院战略性先导科技专项 (XDA24010307)
** 第一作者：秦瑞峰，博士研究生，E-mail: qinruifeng@iga.ac.cn
*** 通信作者：李春杰，研究员，E-mail: lichunjie@iga.ac.cn
王从丽，研究员，E-mail: wangcongli@iga.ac.cn

莓实假单胞菌鞭毛蛋白多肽激发番茄抗南方根结线虫转录组分析*

王 帅[1]**,赵双玲[2],卢昕怡[1],胡 展[1],李 栋[1],陈立杰[2],孙然锋[1]***

([1]海南大学热带农林学院,海口 570228;[2]沈阳农业大学植物保护学院,沈阳 110866)

Transcriptome Analysis of Tomato Resistance to *Meloidogyne incognita* Stimulated by Polypeptide of *Pseudomonas fragi* Flagellin*

Wang Shuai[1]**, Zhao Shuangling[2], Lu Xinyi[1], Hu Zhan[1],
Li Dong[1], Chen Lijie[2], Sun Ranfeng[1]***

([1]College of Agriculture and forestry, Hainan University, Haikou 570228, China;
[2]College of Plant Protection, Shenyang Agricultural University, Shenyang 110866, China)

摘 要：根结线虫（root-knot nematodes，RKNs）是世界农业上危害严重且比较难防治的病原物之一，可以专性寄生 3 000 多种植物，每年造成数十亿美元损失。利用生防菌诱导作物防治根结线虫已经是现在绿色防治的热点。本人前期研究发现根瘤内生莓实假单胞菌 Sneb1990 鞭毛蛋白多肽 $flg22_{pf}$ 能够诱导番茄抗南方根结线虫侵入。为进一步探究鞭毛蛋白多肽 $flg22_{pf}$ 激发番茄抗南方根结线虫机制，多肽 $flg22_{pf}$ 溶液灌根处理番茄 Moneymaker 植株，接种线虫 3 d 后，对番茄根进行转录组测序。实验设置 4 个处理：无菌水灌根处理番茄（CK）、无菌水灌根处理番茄后接种南方根结线虫（Mi）、多肽 $flg22_{pf}$ 灌根处理番茄（flg22）、多肽 $flg22_{pf}$ 灌根处理番茄后接种南方根结线虫（flg22-Mi）。通过对不同处理组转录数据差异分析，flg22 处理组比 CK 处理组差异明显变化的基因有 274 个，主要和生物合成和次生代谢（23）、MAPK 信号途径（11）、核糖体（11）、苯丙烷合成（10）、倍半萜和三萜化合物合成（6）有关。flg22-Mi 处理组比 Mi 处理组差异明显变化的基因有 182 个，主要集中于新陈代谢（15）、生物合成和次生代谢（12）、苯丙烷合成（6）、苯丙氨酸代谢（2）、植物激素信号传导途径（2）。在 flg22 处理组比 CK 处理组，以及 flg22-Mi 处理组比 Mi 组都明显差异表达的基因总共为 49 个，其中木质素合成、棕榈酸合成、倍半萜和三萜化合物合成相关基因分别有 4 个、2 个、3 个，推断这 3 个合成途径在多肽 flg22

---

* 基金项目：海南省自然科学基金项目（324QN207）；海南大学科研启动基金项目（RZ2200001238）；海南省植物病虫害防控重点实验室开放课题（KF2022HN03）

** 第一作者：王帅，讲师，从事根结线虫生物防治及线虫趋化性研究，E-mail：996018@hainanu.edu.cn

*** 通信作者：孙然锋，教授，从事绿色生物源农药研制研究，E-mail：srf18@hainanu.edu.cn

激发番茄抗南方根结线虫中起到重要作用。本研究结果分析出莓实假单胞菌 Sneb1990 鞭毛蛋白多肽 flg22 激发番茄抗南方根结线虫的部分抗性基因及代谢通路，为根结线虫病害的生物防治提供新思路。

关键词：莓实假单胞；番茄；根结线虫；鞭毛蛋白；转录组

松材线虫 *Bxy-mix-1* 基因的表达特性与生物学功能研究

刘文义[1,2]*，范忠轰[2]，郑艳宏[2]，孙士淼[1,3]，邵蝴蝶[1]**，胡加付[1]

([1] 浙江农林大学，杭州 311300；[2] 金华市婺城区林业有害生物防治检疫站，金华 321000；[3] 开化县林业局，衢州 324399)

Expression Characteristics and Biological Function of *mix-1* Gene in *Bursaphelenchus xylophilus*

Liu Wenyi[1,2]*, Fan Zhonghong[2], Zheng Yanhong[2], Sun Shimiao[1,3], Shao Hudie[1]**, Hu Jiafu[1]

([1] *Zhejiang A & F University, Hangzhou 311300, China;*
[2] *Forestry Pest Control and Quarantine Station in Wucheng District, Jinhua 321000, China;*
[3] *Forestry Administration of Kaihua County, Quzhou 324399, China*)

摘 要：通过研究松材线虫中与性别决定相关的 *Bxy-mix-1* 基因的表达特性和生物学功能，明确该基因在松材线虫生长发育中的作用，为从雌雄比例调节角度探索特异性的线虫种群增长控制措施提供一定的理论基础。根据松材线虫基因组数据设计引物、克隆 *Bxy-mix-1* 基因。对 *Bxy-mix-1* 进行序列、系统发育分析和蛋白结构预测等生物信息学分析。利用实时荧光定量 PCR 技术和原位杂交技术探究 *Bxy-mix-1* 基因在松材线虫各个龄期的表达水平和表达部位，以明确其时空动态表达特性，采用 RNA 干扰技术探究该基因在松材线虫生长发育中的作用。生物信息学分析结果显示，*Bxy-mix-1* 基因 CDS 全长为 2 163 bp，编码 1 171 个氨基酸，属于 SMC 蛋白家族。*Bxy-mix-1* 基因在松材线虫各个发育阶段均有表达，胚胎期表达量最低，二龄、三龄、四龄表达量逐渐升高，成虫期表达水平最高，且基因表达水平具有雌、雄虫差异性，即雌虫的基因表达水平显著高于雄虫。原位杂交结果表明 *Bxy-mix-1* 基因在松材线虫胚胎期呈现全胚胎表达，二龄期、三龄期表达集中在虫体中后段，4 龄和成虫期出现雌、雄差异性表达，即在雌、雄虫的性腺以及雄虫的交合刺表达。*Bxy-mix-1* 基因沉默后，雌雄比例统计结果显示，松材线虫的雌雄比率显著下降。交配结果显示，松材线虫雄虫错误定位率显著升高，雌虫被干扰后的平均产卵量显著下降。松材线虫 *Bxy-mix-1* 基因是 SMC 蛋白家族中的一员，基因表达水平及表达部位皆具有雌、雄虫差异性。这说明 *Bxy-mix-1* 基因对松材线虫的性别决定和生殖交配行为具有明显的调控功能。

关键词：松材线虫；*Bxy-mix-1*；性别决定；RNAi；原位杂交

---

* 第一作者：刘文义，博士研究生，从事松材线虫病害研究，E-mail：liuwy@stu.zafu.edu.cn
** 通信作者：邵蝴蝶，讲师，从事松材线虫病害研究，E-mail：shaohudie@126.com

不同寄主来源贝西滑刃线虫侵染规律及群体遗传研究

杨行行[1,2]，姬红丽[2*]，杨　芳[2]，李红梅[1]，薛　清[1]

（[1]南京农业大学植物保护学院，南京　210095；
[2]四川省农业科学院植物保护研究所，成都　610066）

The Infection Pattern and Population Genetics for the *Aphelenchoides besseyi* Collected from Different Hosts

Yang Hanghang[1,2], Ji Hongli[2*], Yang Fang[2], Li Hongmei[1], Xue Qing[1]

([1]Department of Plant Pathology, Nanjing Agricultural University, Chengdu　210095, China;
[2]Institute of Plant Protection, Sichuan Academy of Agricultural Science, Nanjing　610066, China)

摘　要：水稻干尖线虫病通过种子传播，主要引起水稻叶尖干枯，偶尔会造成"小穗头"。该病已在世界上大多数种植水稻的地区被发现，据估计对水稻造成约160亿美元的损失，是十大最重要的植物寄生线虫之一。了解水稻干尖线虫侵染规律和群体遗传特性，对于制定有效的防控策略至关重要。本研究采集了中国21个省份（含自治区和直辖市）的水稻、稗草、谷子和狗尾草种子，并对水稻干尖线虫的感染情况进行了调查。通过对838份样品的检测，发现该线虫在稻谷、稗草、谷子和狗尾草中的总体检出率为10.86%。除水稻外，狗尾草的检出率最高。

采用浸种法、喷雾法和滴注法等不同侵染方法，探究了来自水稻、稗草和谷子的水稻干尖线虫对这3种宿主植物的侵染效率。结果显示，不同来源的水稻干尖线虫在侵染初期对不同的宿主植物有不同的适应性，但随着植物生长，线虫对不同宿主的侵染效率趋于一致。此外，水稻来源的干尖线虫种群不能有效侵染草莓。

对不同地理区域和寄主来源的23个线虫种群遗传结构分析发现，这些线虫种群具有显著的遗传多样性和一定的地理分布特征，不同寄主来源的线虫在遗传上差异显著。通过构建单倍型网络和系统发育树，揭示了不同种群之间的遗传关系及其进化历史。

关键词：西滑刃线虫；水稻干尖线虫病；侵染规律；群体遗传

---

* 通信作者：姬红丽，E-mail：hongli.ji@jihongli.com

CL11340 效应子在拟禾本科根结线虫致病性及其与水稻互作中的分子机制研究*

蔡译枭**，田忠玲，刘倩男，王　靓，陈璐莹，黄佳佳，韩雅韬，郑经武，韩少杰***

(浙江大学农业与生物技术学院生物技术研究所，杭州　310058)

Molecular Mechanism Study of Effector CL11340 in *Meloidogyne graminicola* Pathogenicity and Its Interaction with Rice*

Cai Yixiao**, Tian Zhongling, Liu Qiannan, Wang Liang, Chen Luying, Huang Jiajia, Han Yatao, Zheng Jingwu, Han Shaojie***

(*Institute of Biotechnology, College of Agriculture and Biotechnology, Zhejiang University, Hangzhou　310058, China*)

摘　要：拟禾本科根结线虫（*Meloidogyne graminicola*）是水稻的主要病原生物之一，寄生于水稻根部，严重影响水稻产量，是威胁我国水稻产业安全的潜在风险之一。根结线虫通过分泌效应蛋白抑制寄主植物的抗病反应。我们课题组前期研究发现了拟禾本科根结线虫中3个表达下调的 miRNA 及其调控的抑制寄主植物 PTI 反应的靶基因，其中一个靶基因为 *CL11340*。本研究进一步探索了 *CL11340* 在植物与线虫互作中的分子机制。首先，对线虫门全基因组分析发现，*CL11340* 基因在多种线虫中广泛存在且多拷贝化。通过互作筛选，发现效应子 *CL11340* 与植物呼吸爆发氧化酶互作，并通过双分子荧光互补试验和结构预测证实了这一互作。为了研究 *11340* 基因的功能，构建了过表达 *11340* 和其 N 端缺失基因的拟南芥突变体，并进行了抗性检测实验。结果显示，过表达 *11340* 基因的拟南芥对病原菌 DC3000 的感病性显著增加，表明 *11340* 基因通过抑制活性氧爆发提高了植物的感病性。此外，在烟草中瞬时表达 *11340* 基因和其 N 端缺失基因后，通过 Luminol 化学发光法检测发现，过表达 *11340* 基因显著抑制了植物的活性氧爆发，而 N 端缺失的基因则无此效果，说明 *11340* 基因的 N 端在其功能中起关键作用。综上所述，本研究首次发现拟禾本科根结线虫 *CL11340* 效应子通过与植物呼吸爆发氧化酶互作，抑制活性氧爆发，从而提高植物对线虫的感病性。

关键词：拟禾本科根结线虫；PTI；ROS；miRNA

---

* 基金项目：国家重点研发计划资助（2023YFD1401000）
** 第一作者：蔡译枭，硕士研究生，从事大豆孢囊线虫抗性机制和大豆基因编辑技术研究，E-mail：caiyixiao0909@163.com
*** 通信作者：韩少杰，研究员，从事大豆孢囊线虫抗性机制和大豆新种质创制研究，E-mail：hanshaojie@zju.edu.cn

生物有机肥对番茄根结线虫病调控及土壤改良的效果[*]

东 晔[1,2][**]，彭 焕[2]，胡先奇[1]，杨艳梅[1][***]

([1]云南农业大学植物保护学院，云南生物资源保护与利用国家重点实验室，昆明 650201；
[2]中国农业科学院植物保护研究所，北京 100193)

Effectiveness of Bio-active Organic Fertiliser on Tomato Root-knot Nematode Disease Regulation and Soil Amendment

Dong Ye[1,2][**], Peng Huan[2], Hu Xianqi[1], Yang Yanmei[1][***]

([1]*State Key Laboratory for Conservation and Utilization of Bio-Resources in Yunnan, Yunnan Agricultural University, Kunming 650201, China;* [2]*Institute of Plant Protection, Chinese Academy of Agricultural Science, Beijing 100193, China*)

摘 要：近年来，设施内番茄连作已经成为常态，随之而来导致土壤养分失调、土壤微生物区系失调，使土壤生物活性急剧下降和土传病害严重发生，根结线虫病已成为番茄生产上的重要病害。

本研究通过温室盆栽试验，采用不同的施肥方式，通过发病情况调查和土壤养分的检测，考察生物活性有机肥"红土运"对番茄根结线虫病的调控效果，以及对土壤营养成分的影响。试验设计5个处理：BS（表面撒施80g）、SX（表面撒施40g+基肥40g）、XS（基肥80g）、A（阿维菌素）、HF（化学肥料）和CK（空白对照组）。结果表明，使用生物活性有机肥"红土运"后，各处理的根结百分率相对降低了49.9%~75.0%。不同施肥方式对土壤有机质、全氮、碱解氮、铵态氮、硝态氮、速效钾、有效磷、全磷、阳离子交换量、水溶性盐总量较CK处理分别增加3.9%~19.6%、24.7%~62.0%、35.3%~91.6%、-0.8%~22.3%、7.4%~20.1%、93.0%~193.7%、58.4%~180.0%、3.6%~20.6%、30.9%~43.5%、200%~310%。结论：生物活性有机肥"红土运"对番茄根结线虫病具有良好的调控效果，并且能有效提升土壤有效养分含量，改善土壤理化性质，推广应用生物活性有机肥"红土运"对番茄的安全优质生产可提供有益的保障。

关键词：生物活性有机肥；番茄根结线虫病；土壤养分

---

[*] 基金项目：国家重点研发计划子课题（2018YFD0201202-05）
[**] 第一作者：东晔，博士研究生，从事植物线虫病害研究，E-mail: 1092408390@qq.com
[***] 通信作者：杨艳梅，博士，讲师，从事植物线虫病害研究，E-mail: 1934481720@qq.com

同时检测两种侵染水稻的孢囊线虫技术[*]

刘福祥[1,2][**]，文艳华[2]，左婷[2]，邱燕婷[2]，杨艳丽[1][***]

（[1]云南农业大学，省部共建云南生物资源保护与利用国家重点实验室，昆明 650201；
[2]华南农业大学植物保护学院植物线虫研究室，广州 510642）

A technique for simultaneous identification of two species cyst nematodes infect rice

Liu Fuxiang[1,2][**], Wen Yanhua, Zuo Ting[2], Qiu Yanting[2], Yang Yanli[1][***]

([1]*State Key Laboratory for Conservation and Utilization of Bio-Resources in yunnan, Yunnan Agricultural University, Kunming 650500, China;* [2]*Laboratory of Plant Nematode of College of Plant Protection, South China Agricultural University, Guangzhou 510642, China*)

摘 要：在我国，水稻的孢囊线虫种类主要是旱稻孢囊线虫（*Heterodera elachista*）和罗定孢囊线虫（*H. luodingensis*），这2种孢囊线虫形态相似，在田间危害较轻时无明显症状，根上孢囊肉眼不可见。

为建立重组酶聚合酶扩增结合侧向流动试纸条（RPA-LFA）检测技术，实现2种孢囊线虫种间快速鉴定，基于旱稻孢囊线虫和罗定孢囊线虫的ITS序列，分别设了2种孢囊线虫的特异性引物和探针，并使用生物素（Biotin）、地高辛、荧光素（FAM）等修饰引物或特异性探针，重组酶聚合酶扩增时同时加入两对引物及探针。结果显示：检测样品为旱稻孢囊线虫时，试纸条质控区显示1条蓝线，检测区显示1条红线；检测样品为罗定孢囊线虫时，试纸条质控区显示1条蓝线，检测区显示另1条红线；当检测样品中同时含有2种孢囊线虫，凝胶成像显示2个相应大小的条带，试纸条质控区显示蓝色，检测区显示2条红线。因此，实现了同时快速检测鉴别这2种孢囊线虫的目的。

关键词：旱稻孢囊线虫；罗定孢囊线虫；快速检测

---

[*] 基金项目：国家重点研发计划（2023YFD1400400）
[**] 第一作者：刘福祥，博士研究生，从事植物寄生线虫病害研究，E-mail: 1278989429@qq.com
[***] 通信作者：杨艳丽，教授，E-mail: yangyanliyyl@foxmail.com

云木香内生细菌分离及抑制北方根结线虫菌株筛选*

李云霞**, 杨艳梅, 刘福祥, 李乾坤, 胡先奇***

(云南农业大学植物保护学院/云南生物资源保护与利用国家重点实验室,昆明 650201)

Isolation of Endophytic Bacteria from *Saussurea costus* and Screening of Strains for Control *Meloidogyne hapla**

Li Yunxia**, Yang Yanmei, Liu Fuxiang, Li Qiankun, Hu Xianqi***

(*State Key Laboratory for Conservation and Utilization of Bio-Resources in Yunnan, College of Plant Protection, Yunnan Agricultural University, Kunming 650201, China*)

摘 要: 云木香 [*Saussureacostus* (Falc.) Lipsch] 为菊科药用植物,是云南道地药材、全国重点中药材生产品种,中国药典收录的多种中成药如小儿香精丸、八宝坤顺丸、三九胃泰胶囊等均采取云木香为主要原料。云木香根茎入药,具有行气止痛、健胃消食、降压、抗菌的功效。云南省丽江市为云木香道地药材产区,近年来,丽江市鲁甸乡大面积种植的云木香普遍受根结线虫危害,平均发病率83.87%,病情指数为26.88。经调查及鉴定确定,其病原线虫是北方根结线虫 (*Meloidogyne hapla*)。

为明确云木香根部可分离内生细菌的类型和多样性,并从中筛选能高效抑制北方根结线虫的生防菌株,笔者使用稀释涂布法和组织块分离法从云木香根部分离内生细菌,通过离体杀线试验筛选生防菌株。结果显示,从云木香根部分离到473株细菌,鉴定了159株,包括 *Pseudomonas* spp. 40株, *Serratia* spp. 40株, *Enterobacter* spp. 13株, *Stenotrophomonas* spp. 11株, *Sphingobacterium* spp. 10株, *Rhizobiales* spp. 10株, *Agrobacterium* spp. 9株, *Klebsiella* spp. 8株, *Achromobacter* spp. 3株, *Pantoea* spp. 3株, *Bacillus* spp. 2株, *Novosphingobium* spp. 2株, *Roseateles* spp. 2株, *Xanthomonas* spp. 2株, *Mitsuaria* sp. 1株, *Paraburkholderia* sp. 1株, *Priestia* sp. 1株, *Variovorax* sp. 1株。细菌发酵液处理北方根结线虫2龄幼虫,初步筛选到12个属 (*Serratia* spp., *Agrobacterium* spp., *Rhizobium* sp., *Roseateles* spp., *Xanthomonas* spp., *Enterobacter* spp., *Pseudomonas* spp., *Sphingobacterium* spp., *Stenotrophomonas* spp., *Achromobacter* spp., *Variovorax* spp. 和 *Pantoea* spp.) 60个菌株对北方根结线虫二龄幼虫有毒杀或麻痹作用。

关键词: 云木香;内生细菌;北方根结线虫;生物防治

---

* 基金项目:云南省农业联合专项-面上项目 (202301BD070001-043)

** 第一作者:李云霞,博士研究生,从事植物线虫病害研究,E-mail: yx1160725@163.com

*** 通信作者:胡先奇,教授,从事植物线虫病害研究,E-mail: xqhoo@126.com

粗茎秦艽根结线虫病防治的药剂筛选*

李云霞**，杨艳梅***，胡先奇，李艳，邓春菊

（云南农业大学植物保护学院，省部共建云南生物资源保护与利用国家重点实验室，昆明 650201）

摘要：为筛选出对粗茎秦艽根结线虫病防治效果较好的药剂，选用6种药剂进行田间防控试验，调查施药后60 d、180 d、255 d对粗茎秦艽根结线虫病的防治效果。结果表明，6种药剂均有一定防治效果，施药后60d、180 d，9%寡糖·噻唑膦颗粒剂防治效果最好，相对防效分别为60.08%、52.38%。施药后255 d，5%阿维·噻唑膦颗粒剂（73.12%）、10%噻唑膦颗粒剂（69.08%）、9%寡糖·噻唑膦颗粒剂（62.81%）的相对防效显著高于1%阿维菌素颗粒剂（40.26%）、2亿孢子/g哈茨木霉可湿性粉剂（40.12%）、线虫克星（32.01%）。结论：5%阿维·噻唑膦颗粒剂、10%噻唑膦颗粒剂、9%寡糖·噻唑膦颗粒剂的防治效果好，可作为粗茎秦艽根结线虫病防治药剂。

关键词：粗茎秦艽；根结线虫；防治

IPesticide Screening for the Control of *Gentiana crassicaulis* Root-knot Disease*

Li Yunxia**, Yang Yanmei***, Hu Xianqi, Li Yan, Deng Chunju

(*State Key Laboratory for Conservation and Utilization of Bio-Resources in Yunnan, College of Plant Protection, Yunnan Agricultural University, Kunming 650201, China*)

Abstract: To screen out agents for control of root-knot nematodes of *Gentiana crassicaulis* Duthie *ex* Burk, six agents were selected to conduct field control experiments, and the control effects on root-knot nematodes of *Gentiana crassicaulis* at 60 d, 180 d, and 255 d after the application were investigated. Results showed that all the six agents had a certain control effect. The control effect of 9% oligosaccharins · fosthiazate GR was the best after 60 d and 180 d, and the relative control effect was 60.08 % and 52.38 % respectively. 255 days after application, the relative control effect of 5% avermectin · fosthiazate GR (73.12%), 10% fosthiazate GR (69.08%), 9% oligosaccharins · fosthiazate GR (62.81%) was significantly higher than that of 1% abamectin GR (40.26%), 2× 10^8 spores/*Trichoderma harzianum* WP (40.12%), microbial fertilizer "Xian Chong Ke Xing (32.01%). Conclusions: 5% avermectin · fosthiazate GR, 10% fosthiazate GR, and 9% oligosaccharins · fosthiazate GR have a good control effect, which can be used as a control agent for

---

* 基金项目：云南省农业联合专项-面上项目（202301BD070001-043）
** 第一作者：李云霞，博士研究生，从事植物线虫病害研究，E-mail：yx1160725@163.com
*** 通信作者：杨艳梅，讲师，博士，从事植物线虫病害研究，E-mail：1934481720@qq.com

root-knot nematode disease of *Gentiana crassicaulis*.

Key words: *Gentiana crassicaulis* Duthie *ex* Burk.; Root-knot nematodes; Control

粗茎秦艽（*Gentiana crassicaulis* Duthie *ex* Burk.）为龙胆科多年生草本植物，以干燥根入药，味辛、苦，性平，入肝、胆、胃经（国家药典委员会，2020），有祛风湿、清湿热、止痹痛、行气消胀等功效，主要分布在西藏、四川、云南、贵州、甘肃（郭伟娜等，2009），多见于海拔 2 100~4 500 m 的高山草甸、林下及林缘。云南丽江为粗茎秦艽道地药材产区，具有悠久的规模化栽培生产粗茎秦艽的历史（季文静等，1980）。近年来，丽江市鲁甸乡大面积种植的粗茎秦艽受根结线虫危害，导致药材品质下降、减产、影响药用成分的累积等问题，严重地块药材死亡，造成绝收。目前，对粗茎秦艽根结线虫病防治研究较少，本研究选用 6 种药剂（2 种微生物制剂、4 种化学药剂）防治粗茎秦艽根结线虫病，以期为中药材根结线虫病防治提供参考。

1 材料与方法

1.1 试验材料

粗茎秦艽一年苗（丽江得一公司提供）。

1.2 试验基地

云南省丽江市玉龙县鲁甸乡新主村得一公司基地，连年发生根结线虫病田块，E99°26′47″，W27°14′17″，前茬作物为粗茎秦艽，土质为沙壤土，田间根结线虫为北方根结线虫（*Meloidogyne hapla*）。

1.3 试验药剂

微生物制剂：2 亿孢子/g 哈茨木霉可湿性粉剂生产于昆明市保腾生化技术有限公司，200 亿/g 淡紫拟青霉/侧孢短芽孢杆菌（简称线虫克星）生产于安徽禾德助农生物科技有限公司。

化学药剂：9%寡糖·噻唑膦颗粒剂、5%阿维·噻唑膦颗粒剂、1%阿维菌素颗粒剂、10%噻唑膦颗粒剂均剂生产于佛山市盈辉作物科学有限公司，药剂用量根据产家推荐亩用量换算为小区用量，各处理用药量及方法见表 1。

1.4 试验设计

本试验共设 7 个处理组（6 个药剂处理组，1 个空白对照组），每个处理重复 3 次，共 21 个小区，每个小区长 22 m，宽 0.8 m，面积 17.6 m²，粗茎秦艽种植行距 20 cm，株距 15 cm。

表 1 药剂用量及施用方法

药剂名称	编号	小区用量/g	施用方法
2 亿孢子/g 哈茨木霉可湿性粉剂	HCMM	105.6	
9%寡糖·噻唑膦颗粒剂	GTSZL	39.6	
5%阿维·噻唑膦颗粒剂	AWSZL	68.7	移栽前均匀沟施 1 次，药剂与 1 kg 土壤混匀后沟施在幼苗根系附近，药剂处理深度为 20 cm 左右
1%阿维菌素颗粒剂	AWJS	52.8	
10%噻唑膦颗粒剂	SZL	39.6	
线虫克星	XCKX	26.4	
空白对照	CK	—	—

1.5 防效调查与计算

施药后 60 d、180 d 在小各区内随机挖取 10 株粗茎秦艽进行调查，255 d 在各小区内随机挖取 30 株粗茎秦艽进行调查，对植株发病情况进行分级统计并记录，计算病情指数和相对防效，病害分级标准参照 Bridge 和 Page（1980）报道的分级标准。

病情指数 = ∑（各级病株数×级数）×100/（调查总数×最高级值）

相对防效 =［（对照组病情指数－处理组病情指数）/对照组病情指数］×100%

2 结果与分析

6 种药剂对粗茎秦艽根结线虫病的防治效果见表 2，药剂处理后 60 d，各药剂防治效果由低到高的顺序为：9%寡糖·噻唑膦颗粒剂（60.08%），5%阿维·噻唑膦颗粒剂（46.71%），线虫克星（40.72%），2 亿孢子/g 哈茨木霉可湿性粉剂（40.12%），10%噻唑膦颗粒剂（38.92%），1%阿维菌素颗粒剂（13.57%）。9%寡糖·噻唑膦颗粒剂防效最好，显著高于 1%阿维菌素相对防效。

施药后 180 d，9%寡糖·噻唑膦颗粒剂的防治效果最好，相对防效为 52.38%，显著高于线虫克星的相对防效。防治效果由高到低顺序为：9%寡糖·噻唑膦颗粒剂（52.38%），10%噻唑膦颗粒剂（47.62%），5%阿维·噻唑膦颗粒剂（42.86%），2 亿孢子/g 哈茨木霉可湿性粉剂（38.1%），线虫克星（42.86%），1%阿维菌素颗粒剂（28.57%）。

药剂处理后 255 d，防治效果由高到低排序为：5%阿维·噻唑膦颗粒剂（73.12%），10%噻唑膦颗粒剂（69.08%），9%寡糖·噻唑膦颗粒剂（62.81%），1%阿维菌素颗粒剂（40.26%），2 亿孢子/g 哈茨木霉可湿性粉剂（40.12%），线虫克星（32.01%）。5%阿维·噻唑膦颗粒剂、10%噻唑膦颗粒剂、9%寡糖·噻唑膦颗粒剂的相对防效显著高于 1%阿维菌素、2 亿孢子/g 哈茨木霉可湿性粉剂、线虫克星的相对防效。

微生物菌剂线虫克星和哈茨木霉作用平稳、效果持久，在粗茎秦艽整个生长周期，线虫克星与哈茨木霉防治效果保持在 40%左右，线虫克星防治效果在采收末期（255 d）有所下降。化学药剂中 9%寡糖·噻唑膦作用持久，防治效果始终保持在 60%左右；阿维菌素防治效果随着时间推移逐渐增加，在采收末期达到最大，为 40.26%，与哈茨木霉防治效果相当；5%阿维·噻唑膦、10%噻唑膦具有较好的防治效果，5%阿维·噻唑膦在施药后 60 d、180 d 防治效果为 46.71%、42.86%，在采收末期达到 73.12%，10%噻唑膦在 60 d、180 d、255 d 的防治效果分别为 38.92%、47.62%、69.08%。

表 2 不同处理对粗茎秦艽根结线虫病的防治效果

处理	药剂处理后 60 d		药剂处理后 180 d		药剂处理后 255 d	
	病情指数	相对防效/%	病情指数	相对防效/%	病情指数	相对防效/%
2 亿孢子/克哈茨霉可湿性粉剂	3.00	40.12ab	8.67	38.1ab	20.83	40.12b
9%寡糖·噻唑膦颗粒剂	2.00	60.08a	6.67	52.38a	12.94	62.81a
5%阿维·噻唑膦颗粒剂	2.67	46.71ab	8.00	42.86ab	9.35	73.12a

(续表)

处理	药剂处理后 60 d		药剂处理后 180 d		药剂处理后 255 d	
	病情指数	相对防效/%	病情指数	相对防效/%	病情指数	相对防效/%
1%阿维菌素	4.33	13.57b	10.00	28.57ab	20.78	40.26b
10%噻唑膦颗粒剂	3.06	38.92ab	7.33	47.62ab	10.75	69.08a
线虫克星	2.97	40.72ab	8.00	42.86ab	23.65	32.01b
空白对照	5.01	—	14.00	—	34.78	—

注：同一列的不同字母表示处理间的显著差异（$P<0.05$）。

3 结论与讨论

通过调查6种药剂对粗茎秦艽根结线虫的防治效果，综合粗茎秦艽整个生长期来看，5%阿维·噻唑膦颗粒剂、10%噻唑膦颗粒剂、9%寡糖·噻唑膦颗粒剂具有较高的防治效果，在采收末期这3个药剂的防效均显著高于1%阿维菌素、2亿孢子/g哈茨木霉可湿性粉剂、线虫克星，其中，5%阿维·噻唑膦颗粒剂防治效果最好，在采收末期相对防效达到73.12%。1%阿维菌素、2亿孢子/克哈茨木霉可湿性粉剂、线虫克星也具有一定防治效果，3者防治效果相当，均在40%左右，防治效果差于噻唑膦及其复配剂。前人研究表明，阿维菌素、10.5%阿维菌素·噻唑膦颗粒剂（鲁毅等，2018）、10%噻唑膦颗粒剂、0.5%阿维菌素颗粒剂对根结线虫病都具有较好的防治效果（欧平武等，2021；查明迪等，2021；Yue等，2020；杨雪婷，2022）。但本研究中1%阿维菌素防治效果差于10%噻唑膦颗粒剂及噻唑膦复配剂，考虑原因为：阿维菌素是近年来当地种植户常年施用的药剂，农户的连年施用和不合理施用，使根结线虫对阿维菌素产生了抗药性，从而阿维菌素防治效果下降。

在大田试验中，受各种环境因素和不确定因素的影响，微生物菌剂的效果差于化学药剂，前人研究结果表明，微生物菌剂作为根际促生菌，对防治根结线虫是一个长期互作的过程，前期的防治效果会差于化学药剂，需多次追施，定植微生物达到一定数量后，才能发挥防治效果在此过程中还可改变土壤微生物环境（党金欢，2021），杀死根结线虫或者抑制其侵染（Chinheya等，2017）。本研究结果显示，微生物菌剂的防治效果与当地常年施用的化学药剂阿维菌素相当，微生物药剂在安全性、环保性及减缓根结线虫抗药性产生等方面都优于化学药剂，且由于中药材使用性质的特殊性，人们对其绿色安全无残留有着更高标准，因此鲁甸乡今后粗茎秦艽根结线虫病防治过程中也可选择施用线虫克星、2亿孢子/克哈茨木霉可湿性粉剂代替1%阿维菌素颗粒剂，从而提高中药材品质，减缓当地根结线虫抗阿维菌素的速度。

参考文献

党金欢，2021. 昆玉市设施番茄和无花果根结线虫的鉴定及防治研究［D］. 阿拉尔：塔里木大学：48.

郭伟娜，熊文勇，魏朔南，2009. 秦艽及其近缘种植物资源在我国的分布［J］. 中国野生植物资源,28(02):21-23,28.

国家药典委员会,2020.中华人民共和国药典:2020年版.一部[M].北京:中国医药科技出版社:282.

季文静,张玉萱,赵志礼,等,2022.云南丽江产粗茎秦艽溯源及道地药材初加工方法评价[J].药学学报,57(2):507-513.

鲁毅,张毅,周玲,2018.10.5%阿维菌素·噻唑膦颗粒剂防治黄瓜根结线虫病田间药效试验[J].陕西农业科学,64(5):34-36.

欧平武,余艺涛,吕军,等,2021.几种杀线剂防控水稻根结线虫病的效果[J].中国植保导刊,41(11):66-68.

杨雪婷,杨紫薇,丁晓帆,2022.3种药剂对象耳豆根结线虫卵及2龄幼虫的影响[J].植物保护,48(2)145-150.

查明迪,查友贵,张俊文,等,2021.4种农药防治烟草根结线虫病田间药效试验[J].云南农业大学学报(自然科学),36(5):783-788.

BRIDGE J, PAGE S L J, 1980. Estimation of root-knot nematode infestation levels on roots using a rating chart [J]. International journal of pest management, 26 (3): 296-298.

CHINHEYA C C, YOBO K S, LAING M, 2017. Biological control of the root knot nematode, *Meloidogyne javanica* (Chitwood) using Bacillus isolates, on soybean [J]. Biological Control, 109: 37-41.

YUE X, LI F, WANG B, 2020. Activity of four nematicides against *Meloidogyne incognita* race 2 on tomato plants [J]. Journal of Phytopathology, 168 (7-8): 399-404.

烟草嫁接组合对根结线虫侵染的生理生化反应

李乾坤**，杨艳梅，李云霞，姚汉央，李伟建，段锦凤，唐得鸿，胡先奇***

（云南农业大学植物保护学院，云南生物资源保护与利用国家重点实验室，昆明 650201）

Physiological and Biochemical Responses of Tobacco Grafting Combinations to Root-knot Nematode Infestation

Li Qiankun**, Yang Yanmei, Li Yunxia, Yao Hanyang, Li Weijian, Duan Jinfeng, Tang Dehong, Hu Xianqi***

(*State Key Laboratory for Conservation and Utilization of Bio-Resources in Yunnan, College of Plant Protection, Yunnan Agricultural University, Kunming 650201, China*)

摘 要：近年来，栽培嫁接烟苗以改善烟叶品质、降低病害损失等的报道不断出现。为探明烟草的不同砧木/接穗嫁接组合接种南方根结线虫（*Meloidogyne incognita*）后的生理生化反应，对以品种 G278、G279、板桥 B 为砧木，品种 K326、红花大金元、云烟 87 为接穗的 9 种嫁接组合，在温室盆栽接种南方根结线虫 90 d 后，采集烟草嫁接组合叶片和根系，测定活性氧清除酶（SOD、CAT、POD）、苯丙烷代谢酶（PAL、PPO）以及病程相关蛋白（CHT、GLU）的变化。结果表明，不同砧木/接穗嫁接能增加接穗叶片和砧木根系中 SOD、CAT、POD、PAL、PPO、CHT 和 GLU 的酶活性，延缓膜脂过氧化反应，有效清除烟草体内的活性氧，PAL 和 PPO 能增强各种酚类物质和植保素等次生代谢产物的分泌能力，CHT 和 GLU 分解线虫卵壳和体壁，有效地抑制根结线虫的侵染。大部分嫁接组合与抗性砧木的酶活性无显著差异，嫁接后抗性无明显减弱，得到了保持，其中 G278+K326、G278+红花大金元、板桥 B+云烟 87、G279+红花金元等 4 个嫁接组合表现优良，可以考虑在生产中推广应用。试验结果为解析烟草嫁接组合抗根结线虫的机理提供了依据，对应用嫁接技术开展烟草根结线虫病绿色防控提供了嫁接组合选择。

关键词：烟草；根结线虫病；嫁接技术；生理生化

---

* 基金项目：云南省烟草公司昆明市公司科技计划项目（KMYC202302）
** 第一作者：李乾坤，硕士研究生，从事植物线虫病害研究，E-mail：liqankun1205@126.com
*** 通信作者：胡先奇，教授，从事植物线虫病害研究，E-mail：xqhoo@126.com

1-辛烯-3-醇对马铃薯金线虫的毒杀效果评估[*]

姚汉央[**]，杨艳梅，杜 霞，李云霞，东 晔，段锦凤，
尹艳蝶，李乾坤，李伟建，唐得鸿，胡先奇[***]

（云南农业大学植物保护学院，云南生物资源保护与利用国家重点实验室，昆明 650201）

The Toxic Effects Evaluation of 1-octen-3-ol on Potato Golden Nematode[*]

Yao Hanyang[**], Yang Yanmei, Du Xia, Li Yunxia, Dong Ye, Duan Jinfeng,
Yin Yandie, Li Qiankun, Li Weijian, Tang Dehong, Hu Xianqi[***]

（*State Key Laboratory for Conservation and Utilization of Bio-Resources in Yunnan, College of Plant Protection, Yunnan Agricultural University, Kunming 650201, China*）

摘 要：植物挥发物（Volatile organic compounds，VOCs）作为植物次生代谢产物，种类丰富，功能多样，对环境友好，不会造成污染，是极具潜力的农业病害绿色防控药剂选材。1-辛烯-3-醇是一种不仅存在于植物中同时也存在于真菌中的挥发物，其存在较为广泛且具有杀菌活性。

为寻找抑制马铃薯金线虫（*Globodera rostochiensis*）二龄幼虫的新型熏蒸剂，笔者选用9种植物挥发物进行筛选，发现1-辛烯-3-醇的毒杀效果优于另外8种。据此，设置不同时间（0.75 h, 1.5 h, 3 h, 6 h, 12 h, 24 h）和不同浓度（0 μL/L, 2.5 μL/L, 5 μL/L, 10 μL/L, 15 μL/L, 20 μL/L），探索1-辛烯-3-醇对金线虫二龄幼虫的作用时间和作用浓度，评价对马铃薯生长的影响。结果显示：0.75h时，马铃薯金线虫幼虫并无显著变化；1.5 h时，10 μL/L、15 μL/L 和 20 μL/L 浓度的1-辛烯-3-醇开始展现毒杀作用，二龄幼虫死亡率达到90%以上；24 h时，2.5 μL/L的1-辛烯-3-醇对金线虫二龄幼虫的致死率也达到了100%；在低于10 μL/L浓度范围内，1-辛烯-3-醇对马铃薯生长无明显的影响。结果表明，在10 μL/L浓度范围内，1-辛烯-3-醇对马铃薯金线虫二龄幼虫有良好的抑制/毒杀作用，不会显著影响马铃薯生长，是一种良好的绿色新型药剂潜在选材。

关键词：马铃薯金线虫；植物挥发物；1-辛烯-3-醇；新型熏蒸剂

---

[*] 基金项目：云南省基础研究专项-青年项目（202301AU070116）
[**] 第一作者：姚汉央，博士研究生，从事植物线虫病害研究，E-mail：406590843@qq.com
[***] 通信作者：胡先奇，教授，从事植物线虫病害研究，E-mail：xqhoo@126.com

水稻根结线虫繁殖条件及品种抗性鉴定

黄微微**,高福坤,罗 嫚,吴海燕***

(广西大学农学院,亚热带农业生物资源保护与利用国家重点实验室,
广西农业环境与农产品安全重点实验室,南宁 530004)

Reproduction Conditions and Variety Resistance Identification of Rice Root-knot Nematodes

Huang Weiwei**, Gao Fukun, Luo Man, Wu Haiyan***

(*State Key Laboratory for Conservation and Utilization of Subtropical Agro-bioresources,*
Guangxi Key Laboratory of Agric-Environment and Agric-Products Safety,
College of Agriculture, Guangxi University, Nanning, 530004 China)

摘 要:根结线虫属是最具经济破坏性的植物寄生线虫之一,在全球范围内广泛分布。目前化学防治仍是主要手段,但杀线虫药剂种类有限,以及线虫抗药性的产生,因此,发掘抗拟禾本科根结线虫水稻优质品种,对实现更经济有效的防治策略具有重要意义。本研究利用室内人工接种法和盆栽试验等技术研究了沙子、基质和土壤不同比例混合物对水稻生长的影响,优化了适宜水稻植株生长和根结线虫扩繁条件为沙子土壤3∶1的比例,接种二龄幼虫30 d后,以3∶1比例混合的沙子和土壤组合在水稻的平均根长、株高、根鲜重、分蘖数目和根结数等参数上显著优于其他处理组($P<0.05$)。随后利用该条件对55个水稻品种抗拟禾本科根结线虫(*Meloidogyne graminicola*)进行了综合评估。研究结果表明,在55个供试品种中,中花11号表现出抗病能力,而PT60等9个品种表现出高度感病,野香优2998等10个品种表现出中度感病,野香优9号等35个品种表现出感病。在对拟禾本科根结线虫敏感性较高的品种中,籼稻829和亚热带粳稻571的根结数量和根结指数较高,分别为29.92个和86.7,17.83个和83.3。通过本研究筛选出的抗病和感病水稻品种,为水稻抗病育种和品种改良提供了重要依据,为水稻抗根结线虫品种的大规模筛选和品种抗性鉴定等提供了快捷可行方法。

---

* 基金项目:公益性行业(农业)科研专项(201503114)

** 作者简介:黄微微,硕士研究生,从事植物病理学研究,E-mail:weiweih0244@163.com

*** 通信作者:吴海燕,教授,从事植物线虫病害及其绿色防控研究,E-mail:wuhy@gxu.edu.cn

中国植物病理学会植物病原线虫专业委员会历次会议回顾

彭德良[1]，廖金铃[2]，段玉玺[3]，简　恒[4]，陈书龙[5]

([1]中国农业科学院植物保护研究所，植物病虫害综合治理全国重点实验室，北京　100193；
[2]华南农业大学植物保护学院，广州　510642；
[3]沈阳农业大学植物保护学院，沈阳　110866；
[4]中国农业大学植物保护学院，北京　100193；
[5]河北省农林科学院植物保护研究所，保定　071000)

1979年12月农业部植物检疫实验所在广州召开全国植物检疫性线虫的座谈会，成立了"全国农作物寄生线虫种类鉴定协作组"，1980—1981年在农业部植物检疫实验所和华南农业大学线虫研究室主持下，有部分农业高校、省（自治区、直辖市）农科院和植保植检站等22个单位参与协作，对我国部分省份作物线虫种类进行采集鉴定，并培训了一批植物线虫研究的骨干。1980年农业部委托中国农业科学院植物保护研究所主持举办全国植物线虫学讲习班，1981年中国农业科学院植物保护研究所邀请美国植物线虫学家维格莱奇（D. R. Viglierchio）教授来华讲学（张绍升，2006）。

1987年11月在广西桂林召开了第一届全国植物线虫学术研讨会。1992年在广东江门召开的第二届全国植物线虫学术研讨会，在此次会议期间成立了中国植物病理学会植物病原线虫专业委员会筹备小组，华南农业大学冯志新教授任召集人。1994年在安徽黄山召开了第三届全国植物线虫学术研讨会，会上正式成立了中国植物病理学会植物病原线虫专业委员会，冯志新教授为主任委员，中国林业科学院杨宝君研究员和沈阳农业大学刘维志教授为副主任委员。2001年在辽宁沈阳召开的第六届全国植物线虫学术研讨会上，华南农业大学廖金铃教授被选为主任委员，中国农业科学院植物保护研究所彭德良和沈阳农业大学段玉玺任副主任委员。2014年第十二届全国植物线虫学学术研讨会在海南省海口召开，会议期间进行了专业委员会换届，彭德良研究员任主任委员，廖金铃教授、段玉玺教授、简恒教授、陈书龙研究员任副主任委员。

1987—2023年共召开了16次全国植物线虫学学术研讨会，1987年第一届全国植物线虫研讨会在广西桂林召开，62人参会；1992年第二届全国植物线虫研讨会在广东江门召开63人到参会；1994年第三届全国植物线虫研讨会在安徽黄山召开，66人参会；1996年第四届全国植物线虫研讨会在福建厦门召开，34人参会；1999年第五届全国植物线虫研讨会在云南昆明召开，68人参会，其中有4名国外学者参加了会议；2001年第六届全国植物线虫研讨会在辽宁沈阳召开，52人参会；2004年第七届全国植物线虫研讨会在山东青岛召开，92人参会。2006年第八届全国植物线虫研讨会在浙江杭州召开，108人参会；2008年第九届全国植物线虫研讨会在广东广州召开，200人参会；2010年第十届全国植物线虫研讨会在北京召开，280人参会；2012年第十一届全国植物线虫研讨会在江苏南京召开，276人参会；

2014年第十二届全国植物线虫研讨会在海南海口召开；240多人参会；2016年第十三届全国植物线虫研讨会在云南昆明召开，278人参会；2018年第十四届全国植物线虫学术研讨会在河北保定召开，260人参会；2020年第十五届全国植物线虫学学术研讨会原定在福建福州召开，由于新冠疫情的影响，先后推迟了3次，最后于2022年3月26—27日在线上召开，主会场设在福建福州，分会场设在北京；2023年7月14—16日第十六届全国植物线虫学学术研讨会在湖南长沙召开，328人参会。2024年7月第十七届全国植物线虫学学术研讨会将于安徽合肥召开。

1980年全国植物线虫学研讨班（张绍升教授提供）

1981年全国植物线虫学术交流会（张绍升教授提供）

第一届全国线虫会议学术研讨会1987年在广西桂林召开（冯志新教授提供）

第二届全国植物线虫学术研讨会1992年在广东江门召开(彭德良提供)

第三届全国植物线虫学术研讨会1994在安徽黄山召开（廖金铃教授提供）

第四届全国植物线虫学术研讨会1996年在福建厦门召开（段玉玺教授提供）

第五届全国植物线虫学学术研讨会1999年在云南昆明召开（胡先奇提供）

第六届全国植物线虫学学术研讨会2001年在辽宁沈阳召开（段玉玺教授提供）

第七届全国植物线虫学学术研讨会2004年在山东青岛召开（赵洪海教授提供）

第八届全国植物线虫学学术研讨会2006年在浙江杭州召开（郑经武教授提供）

第九届全国植物线虫学学术研讨会2008在广东广州召开（廖金铃教授提供）

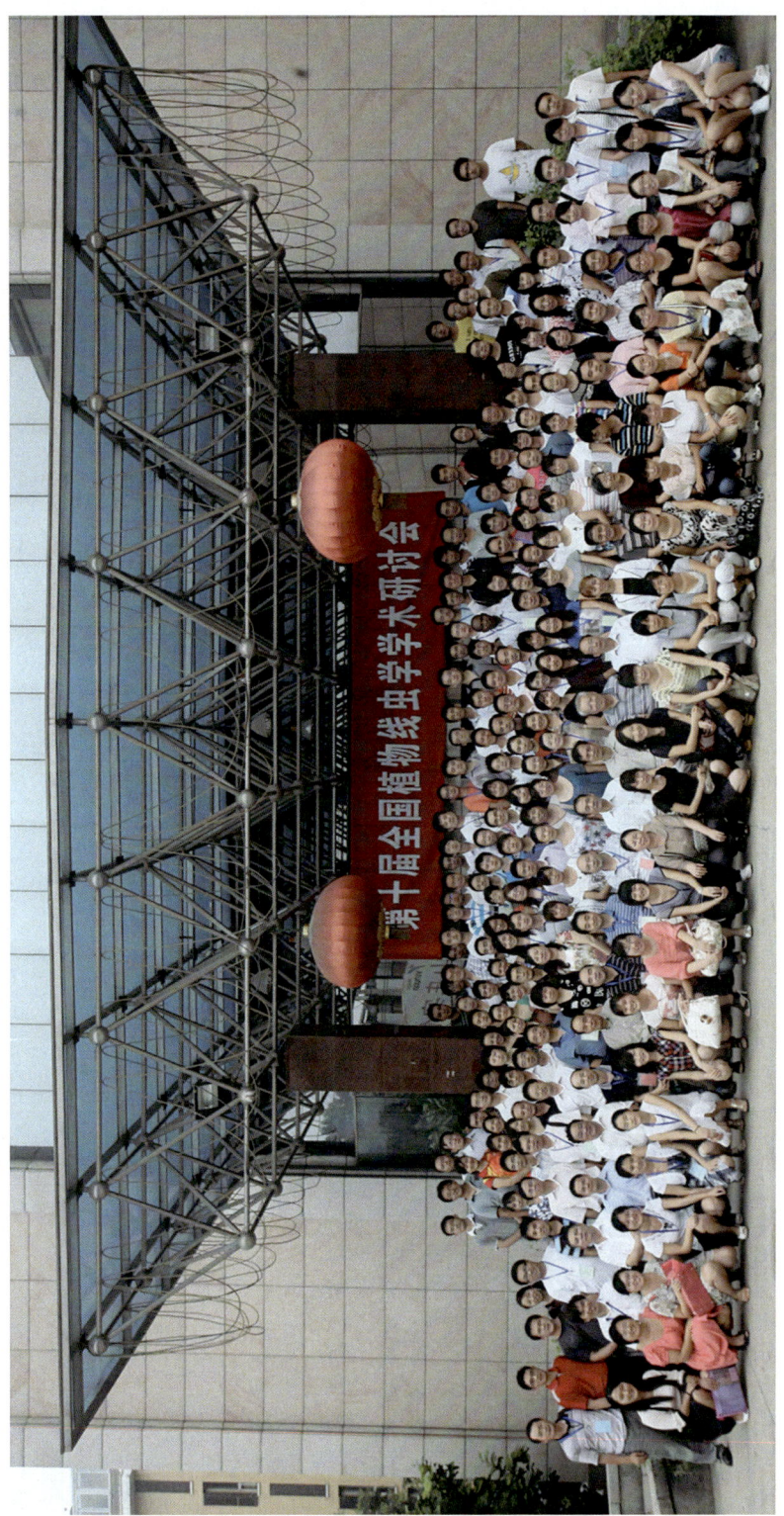

第十届全国植物线虫学学术研讨会2010在北京召开（彭德良研究员提供）

第十一届全国植物线虫学学术研讨会2012年在江苏南京召开(李红梅教授提供)

第十二届全国植物线虫学学术研讨会2014年在海南海口召开（陈绵才研究员提供）

第十三届全国植物线虫学学术研讨会2016年在云南昆明召开（胡先奇教授提供）

第十四届全国植物线虫学学术研讨会2018年在河北保定召开（陈书龙研究员提供）

第十六届全国植物线虫学学术研讨会2023年湖南长沙召开（丁中教授提供）